高等职业教育“十三五”规划教材

建筑结构优化设计实务

主　编　范幸义　刘培莉
副主编　徐海英　邵浙渝
参　编　尹飞云　任　粟

北京理工大学出版社
BEIJING INSTITUTE OF TECHNOLOGY PRESS

内容提要

在保证建设工程项目各项建设指标的前提下，有效地控制建设工程的成本，节约工程造价一直是建设单位所追求的目标。本书利用计算机辅助设计软件及实际建筑工程项目实例，介绍建筑结构设计的优化理念，并在优化理念下提出建筑结构优化设计的概念、优化方法及实际建筑工程项目中结构优化设计的实作方法。

本书可作为高职高专院校建筑工程技术等相关专业的教材，也可作为建筑结构设计人员进行结构优化设计的参考书。

图书在版编目(CIP)数据

建筑结构优化设计实务/范幸义，刘培莉主编.—北京：北京理工大学出版社，2017.9（2017.11重印）

ISBN 978-7-5682-4924-9

Ⅰ.①建…　Ⅱ.①范…　②刘…Ⅲ.①建筑结构—结构设计　Ⅳ.①TU318

中国版本图书馆CIP数据核字(2017)第252812号

出版发行／北京理工大学出版社有限责任公司

社　　址／北京市海淀区中关村南大街5号

邮　　编／100081

电　　话／(010)68914775(总编室)

(010)82562903(教材售后服务热线)

(010)68948351(其他图书服务热线)

网　　址／http://www.bitpress.com.cn

经　　销／全国各地新华书店

印　　刷／北京紫瑞利印刷有限公司

开　　本／787毫米×1092毫米　1/16

印　　张／11.5

字　　数／274千字

版　　次／2017年10月第1版　2017年11月第2次印刷

定　　价／35.00元（含配套图册）

责任编辑／钟　博

文案编辑／钟　博

责任校对／周瑞红

责任印制／边心超

前言

结构设计优化是指对结构方案、结构计算、施工图配筋等进行优化，将建筑物钢筋混凝土含量指标控制在最低水平，以实现项目利益的最大化。为了达到结构优化设计的目的，工程设计人员必须在保证结构安全和建筑功能的前提下，通过对建筑结构的整体概念分析，采用合理的优化设计理念和方法进行优化设计，以有效控制工程造价，满足投资方的经济性要求。通过以往的优化设计经验，相比于传统的设计方法，优化设计通常可以达到降低工程造价10%～20%的目的。为了降低工程造价的成本，提高设计人员在实际工作中对优化设计的认识和重视非常必要，只有加强技术和经济效益的有效结合，通过合理的优化设计方案，才能创造更大的社会效益。当然，在保证结构安全的前提下，尽量优化结构设计，有效地控制工程造价是建筑结构设计人员所追求的目标。

本书旨在提高建筑结构设计人员优化结构设计的能力，根据建筑设计的要求，采用合理的设计理念和方法，确定适当的结构形式、布置以及具体的构件设计尺寸。对常见的钢筋混凝土住宅结构体系进行优化时，可以从结构整体的布局以及具体构件两方面因素加以考虑。影响结构整体布局的因素包括建筑物的体型特征、柱网尺寸、层高以及抗侧力构件的位置等，具体构件因素主要包括结构的布置、构件的截面、混凝土和钢筋强度等级及配筋构造等。

为了提升建筑工程技术等相关专业学生的专业能力、职业能力，建立结构优化设计的概念，本书通过一系列建筑结构优化设计的工程案例，树立学生的建筑结构优化设计理念，培养学生的建筑结构优化设计思路、方法和具体的工程实践能力，提高学生的建筑工程技术专业能力。

本书理论和实践教学总学时为40学时，主要内容为建筑结构优化设计的概念、结构方案优化设计和结构变量优化设计。

本书由重庆房地产职业学院范幸义、刘培莉担任主编，由重庆房地产职业学院徐海英、邵浙渝担任副主编，重庆拓达建设集团（企业）尹飞云、重庆房地产职业学院任粟参与了本书部分章节的编写工作。具体编写分工为：项目1由范幸义、刘培莉编写；项目2由徐海英、范幸义编写；项目3由刘培莉、邵浙渝、任粟编写；相关章节的工程案例由尹飞云编写。

由于作者的水平有限，书中的错误与疏漏在所难免，敬请读者谅解。

编　者

目 录

项目 1　建筑结构优化设计概念

某 18 层框架结构的建筑，开间为 3 600 mm，进深为 4 200 mm。原结构设计：全楼的梁、板、柱采用强度等级为 C50 的混凝土，基础设计采用人工挖孔桩基础，开间方向为间距 10 800 mm 设桩，进深方向为间距 8 400 mm 设桩。基础平面布置图如图 1-1 所示。

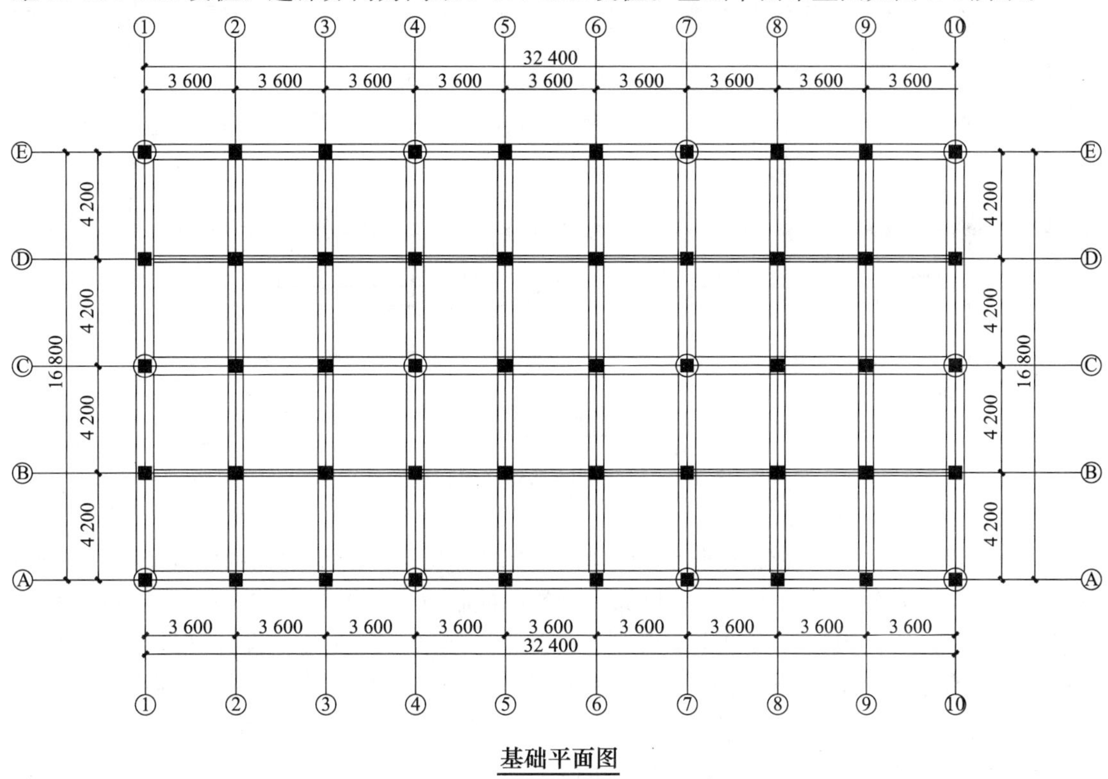

图 1-1　基础平面布置图

经结构计算，地基梁截面尺寸为 600 mm×1 800 mm，上下共有 45 根 Φ32 的钢筋。两栋楼经工程预算（基础工程、混凝土和钢筋工程）约 400 万元。考虑到结构设计方案不合理，经过优化设计后，基础工程采用一柱一桩，虽然增加了桩的数量，但地基较好，桩埋设不深。经结构计算，地基梁截面尺寸为 300 mm×400 mm，上下共有 6 根 Φ16 的钢筋。全楼混凝土强度设计值为 C30。整个工程节约造价 800 万元。优化后的基础平面布置图如图 1-2 所示。

经过结构优化设计，整个工程的钢材用量（主要是基础）节约 40%，C30 和 C50 混凝土每立方米差价是 80 元，整个建筑有两栋楼共 2.5 万 m²，再加上基础所用混凝土，将可节约多少钱？经过最后预算，整个工程节约造价 800 万元。也就是说，房地产开发在设计阶段就节约了 800 万元。假定当时房价是 1 500 元/m²，一套房按 100 m² 计算，那么，一套房可卖 15 万元，也就是说，节约的造价相当于卖 53 套房的总价。可见结构优化设计的效果非常明显。

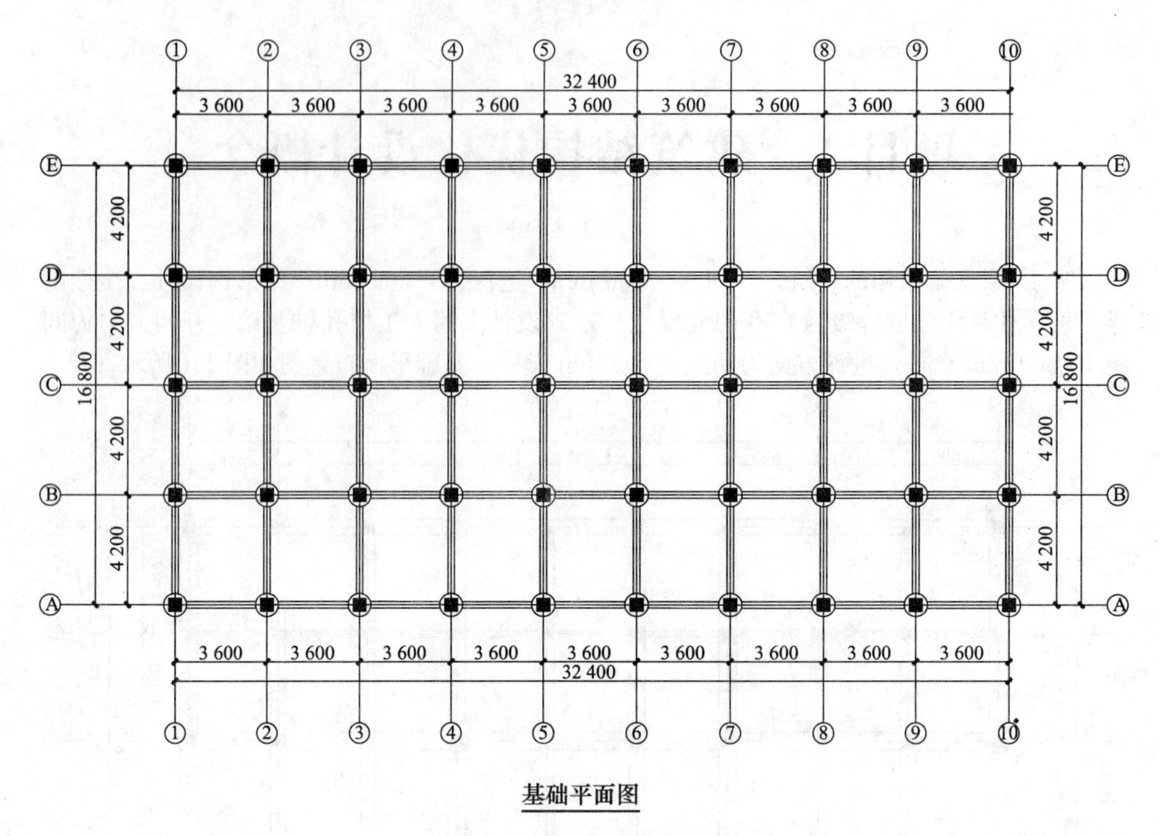

图 1-2　优化后的基础平面布置图

一个建设工程项目，在保证项目各项建设指标的前提下，有效地控制建设工程的成本，节约造价，一直是建设单位所追求的目标。有效地控制成本有多个环节，包括工程的设计、施工、项目管理等。根据目前的建设情况，有效地控制成本首先应从设计开始。对于建筑工程项目，有效地控制成本的途径首先是建筑结构设计。一个优化的建筑结构设计，可以是成本控制占比的 10%～20%。当然，在保证结构安全的前提下，尽量优化建筑结构设计，有效地控制工程造价是建筑结构设计人员所追求的目标。建设工程成本控制的流程如图 1-3 所示。

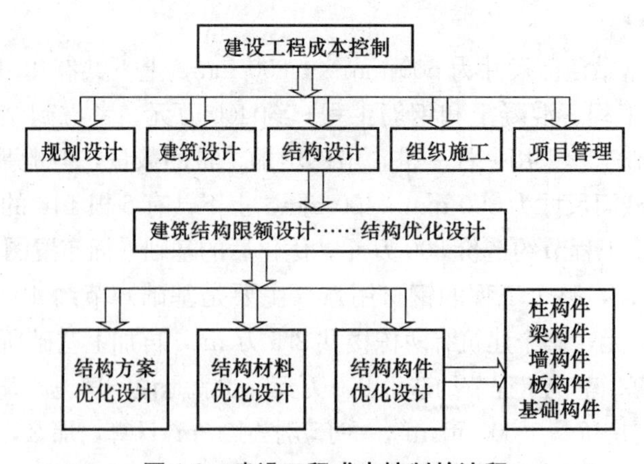

图 1-3　建设工程成本控制的流程

1.1 建筑结构优化设计的思路

建筑结构优化设计（optimum design of engineering structure）是指在满足各种规范或某些特定要求的条件下，使建筑结构的某种指标（如质量、造价、刚度等）为最佳的设计方法。也就是要在所有可用方案和做法中，按某一目标选出最优的方法。传统建筑结构的设计方法，是先根据经验通过判断给出或假定一个设计方案和做法，用工程力学方法进行结构分析，以检验是否满足规范规定的强度、刚度、稳定性、尺寸等方面的要求，符合要求的即可用方案，或者经过对少数几个方案和方法进行比较而得出可用方案。而结构优化设计是在很多个，甚至无限多个可用方案和做法中找出最优的方案，即材料最省、造价最低，或某些指标最佳的方案和做法。这样的工程结构设计便由“分析与校核”发展为“综合与优选”。这对提高工程结构的经济效益和功能具有重大的实际意义。“综合与优选”实质上也就是建筑结构的优化设计。

从理论上讲，建筑结构优化按结构设计变量的层次可分为截面尺寸优化设计、结构几何形状的优化设计、结构的拓扑优化设计（如给定一个杆系结构的节点布置，要求确定哪些节点之间应有杆件连接）、结构类型优化设计（如将一组荷载传递到支座，可以由梁、桁架和拱等不同类型结构进行优选）。随着设计变量层次的升高，所得的优化结构的效果也随之提高，但优化设计的难度增大，工作量增多。

任何一个建筑结构的设计方案，都可以用若干给定参数和一些设计变量 X_i（$i=1$，2，…，n）来体现，而设计变量随方案的改变而改变。这些设计变量所组成的维向量可用维空间的一个点来表示，称为“设计点”。规定必须满足的条件或其他特定条件称为优化设计的“约束”。满足所有“约束”的设计点称为“可用设计”。代表所有可用设计的那些设计点形成维空间的一个子域，称为“可用域”（又称为可行域）。评比方案优劣的标准（如结构质量、造价等）是设计变量的函数，称为“目标函数”。所谓结构优化设计就是用一些力学和数学的方法，在“可用域”搜索目标函数最小（或最大）的所谓最优点，也就是最优设计方案。

目前在建筑结构优化设计实际操作中，更多的是采用在“分析与校核”基础上的“综合与优选”方法，真正的建筑结构优化设计软件还不完善。今后，一方面急需大力开展结构优化设计的应用研究，如开展有关设计思想及优化技术的普及工作，编制符合设计实际需要的优化电算程序等；另一方面需要继续深入进行结构优化设计的理论工作，如多目标优化、结构动力设计优化、离散值设计变量优化、随机规划和模糊规划等课题以及模型化处理等。

1.1.1 结构优化设计的概念

在从事工程项目和结构的设计时，一个训练有素的工程师，除要考虑设计对象的基本使用功能及安全可靠性外，还要考虑工程的造价问题，这就是工程和结构的最优化问题。用科学的语言来描述就是利用确定的数学方法，在所有可能的设计方案的集合中，搜索到能够满足预定目标的、最令人满意的设计结果。

最早的结构优化设计思想，严格地说，可以追溯到微积分方法的诞生。人们比较熟悉的是“等强度梁”的例子。结构优化设计是由客观上的需求而产生并逐步发展起来的，它的每一个进步都与力学和数学学科的发展密切相关。力学学科的发展，使人们从解决静定结构、超静定结构问题发展到解决大型、复杂的结构问题；数学学科的发展则使人们从解决单变量的最优化问题发展到解决多单变量的最优化问题，从用微积分方法来解决问题发展到用变分的方法来解决问题，从采用解析的方法发展到采用数值计算的方法；计算机科学的发展，更使结构的优化设计得到了长久的发展。目前，结构的优化设计已经成为计算力学中一个重要而活跃的分支。

20世纪50年代以前，用于解决最优化问题的数学方法基本上仅限于经典微分法和变分法，其成为经典的最优化方法。20世纪50年代以后，以下几个方面重要的科学进展，推动了结构优化设计方法的快速发展：

(1) 力学领域：有限元方法概念的提出、理论的完善和应用的实现。

(2) 数学领域：数学规划方法的出现。

(3) 计算机领域：电子计算机的诞生和计算能力的快速提高。

因此，结构的优化设计，尤其是对于复杂和大型结构的优化，其基本的定位是：以有限元计算为基本手段，以最优化算法为搜索导向，通过数值计算的方法得以实施。结构优化设计的必要性及其较为明显的技术和经济效果是显然的。但定量的预测又经常较为困难，国内准确的统计资料通常难以得到，在这方面的工作也比较落后，尤其在铁路机车车辆方面的差距比较大，特别是在铁路货车的结构优化设计和轻量化设计方面，潜力应该是很大的。国外经验表明，采用结构的优化设计，可使结构节约材料或造价10%～50%。

结构优化设计的复杂程度很高，尤其是对于机车车辆之类的大型结构。即使目前常见的商业化软件，这方面的功能也比较欠缺，有些是理论上的问题，有些是程序开发的滞后问题。

最优化算法，作为一种寻优的搜索方法，目前仍然是国际上很热门的研究课题，其涉及众多领域的应用问题。20世纪末流行起来的遗传算法和模拟退火方法以及其他智能化的方法都将对优化设计的未来产生很大的影响。

1.1.2 结构优化设计的优点

结构优化设计的思想在结构设计中早已存在，设计人员总是力图使自己的设计能得到一个较好的技术经济指标。通常传统的结构设计是设计者根据设计的具体要求，按本人的实际经验，参考类似的工程设计，做出几个候选方案，然后进行强度、刚度和稳定等方面的计算、校核和方案的比较，从中择其最优者。这种传统的设计方法由于时间和费用的关系，所能提供的方案数目非常有限，而真正最优的方案通常并不在这些候选方案之中。因此，严格地说，这种做法仅仅证实了一个方案是“可行的”或“不可行的”，但它离“最优方案”相距甚远。

从理论上说，结构优化设计是设计者根据设计任务书所提出的要求，在全部可行的结构设计方案中，利用数学上的最优化方法，寻找满足所有要求的一个最好的方案。因此，结构优化设计所得到的结果，不仅仅是“可行的”，而且还是“最优的”。结构优化设计是一种现代的设计方法和设计理念。与传统的设计方法相比，结构优化设计有下列优点：

(1) 优化设计能使各种设计参数自动向更优的方向调整，直至找到一个尽可能完善的或最合适的设计方案。常规的设计大都是凭借设计人员的经验来进行的，它既不能保证设计参数一定能够向更优的方向调整，同时也几乎不可能找到最合适的设计方案。

(2) 优化设计的方法主要是数值计算的方法，在很短的时间内就可以分析一个设计方案，并判断方案的优劣和可行性。因此，其可以从大量的方案中选出更优的设计方案，能够加速设计进度，节省工程造价，这是常规设计所不能相比的。与传统的结构设计相比，一般情况下，对简单的结构可节省工程造价的3%～5%，对较复杂的结构可达10%，对新型结构可望达20%。

(3) 结构优化设计有较大的伸缩性。结构优化设计中的设计变量，可以从一两个到几十个，甚至上百个；结构优化设计的工程对象，可以是单个构件、部件，甚至整个机器。设计者可根据需要和本人经验加以选择。

(4) 某些优化设计方法（如几何规划）能够表示各个设计变量在目标函数中所占有“权”的大小，为设计者进一步改进结构设计指出方向。

(5) 某些优化设计方法（如网格法）能够提供一系列可行设计直至优化设计，为优化设计者的决策提供方便。

(6) 结构优化设计方法为结构研究工作者提供了一条新的科研途径。

当然，优化设计也有其自身的局限性需要研究解决，但“最优化”是工程设计永恒的主题，这就决定了优化设计是一切工程设计的必由之路。随着计算机功能的不断加强，结合优化方法的不断完善，工程设计的自动化和最优化一定能实现。

1.2 设计变量

一个设计方案可用一组基本参数的数值来表示。根据设计内容的不同，选取的基本参数可以是几何参数，如构件的外形尺寸、机构的运动尺寸等；也可以是某些物理量，如质量、惯性矩、力或力矩等；还可以是代表工作性能的导出量，如应力、挠度、频率、冲击系数等。这些参数中，有一些是预先给定的，另一些则需要在设计中优选。前者称为设计常量，而需要优选的独立参数，则被称为设计变量。设计变量的数目称为最优化设计的维数。设计变量的全体实体实际上是一组变量，可用一个列向量表示：

$$\boldsymbol{X}=[x_1,\ x_2,\ \cdots,\ x_n]^n \tag{1-1}$$

称作设计变量向量。向量中分量的次序是完全任意的，可根据使用的方便任意选取，如钢筋变量：

$$\text{钢筋变量 } \boldsymbol{X}=[\text{柱钢筋 } x_1，\text{梁钢筋 } x_2，\text{板钢筋 } x_3，\text{墙钢筋 } x_4]^4 \tag{1-2}$$

又如混凝土变量：

$$\text{混凝土变量 } \boldsymbol{X}=[\text{C60}x_1，\text{C50}x_2，\text{C40}x_3，\text{C35}x_4，\text{C30}x_5，\text{C25}x_6，\text{C20}x_7，\text{C15}x_8]^8 \tag{1-3}$$

又如构件截面尺寸变量：

$$\text{截面变量 } \boldsymbol{X}=[\text{柱截面 } x_1，\text{梁截面 } x_2，\text{板截面 } x_3，\text{墙截面 } x_4]^4 \tag{1-4}$$

结构变量也称为结构优化设计的控制变量，在优化过程中起到控制作用。例如，在工程造价控制中，在保证结构安全的前提下，控制建筑钢筋的含钢量（整个建筑工程钢筋用量），钢筋变量就起到了重要的作用，当然，钢筋变量的分量，即柱钢筋 x_1，梁钢筋 x_2，板钢筋 x_3，墙钢筋 x_4 又起到了单项控制作用。对于一个建筑工程，结构优化设计需要先选定一个目标，作为优化的指标，根据目标建立一个目标函数，目标函数的变量就是设计变量。最终的钢筋用量控制也就是求出目标函数的最小值，即结构优化设计的结果。因此，如何构建目标函数，是一个重要的问题，特别是在设计变量较多（多元函数）的情况下，函数的解析表达式可能很复杂，要求解函数最小值也变得很困难。

1.3 目标函数

1.3.1 目标函数的构建

结构优化设计要求在多种因素下寻求最令人满意、最适宜的一组参数，从而使设计达到追求的目标。根据特定问题所追求的目标，用设计变量的数学关系式将其表达出来，就是优化设计的目标函数。对有 n 个设计变量的最优化问题，目标函数可以写成：

$$G=F(x_1, x_2, \cdots, x_n) \tag{1-5}$$

最常用的目标函数是结构的质量，即以结构最轻为优化目标。当然结构体积、刚度、造价、变形、承载能力、自振频率以及振幅也可以根据需要作为优化设计中的目标函数。目标函数是评价一个设计方案优劣程度的依据，因此，选择目标函数是优化设计过程中最为重要的决策之一。

目标函数与设计变量之间的关系，可用曲线或曲面表示。一个设计变量与一个目标函数的关系，是二维平面上的一条曲线。当有两个设计变量时，其关系是三维空间的一个曲面。若有 n 个设计变量，则呈（$n+1$）维空间的超越曲面关系。

对于建筑结构工程，优化的目标主要是控制工程造价。如果以工程造价最低为优化设计的目标，以钢筋混凝土框架结构为例，设该框架中的梁、柱数目分别为 m、n，以整个框架结构的造价最低为目标建立如下目标函数：

$$\begin{aligned}\min M = &\sum_{i=1}^{m}\left[(M_c l_{bi} B_{ki} H_{hi} + M_r A_{mi} l_{bi}) + 2M_g(B_{ki} + H_{hi} - 2c_b) l_{bi} R_{bg} +\right.\\ &\left.N_m(B_{ki} + 2H_{hi}) l_{bi}\right] + \sum_{j=1}^{n}\left[(M_c l_{cj} C_{kj} C_{hj} + M_r A_{nj} l_{cj}) +\right.\\ &\left.2M_g(C_{ki} + C_{hi} - 2c_c) l_{ci} R_{cg} + 2N_m(C_{ki} + C_{hi}) l_{ci}\right]\end{aligned} \tag{1-6}$$

式中 M、N_m——总造价、单位面积模板造价；

M_c、M_r、M_g——混凝土、纵向钢筋、箍筋的单位体积价格；

l_{bi}、l_{cj}——梁、柱的计算长度；

B_{ki}、H_{hi}——梁的宽度和高度；

C_{kj}、C_{hj}——柱的宽度和高度；

A_{mi}、A_{nj}——梁、柱的钢筋截面面积；

c_b、c_c——梁、柱的混凝土保护层厚度；

R_{bg}、R_{cg}——梁、柱中的箍筋沿构件分布等效密度。

从目标函数中可以看出，设计变量主要为构件钢筋用量控制、构件体积混凝土用量控制。函数形式是一个多元函数，要求出它的最小值是非常困难的。

1.3.2 目标函数求解

要根据函数的类型求解目标函数。一元函数是一条曲线，其最小值是函数的最低点。多元函数是一个 n 维空间域，最小值可能是一个小的域，可能有一组解（多个解）。如果用传统的数学方法求解，一般情况下是不可能的，因为构建的目标函数有时候不能用初等函数表达，不好求理论解。一元函数和多元函数求解的函数图像如图 1-4 和图 1-5 所示。

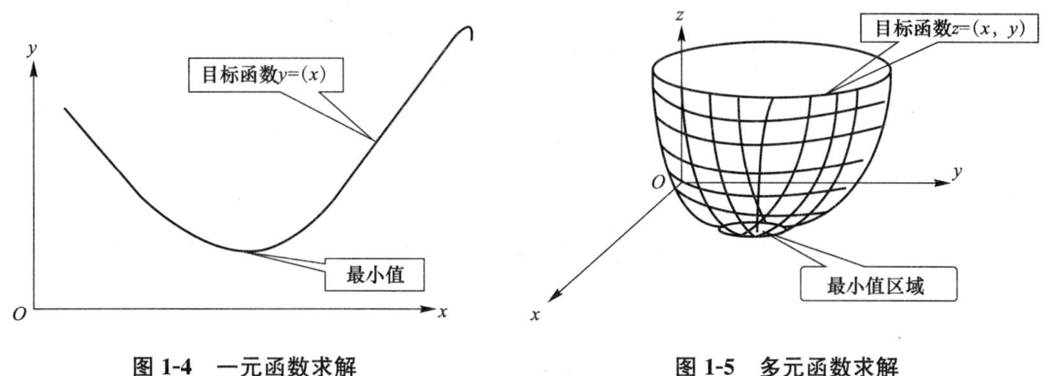

图 1-4　一元函数求解　　　　图 1-5　多元函数求解

在工程应用方面，对于目标函数基本上都是采用数值求解方法，即采用数值计算的方式求出目标函数的近似值，条件是满足工程精度的要求。实际工程的结构优化设计的应用，一般采用一元函数，用计算机软件进行结构计算，经过多次计算对比，找出最优数值。如钢筋混凝土框架结构的用钢量：

$M_1=F$（柱截面变量）；（柱钢筋控制）

$M_2=F$（梁截面变量）；（梁钢筋控制）

$M_3=F$（楼板截面变量）；（楼板钢筋控制）

$M_4=F$（墙截面变量）。（墙钢筋控制）

求出 M_1、M_2、M_3、M_4 的最小值，再进行综合评价，找出整个工程的含钢量。目标函数是以构件的截面尺寸作为设计变量，在所有荷载都不改变的情况下，优选构件的截面尺寸，从而得到优化后的钢筋量。求解目标函数数值时基本上都采用计算机软件作计算。对于一个具体的实际工程，结构设计优化最好是应用具体的计算机辅助结构设计软件，在真实的设计环境下进行结构优化设计。例如，采用 PKPM 系列结构设计软件，或 BIM 建筑全生命周期信息管理软件中的建筑结构设计模块进行结构优化设计。

1.4　约束条件

在结构优化设计中，设计变量 X_i（x_1，x_2，…，x_n）的取值是要受某些条件限制的，这些条件统称为约束条件。约束条件反映了有关设计规范、计算规程、运输、安装、构造等各方面的要求，有时还反映了设计者的意图。对某个或某组量直接限制的约束条件称为显约束；对某个或某些与设计变量的关系无法直接说明的量加以限制的约束条件称为隐约束。如板的最小厚度、孔的最小直径等限制，约束条件比较简单，属于显约束。而对结构强度、变形、稳定、频率等的限制一般与设计变量没有直接关系，必须通过结构分析才能求得，属于隐约束。约束可以分为等式和不等式两种，用数学表达式可以写成：

$$G_i(x)<0 \quad i=1, 2, \cdots, p \tag{1-7}$$

$$H_i(x)=0 \quad j=1, 2, \cdots, g \tag{1-8}$$

例如，1.3 节中的结构目标函数的约束条件为

强度约束条件：梁：$\alpha_1 f_c bx+f'_y A'_s=f_y A_s$；$M\leqslant\alpha_1 f_c bx\left(h_0-\frac{x}{2}\right)+f'_y A'_s\ (h_0-a'_s)$

$$V_b\leqslant\frac{1}{\gamma_{RE}}\ (0.2\beta_c f_c bh_0)；V_b\leqslant\frac{1}{\gamma_{RE}}\left(0.42f_t bh_0+1.25\ f_{yv}\frac{A_{sv}}{s}h_0\right)$$

$$M\leqslant\alpha_1 f_c bx+f'_y A'_s-\sigma_s A_s；Ne\leqslant\alpha_1 f_c bx\left(h_0-\frac{x}{2}\right)+f'_y A'_s\ (h_0-a'_s) \tag{1-9}$$

柱：$V_c\leqslant\frac{1}{\gamma_{RE}}\ (0.2\beta_c f_c bh_0)$；$V_c\leqslant\frac{1}{\gamma_{RE}}\left(\frac{1.05}{1+\lambda}f_t bh_0+f_{yv}\frac{A_{sv}}{s}h_0+0.056N\right)$

$$n\leqslant\frac{N}{f_c A_c}\leqslant[n] \tag{1-10}$$

位移约束条件：层间位移角限值 $[\theta_e]\leqslant\frac{1}{550}$（框架结构） (1-11)

层间位移 $\Delta_{ue}\leqslant[\theta_e]\cdot h$ (1-12)

式中各字母的含义见国家相关规范。

构造约束条件：梁最小宽度：$B_{ki}\geqslant 200$ mm，$i=1, 2, \cdots, m$；

梁高度：400 mm$\leqslant B_{hi}\leqslant$800 mm，$i=1, 2, \cdots, m$；

梁最小配筋率：$A_{mi}\geqslant u_{\min}B_{ki}H_{hi}$，$i=1, 2, \cdots, m$；

柱最小截面：C_{kj}，$C_{hj}\geqslant 350$，$j=1, 2, \cdots, n$；

柱最大配筋率：$A_{nj}\leqslant 0.05C_{kj}C_{hj}$，$j=1, 2, \cdots, n$；

柱最小配筋率：$A_{nj}\geqslant 0.006C_{kj}C_{hj}$，$j=1, 2, \cdots, n$。

为了充分了解建筑结构设计的约束条件，现列出建筑结构设计相关规范的要求（相关设计约束条件），如下所述。

1.4.1 材料强度限值

1. 混凝土

（1）素混凝土结构的混凝土强度等级不应低于 C15；钢筋混凝土结构的混凝土强度等级不应低于 C20；采用强度等级 400 MPa 及以上的钢筋时，混凝土强度等级不应低于 C25；预应力混凝土结构的混凝土强度等级不宜低于 C40，且不应低于 C30；承受重复荷载的钢筋混凝土构件，混凝土强度等级不应低于 C30。

（2）高层建筑各类结构用混凝土的强度等级均不应低于 C20，并应符合规定：抗震设计时，一级抗震等级框架梁、柱及其节点的混凝土强度等级不应低于 C30；筒体结构的混凝土强度等级不宜低于 C30；作为上部结构嵌固部位的地下室楼盖的混凝土强度等级不宜低于 C30；转换层楼板、转换梁、转换柱、箱形转换结构以及转换厚板的混凝土强度等级均不应低于 C30；预应力混凝土结构的混凝土强度等级不宜低于 C40、不应低于 C30；型钢混凝土梁、柱的混凝土强度等级不宜低于 C30；现浇非预应力混凝土楼盖结构的混凝土强度

等级不宜高于 C40；抗震设计时，框架柱的混凝土强度等级，9 度时不宜高于 C60，8 度时不宜高于 C70；剪力墙的混凝土强度等级不宜高于 C60。

（3）框支梁、框支柱混凝土强度等级不应低于 C30；构造柱、芯柱、圈梁及其他各类构件不应低于 C20。

（4）扩展基础的混凝土强度等级不应低于 C20。桩基础设计使用年限不少于 50 年时，非腐蚀环境中预制桩的混凝土强度等级不应低于 C30，预应力桩不应低于 C40，灌注桩的混凝土强度等级不应低于 C25；二 b 类环境及三类、四类、五类微腐蚀环境中不应低于 C30；在腐蚀环境中的桩，桩身混凝土的强度等级应符合现行国家标准《混凝土结构设计规范（2015 年版）》（GB 50010—2010）的有关规定。设计使用年限不少于 100 年的桩，桩身混凝土的强度等级宜适当提高，水下灌注混凝土的桩身混凝土强度等级不宜高于 C40，承台混凝土强度等级不应低于 C20。

2. 钢筋

混凝土结构的钢筋应按下列规定选用：

（1）纵向受力普通钢筋可采用 HRB400、HRB500、HRBF400、HRBF500、HRB335、RRB400、HPB300 钢筋。

（2）梁、柱和斜撑构件的纵向受力普通钢筋宜采用 HRB400、HRB500、HRBF400、HRBF500 钢筋。

（3）箍筋宜采用 HRB400、HRBF400、HRB335、HPB300、HRB500、HRBF500 钢筋。

（4）预应力筋宜采用预应力钢丝、钢绞线和预应力螺纹钢筋。

1.4.2 混凝土结构

1. 挠度裂缝规定

（1）钢筋混凝土受弯构件的最大挠度应按荷载的准永久组合，预应力混凝土受弯构件的最大挠度应按荷载的标准组合，并均应考虑荷载长期作用的影响进行计算，其计算值不应超过表 1-1 规定的挠度限值。

表 1-1　受弯构件的挠度限值

构件类型		挠度限值
吊车梁	手动吊车	$l_0/500$
	电动吊车	$l_0/600$
屋盖、楼盖及楼梯构件	当 $l_0<7$ m 时	$l_0/200$（$l_0/250$）
	当 7 m$\leqslant l_0 \leqslant$9 m 时	$l_0/250$（$l_0/300$）
	当 $l_0>9$ m 时	$l_0/300$（$l_0/400$）

注：1. 表中 l_0 为构件的计算跨度；计算悬臂构件的挠度限值时，其计算跨度 l_0 按实际悬臂长度的 2 倍取用。
2. 表中括号内的数值适用于使用上对挠度有较高要求的构件。
3. 如果制作构件时预先起拱，且使用上也允许，则在验算挠度时，可将计算所得的挠度值减去起拱值；对预应力混凝土构件，尚可减去预加力所产生的反拱值。
4. 构件制作时的起拱值和预加力所产生的反拱值，不宜超过构件在相应荷载组合作用下的计算挠度值。

（2）结构构件的裂缝控制等级及最大裂缝宽度限值 $w_{\lim}$ 见表 1-2。

表 1-2　结构构件的裂缝控制等级及最大裂缝宽度限值　　mm

<table>
<tr><th rowspan="2">环境类别</th><th colspan="2">钢筋混凝土结构</th><th colspan="2">预应力混凝土结构</th></tr>
<tr><th>裂缝控制等级</th><th>$w_{\lim}$</th><th>裂缝控制等级</th><th>$w_{\lim}$</th></tr>
<tr><td>一</td><td rowspan="4">三级</td><td>0.30（0.40）</td><td rowspan="2">三级</td><td>0.20</td></tr>
<tr><td>二 a</td><td rowspan="3">0.20</td><td>0.10</td></tr>
<tr><td>二 b</td><td>二级</td><td>—</td></tr>
<tr><td>三 a、三 b</td><td>一级</td><td>—</td></tr>
</table>

注：1. 对处于年平均相对湿度小于 60% 地区一类环境下的受弯构件，其最大裂缝宽度限值可采用括号内的数值。
2. 在一类环境下，对钢筋混凝土屋架、托架及需作疲劳验算的吊车梁，其最大裂缝宽度限值应取为 0.20 mm；对钢筋混凝土屋面梁和托梁，其最大裂缝宽度限值应取为 0.30 mm。
3. 在一类环境下，对预应力混凝土屋架、托架及双向板体系，应按二级裂缝控制等级进行验算；对一类环境下的预应力混凝土屋面梁、托梁、单向板，应按表中二 a 类环境的要求进行验算；在一类和二 a 类环境下需作疲劳验算的预应力混凝土吊车梁，应按裂缝控制等级不低于二级的构件进行验算。
4. 表中规定的预应力混凝土构件的裂缝控制等级和最大裂缝宽度限值仅适用于正截面的验算；预应力混凝土构件的斜截面裂缝控制验算应符合相关规范的有关规定。
5. 对于烟囱、筒仓和处于液体压力下的结构，其裂缝控制要求应符合专门标准的有关规定。
6. 对处于四、五类环境下的结构构件，其裂缝控制要求应符合专门标准的有关规定。
7. 表中的最大裂缝宽度限值为用于验算荷载作用引起的最大裂缝宽度。

2. 结构竖向布置与水平位移限值

（1）抗震设计时，高层建筑相邻楼层的侧向刚度变化应符合规定：对框架结构，本层与相邻上层的侧向刚度比值不宜小于 0.7，与相邻上部三层刚度平均值的比值不宜小于 0.8。

（2）A 级高度高层建筑的楼层抗侧力结构的层间受剪承载力不宜小于其相邻上一层受剪承载力的 80%，不应小于其相邻上一层受剪承载力的 65%；B 级高度高层建筑的楼层抗侧力结构的层间受剪承载力不应小于其相邻上一层受剪承载力的 75%。

（3）楼层质量不宜大于相邻下部楼层质量的 1.5 倍。

（4）按弹性方法计算的风荷载或多遇地震标准值作用下的楼层层间最大水平位移与层高之比 $\Delta u/h$ 宜符合规定：高度不大于 150 m 的高层建筑，其楼层层间最大位移与层高之比 $\Delta u/h$ 不宜大于表 1-3 的限值。高度不小于 250 m 的高层建筑，其楼层层间最大位移与层高之比 $\Delta u/h$ 不宜大于 1/500。高度为 150～250 m 的高层建筑，其楼层层间最大位移与层高之比 $\Delta u/h$ 的限值可线性插入取用。

表 1-3　楼层层间最大位移与层高之比的限值

结构类型	$[\Delta u/h]$
钢筋混凝土框架	1/550
钢筋混凝土框架-抗震墙、板柱-抗震墙、框架-核心筒	1/800

续表

结构类型	[$\Delta u/h$]
钢筋混凝土抗震墙、筒中筒	1/1 000
钢筋混凝土框支层	1/1 000
多、高层钢结构	1/250

(5) 弹塑性层间位移角限值可按表 1-4 采用。对钢筋混凝土框架结构，当轴压比小于 0.40 时，可提高 10%。

表 1-4 弹塑性层间位移角限值

结构类型	[θ_e]
单层钢筋混凝土柱排架	1/30
钢筋混凝土框架	1/50
底部框架砌体房屋中的框架-抗震墙	1/100
钢筋混凝土框架-抗震墙、板柱-抗震墙、框架-核心筒	1/100
钢筋混凝土抗震墙、筒中筒	1/120
多、高层钢结构	1/50

3. 钢筋的连接

(1) 钢筋连接可采用绑扎搭接、机械连接或焊接。同一根受力钢筋上宜少设接头且接头宜设置在受力较小处。在结构的重要构件和关键传力部位，纵向受力钢筋不宜设置连接接头。同一构件相邻纵向受力钢筋的绑扎搭接接头宜互相错开。钢筋绑扎搭接接头连接区段如图 1-6 所示。

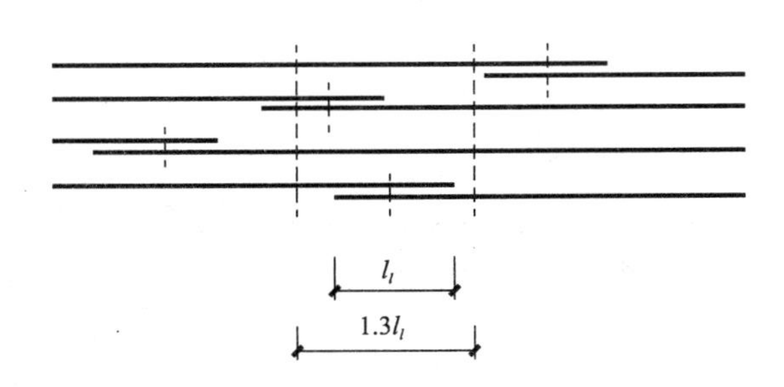

图 1-6 同一连接区段内纵向受拉钢筋的绑扎搭接接头

(2) 位于同一连接区段内的受拉钢筋搭接接头面积百分率：对梁类、板类及墙类构件，不宜大于 25%；对柱类构件，不宜大于 50%。当工程中确有必要增大受拉钢筋搭接接头面积百分率时，对梁类构件，不宜大于 50%；对板、墙、柱及预制构件的拼接处，可根据实际情况放宽。

(3) 关于钢筋连接的其他构造要求可查询相关规范。

4. 构造要求

（1）纵向受力钢筋的最小配筋率。钢筋混凝土结构构件中纵向受力钢筋的配筋百分率ρ_{min}不应小于表 1-5 规定的数值。

表 1-5　纵向受力钢筋的配筋百分率 ρ_{min}　　%

<table>
<tr><th colspan="3">受力类型</th><th>最小配筋百分率</th></tr>
<tr><td rowspan="4">受压构件</td><td rowspan="3">全部纵向钢筋</td><td>强度等级 500 MPa</td><td>0.50</td></tr>
<tr><td>强度等级 400 MPa</td><td>0.55</td></tr>
<tr><td>强度等级 300 MPa、335 MPa</td><td>0.60</td></tr>
<tr><td colspan="2">一侧纵向钢筋</td><td>0.20</td></tr>
<tr><td colspan="3">受弯构件和偏心受拉、轴心受拉构件一侧的受拉钢筋</td><td>0.20 和 $45f_t/f_y$ 中的较大值</td></tr>
<tr><td colspan="4">注：1. 受压构件全部纵向钢筋最小配筋百分率，当采用 C60 以上强度等级混凝土时，应按表中规定增加 0.10。
2. 板类受弯构件（不包括悬臂板）的受拉钢筋，当采用强度等级为 400 MPa、500 MPa 的钢筋时，其最小配筋百分率允许采用 0.15 和 $45f_t/f_y$ 中的较大值。
3. 偏心受拉构件中的受压钢筋，应按受压构件一侧纵向钢筋考虑。
4. 受压构件的全部纵向钢筋和一侧纵向钢筋的配筋率以及轴心受拉构件和小偏心受拉构件一侧受拉钢筋的配筋率均应按构件的全截面面积计算。
5. 受弯构件、大偏心受拉构件一侧受拉钢筋的配筋率应按全截面面积扣除受压翼缘面积后的截面面积计算。
6. 当钢筋沿构件截面周边布置时，“一侧纵向钢筋”是指沿受力方向两个对边中一边布置的纵向钢筋。</td></tr>
</table>

（2）板的基本规定。

①计算原则：

两对边支承的板应按单向板计算。

四边支承的板应按下列规定计算：

a. 当长边与短边长度之比不大于 2.0 时，应按双向板计算；

b. 当长边与短边长度之比大于 2.0，但小于 3.0 时，宜按双向板计算；

c. 当长边与短边长度之比不小于 3.0 时，宜按沿短边方向受力的单向板计算，并应沿长边方向布置构造钢筋。

②现浇混凝土板的尺寸宜符合下列规定：

a. 板的跨厚比：钢筋混凝土单向板不大于 30，双向板不大于 40；无梁支承的有柱帽板不大于 35，无梁支承的无柱帽板不大于 30。预应力板可适当增加；当板的荷载、跨度较大时宜适当减小。

b. 现浇钢筋混凝土板的厚度不应小于表 1-6 规定的数值。

表 1-6　现浇钢筋混凝土板的最小厚度　　mm

<table>
<tr><th colspan="2">板的类别</th><th>最小厚度</th></tr>
<tr><td rowspan="4">单向板</td><td>屋面板</td><td>60</td></tr>
<tr><td>民用建筑楼板</td><td>60</td></tr>
<tr><td>工业建筑楼板</td><td>70</td></tr>
<tr><td>行车道下的楼板</td><td>80</td></tr>
</table>

续表

板的类别		最小厚度
双向板		80
密肋楼盖	面板	50
	肋高	250
悬臂板（根部）	悬臂长度不大于 500 mm	60
	悬臂长度 1 200 mm	100
无梁楼板		150
现浇空心楼盖		200

c. 板中受力钢筋的间距按表 1-7 取值。

表 1-7　楼屋面板中受力钢筋的间距

板厚/mm	$h\leqslant150$	$h>150$
钢筋间距/mm	$s\leqslant200$	$s\leqslant1.5h$ 且 $s\leqslant250$

d. 现浇混凝土空心楼板的体积空心率不宜大于 50%。

③构造要求。

a. 按简支边或非受力边设计的现浇混凝土板，当与混凝土梁、墙整体浇筑或嵌固在砌体墙内时，应设置板面构造钢筋，钢筋直径不宜小于 8 mm，间距不宜大于 200 mm，且单位宽度内的配筋面积不宜小于跨中相应方向板底钢筋截面面积的 1/3，与混凝土梁、混凝土墙整体浇筑单向板的非受力方向，钢筋截面面积尚不宜小于受力方向跨中板底钢筋截面面积的 1/3。

b. 当按单向板设计时，应在垂直于受力的方向布置分布钢筋，单位宽度上的配筋不宜小于单位宽度上的受力钢筋的 15%，且配筋率不宜小于 0.15%；分布钢筋直径不宜小于 6 mm，间距不宜大于 250 mm；当集中荷载较大时，分布钢筋的配筋面积尚应增加，且间距不宜大于 200 mm。

c. 在温度、收缩应力较大的现浇板区域，应在板的表面双向配置防裂构造钢筋。配筋率均不宜小于 0.10%，间距不宜大于 200 mm。

d. 当混凝土板的厚度不小于 150 mm 时，对板的无支承边的端部，宜设置 U 形构造钢筋并与板顶、板底的钢筋搭接，搭接长度不宜小于 U 形构造钢筋直径的 15 倍且不宜小于 200 mm；也可采用板面、板底钢筋分别向下、向上弯折搭接的形式。

（3）框架梁。

①框架梁截面尺寸。框架结构的主梁截面高度可按计算跨度的 1/10～1/18 确定；梁净跨与截面高度之比不宜小于 4。梁的截面宽度不宜小于梁截面高度的 1/4，也不宜小于 200 mm。

②框架梁的钢筋配置。

a. 抗震设计时，计入受压钢筋作用的梁端截面混凝土受压区高度与有效高度之比，一级不应大于 0.25，二、三级不应大于 0.35。

b. 纵向受拉钢筋的最小配筋百分率 ρ_{min}（%），非抗震设计时，不应小于 0.2 和 45 f_t/f_y

中的较大值；抗震设计时，不应小于表 1-8 规定的数值。

表 1-8　梁纵向受拉钢筋最小配筋百分率 ρ_{min}　　%

抗震等级	位置	
	支座（取较大值）	跨中（取较大值）
一级	0.40 和 $80f_t/f_y$	0.30 和 $65f_t/f_y$
二级	0.30 和 $65f_t/f_y$	0.25 和 $55f_t/f_y$
三、四级	0.25 和 $55f_t/f_y$	0.20 和 $45f_t/f_y$

c. 抗震设计时，梁端截面的底面和顶面纵向钢筋截面面积的比值，除按计算确定外，一级不应小于 0.5，二、三级不应小于 0.3。

d. 抗震设计时，梁端箍筋的加密区长度、箍筋最大间距和最小直径应符合表 1-9 的要求；当梁端纵向钢筋配筋率大于 2%时，表中箍筋最小直径应增加 2 mm。

表 1-9　梁端箍筋的加密区长度、箍筋最大间距和最小直径

抗震等级	加密区长度（取较大值）/mm	箍筋最大间距（取最小值）/mm	箍筋最小直径/mm
一	$2.0h_b$，500	$h_b/4$，$6d$，100	10
二	$1.5h_b$，500	$h_b/4$，$8d$，100	8
三	$1.5h_b$，500	$h_b/4$，$8d$，150	8
四	$1.5h_b$，500	$h_b/4$，$8d$，150	6

注：1. d 为纵向钢筋直径，h_b 为梁截面高度。

2. 一、二级抗震等级框架梁，当箍筋直径大于 12 mm、肢数不少于 4 肢且肢距不大于 150 mm 时，箍筋加密区最大间距允许适当放松，但不应大于 150 mm。

e. 抗震设计时，梁端纵向受拉钢筋的配筋率不宜大于 2.5%，不应大于 2.75%；当梁端受拉钢筋的配筋率大于 2.5%时，受压钢筋的配筋率不应小于受拉钢筋的一半。沿梁全长顶面和底面应至少各配置两根纵向配筋，一、二级抗震设计时钢筋直径不应小于 14 mm，且分别不应小于梁两端顶面和底面纵向配筋中较大截面面积的 1/4；三、四级抗震设计和非抗震设计时钢筋直径不应小于 12 mm。一、二、三级抗震等级的框架梁内贯通中柱的每根纵向钢筋的直径，对矩形截面柱，不宜大于柱在该方向截面尺寸的 1/20；对圆形截面柱，不宜大于纵向钢筋所在位置柱截面弦长的 1/20。

f. 非抗震设计时，应沿梁全长设置箍筋，截面高度大于 800 mm 的梁，其箍筋直径不宜小于 8 mm；其余截面高度的梁不应小于 6 mm。在受力钢筋搭接长度范围内，箍筋直径不应小于搭接钢筋最大直径的 1/4。在纵向受拉钢筋的搭接长度范围内，箍筋间距尚不应大于搭接钢筋较小直径的 5 倍，且不应大于 100 mm；在纵向受压钢筋的搭接长度范围内，箍筋间距尚不应大于搭接钢筋较小直径的 10 倍，且不应大于 200 mm。

（4）框架柱。

①截面尺寸。矩形截面柱的边长，非抗震设计时不宜小于 250 mm，抗震设计时，四级

不宜小于 300 mm，一、二、三级不宜小于 400 mm；圆柱直径，非抗震和四级抗震设计时不宜小于 350 mm，一、二、三级时不宜小于 450 mm。柱剪跨比宜大于 2，柱截面高宽比不宜大于 3。

②轴压比。抗震设计时，钢筋混凝土柱轴压比不宜超过表 1-10 的规定；对于Ⅳ类场地上较高的高层建筑，其轴压比限值应适当减小。

表 1-10　柱轴压比限值

结构类型	抗震等级			
	一	二	三	四
框架结构	0.65	0.75	0.85	0.90
板柱-剪力墙、框架-剪力墙、框架-核心筒、筒中筒结构	0.75	0.85	0.90	0.95
部分框支剪力墙结构	0.60	0.70	—	

注：1. 轴压比是指柱考虑地震作用组合的轴压力设计值与柱全截面面积和混凝土轴心抗压强度设计值乘积的比值。
2. 表内数值适用于混凝土强度等级不高于 C60 的柱。当混凝土强度等级为 C65～C70 时，轴压比限值应比表中数值降低 0.05；当混凝土强度等级为 C75～C80 时，轴压比限值应比表中数值降低 0.10。
3. 表内数值适用于剪跨比大于 2 的柱；剪跨比不大于 2 但不小于 1.5 的柱，其轴压比限值应比表中数值减小 0.05；剪跨比小于 1.5 的柱，其轴压比限值应专门研究并采取特殊构造措施。
4. 当沿柱全高采用“井”字复合箍，箍筋间距不大于 100 mm、肢距不大于 200 mm、直径不小于 12 mm，或当沿柱全高采用复合螺旋箍，箍筋螺距不大于 100 mm、肢距不大于 200 mm、直径不小于 12 mm，或当沿柱全高采用连续复合螺旋箍，且螺距不大于 80 mm、肢距不大于 200 mm、直径不小于 10 mm 时，轴压比限值可增加 0.10。
5. 当柱截面中部设置由附加纵向钢筋形成的芯柱，且附加纵向钢筋的截面面积不小于柱截面面积的 0.8%时，柱轴压比限值可增加 0.050；当本项措施与注 4 的措施共同采用时，柱轴压比限值可比表中数值增加 0.15，但箍筋的配箍特征值仍可按轴压比增加 0.10 的要求确定。
6. 调整后的柱轴压比限值不应大于 1.05。

③柱纵向钢筋和箍筋配置。

a. 柱全部纵向钢筋的配筋率，不应小于表 1-11 的规定值，且柱截面每一侧纵向钢筋配筋百分率不应小于 0.2；抗震设计时，对Ⅳ类场地上较高的高层建筑，表中数值应增加 0.1。

表 1-11　柱纵向受力钢筋最小配筋百分率　　%

柱类型	抗震等级				非抗震
	一级	二级	三级	四级	
中柱、边柱	0.9（1.0）	0.7（0.8）	0.6（0.7）	0.5（0.6）	0.5
角柱	1.1	0.9	0.8	0.7	0.5
框支柱	1.1	0.9	—	—	0.7

注：1. 表中括号内数值适用于框架结构。
2. 当采用强度等级为 335 MPa、400 MPa 纵向受力钢筋时，应分别按表中数值增加 0.1 和 0.05 采用。
3. 当混凝土强度等级高于 C60 时，上述数值应增加 0.1 采用。

b. 抗震设计时，箍筋的最大间距和最小直径，应按表 1-12 采用。

表 1-12　柱端箍筋加密区的构造要求

抗震等级	箍筋最大间距/mm	箍筋最小直径/mm
一级	$6d$ 和 100 的较小值	10
二级	$8d$ 和 100 的较小值	8
三级	$8d$ 和 150（柱根 100）的较小值	8
四级	$8d$ 和 150（柱根 100）的较小值	6（柱根 8）
注：d 为柱纵向钢筋直径（mm）；柱根指框架柱底部嵌固部位。		

一级框架柱的箍筋直径大于 12 mm 且箍筋肢距不大于 150 mm 及二级框架柱箍筋直径不小于 10 mm 且肢距不大于 200 mm 时，除柱根外最大间距应允许采用 150 mm；三级框架柱的截面尺寸不大于 400 mm 时，箍筋最小直径应允许采用 6 mm；四级框架柱的剪跨比不大于 2 或柱中全部纵向钢筋的配筋率大于 3%时，箍筋直径不应小于 8 mm；剪跨比不大于 2 的柱，箍筋间距不应大于 100 mm。

c. 柱的纵向钢筋配置，抗震设计时，宜采用对称配筋。截面尺寸大于 400 mm 的柱，一、二、三级抗震设计时其纵向钢筋间距不宜大于 200 mm；抗震等级为四级和非抗震设计时，柱纵向钢筋间距不宜大于 300 mm；柱纵向钢筋净距均不应小于 50 mm。

d. 全部纵向钢筋的配筋率，非抗震设计时不宜大于 5%，不应大于 6%，抗震设计时不应大于 5%。一级且剪跨比不大于 2 的柱，其单侧纵向受拉钢筋的配筋率不宜大于 1.2%。边柱、角柱及剪力墙端柱考虑地震作用组合产生小偏心受拉时，柱内纵筋总截面面积应比计算值增加 25%。

（5）剪力墙。

①墙厚。竖向构件截面长边、短边（厚度）比值大于 4 时，宜按墙的要求进行设计。剪力墙不宜过长，较长剪力墙宜设置跨高比较大的连梁将其分成长度较均匀的若干墙段，各墙段的高度与墙段长度之比不宜小于 3，墙段长度不宜大于 8 m。剪力墙的墙肢截面厚度应符合下列规定：

a. 剪力墙结构：一、二级抗震等级时，一般部位不应小于 160 mm，且不宜小于层高或无支长度的 1/20；三、四级抗震等级时，不应小于 140 mm，且不宜小于层高或无支长度的 1/25。一、二级抗震等级的底部加强部位，不应小于 200 mm，且不宜小于层高或无支长度的 1/16，当墙端无端柱或翼墙时，墙厚不宜小于层高或无支长度的 1/12。

b. 框架-剪力墙结构：一般部位不应小于 160 mm，且不宜小于层高或无支长度的1/20；底部加强部位不应小于 200 mm，且不宜小于层高或无支长度的 1/16。

c. 框架-核心筒结构、筒中筒结构：一般部位不应小于 160 mm，且不宜小于层高或无支长度的 1/20；底部加强部位不应小于 200 mm，且不宜小于层高或无支长度的 1/16。筒体底部加强部位及其上一层不宜改变墙体厚度。

②剪力墙轴压比。一、二、三级抗震等级的剪力墙，其底部加强部位的墙肢轴压比不宜超过表 1-13 的限值。

表 1-13　剪力墙轴压比限值

抗震等级（设防烈度）	一级（9 度）	一级（7、8 度）	二级、三级
轴压比限值	0.4	0.5	0.6
注：剪力墙肢轴压比是指在重力荷载代表值作用下墙的轴压力设计值与墙的全截面面积和混凝土轴心抗压强度设计值乘积的比值。			

③剪力墙配筋要求。剪力墙的水平和竖向分布钢筋的配筋应符合下列规定：

a. 一、二、三级抗震等级的剪力墙的水平和竖向分布钢筋配筋率均不应小于 0.25%；四级抗震等级剪力墙不应小于 0.2%。

b. 部分框支剪力墙结构的剪力墙底部加强部位，水平和竖向分布钢筋配筋率不应小于 0.3%。对高度小于 24 m 且剪压比很小的四级抗震等级剪力墙，其竖向分布筋最小配筋率应允许按 0.15%采用。

c. 剪力墙水平和竖向分布钢筋的间距不宜大于 300 mm，直径不宜大于墙厚的 1/10，且不应小于 8 mm，竖向分布钢筋直径不宜小于 10 mm。部分框支剪力墙结构的底部加强部位，剪力墙水平和竖向分布钢筋的间距不宜大于 200 mm。

d. 高层剪力墙结构的竖向和水平分布钢筋不应单排配置。剪力墙截面厚度不大于 400 mm 时，可采用双排配筋；大于 400 mm，但不大于 700 mm 时，宜采用三排配筋；大于 700 mm 时，宜采用四排配筋。各排分布钢筋之间拉筋的间距不应大于 600 mm，直径不应小于 6 mm。

1.4.3　桩基础

1. 基桩的布置

（1）摩擦型桩的中心距不宜小于桩身直径的 3 倍；扩底灌注桩的中心距不宜小于扩底直径的 1.5 倍，当扩底直径大于 2 m 时，桩端净距不宜小于 1 m。在确定桩距时尚应考虑施工工艺中挤土等效应对邻近桩的影响。基桩的最小中心距应符合表 1-14 的规定；当施工中采取减小挤土效应的可靠措施时，可根据当地经验适当减小。特殊条件下的桩基设计应符合《建筑桩基技术规范》（JGJ 94—2008）第 3.4 节的要求。

（2）扩底灌注桩的扩底直径，不应大于桩身直径的 3 倍。

（3）桩底应选择较硬土层作为桩端持力层，进入持力层的深度，宜为桩身直径的 1～3 倍。对于黏性土、粉土不宜小于 $2d$，砂土不宜小于 $1.5d$，碎石类土不宜小于 $1d$。当存在软弱下卧层时，桩端以下硬持力层厚度不宜小于 $3d$。对于嵌岩桩，嵌岩深度应综合荷载、上覆土层、基岩、桩径、桩长诸因素确定；对于嵌入倾斜的完整和较完整岩的全断面深度不宜小于 $0.4d$，且不小于 0.5 m，倾斜度大于 30%的中风化岩，宜根据倾斜度及岩石完整性适当加大嵌岩深度；对于嵌入平整、完整的坚硬岩和较硬岩的深度不宜小于 $0.2d$，且不应小于 0.2 m。

表 1-14　基桩的最小中心距

土类与成桩工艺		排数不少于 3 排且桩数不少于 9 根的摩擦型桩桩基	其他情况
非挤土灌注桩		$3.0d$	$3.0d$
部分挤土桩	非饱和土、饱和非黏性土	$3.0d$	$3.0d$
	饱和黏性土	$4.0d$	$3.5d$

续表

土类与成桩工艺		排数不少于3排且桩数不少于9根的摩擦型桩桩基	其他情况
挤土桩	非饱和土、饱和非黏性土	4.0d	3.5d
	饱和黏性土	4.5d	4.0d
钻、挖孔扩底桩		2D或D+2.0 m（当D>2 m）	1.5D或D+1.5 m（当D>2 m）
沉管夯扩、钻孔挤扩桩	非饱和土、饱和非黏性土	2.2D且4.0d	2.0D且3.5d
	饱和黏性土	2.5D且4.5d	2.2D且4.0d
注：d为圆柱设计直径或方柱设计边长，D为扩大端设计直径。当纵横向桩距不相等时，其最小中心距应满足“其他情况”一栏的规定。当为端承桩时，非挤土灌注桩的“其他情况”一栏可减小至2.5d。			

（4）布置桩位时宜使桩基承载力合力点与竖向永久荷载合力作用点重合。

2. 基桩及承台构造

（1）桩身配筋。

①桩的主筋配置应经计算确定。预制桩的最小配筋率不宜小于0.8%（锤击沉桩）、0.6%（静压沉桩），预应力桩不宜小于0.5%；灌注桩当桩身直径为300～2 000 mm时，正截面配筋率可取0.65%～0.2%（小直径桩取高值）；对受荷载特别大的桩、抗拔桩和嵌岩端承桩应根据计算确定配筋率，并不应小于上述规定值；桩顶以下3～5倍桩身直径范围内，箍筋宜适当加强加密。

②桩身纵向钢筋配筋长度应符合下列规定：

a. 受水平荷载和弯矩较大的桩，配筋长度应通过计算确定；

b. 桩基承台下存在淤泥、淤泥质土或液化土层时，配筋长度应穿过淤泥、淤泥质土层或液化土层，进入稳定土层的深度不应小于《建筑桩基技术规范》（JGJ 94—2008）第3.4.6条的规定；

c. 端承型桩、坡地岸边的桩、8度及8度以上地震区的桩、抗拔桩、嵌岩端承桩应沿桩身等截面或变截面通长配筋；

d. 钻孔灌注桩构造钢筋的长度不宜小于桩长的2/3；桩施工在基坑开挖前完成时，其钢筋长度不宜小于基坑深度的1.5倍。当受水平荷载时，配筋长度尚不宜小于4.0/α（α为桩的水平变形系数）；

e. 受负摩阻力的桩、因先成桩后开挖基坑而随地基土回弹的桩，其配筋长度应穿过软弱土层并进入稳定土层，进入的深度不应小于（2～3）d。

③桩身配筋根据计算结果及施工工艺要求，可沿桩身纵向不均匀配筋。腐蚀环境中的灌注桩主筋直径不宜小于16 mm，非腐蚀性环境中灌注桩主筋直径不应小于12 mm。

④扩底灌注桩扩底端尺寸应符合下列规定：

a. 对于持力层承载力较高、上覆土层较差的抗压桩和桩端以上有一定厚度较好土层的抗拔桩，可采用扩底，如图1-7所示。扩底端直径与桩身直径之比D/d，应根据承载力要求及扩底端侧面和桩端持力层土性特征以及扩底施工方法确定，挖孔桩的D/d不应大于3，钻孔桩的D/d不应大于2.5。

b. 扩底端侧面的斜率应根据实际成孔及土体自立条件确定，a/h_c可取1/4～1/2，砂土

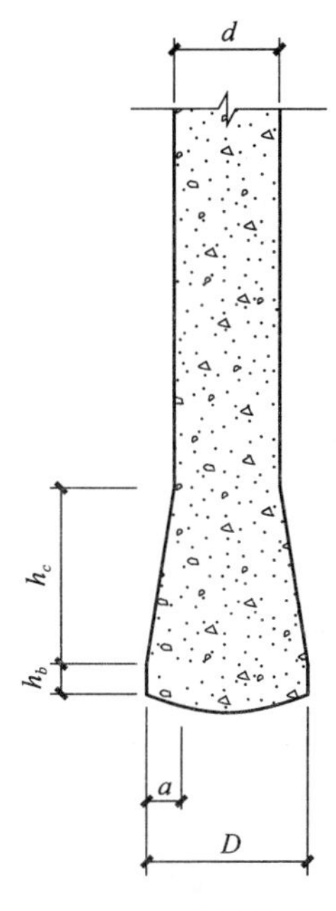

图 1-7　扩底桩构造

可取 1/4，粉土、黏性土可取 1/3～1/2。

c. 抗压桩扩底端底面宜呈锅底形，矢高 h_b 可取（0.15～0.20）D。

（2）桩基承台。桩基承台的构造除满足受冲切、受剪切、受弯承载力和上部结构的要求外，尚应符合下列要求：

①承台的宽度不应小于 500 mm。边桩中心至承台边缘的距离不宜小于桩的直径或边长，且桩的外边缘至承台边缘的距离不小于应150 mm。对于条形承台梁，桩的外边缘至承台梁边缘的距离不应小于 75 mm。

②承台的最小厚度不应小于 300 mm。

③承台的配筋，对于矩形承台，其钢筋应按双向均匀通长布置，钢筋直径不宜小于10 mm，间距不宜大于 200 mm；对于三桩承台，钢筋应按三向板带均匀布置，且最里面的三根钢筋围成的三角形应在柱截面范围内。

④承台梁的主筋除满足计算要求外，尚应符合现行国家标准《混凝土结构设计规范（2015 年版）》（GB 50010—2010）关于最小配筋率的规定，主筋直径不宜小于 12 mm，架立筋不宜小于 10 mm，箍筋直径不宜小于 6 mm（图 1-8）；柱下独立桩基承台的最小配筋率不应小于 0.15%。钢筋锚固长度自边桩内侧（当为圆桩时，应将其直径乘以 0.886 等效为方桩）算起，锚固长度不应小于 35 倍钢筋直径，当不满足时应将钢筋向上弯折，此时钢筋水平段的长度不应小于 25 倍钢筋直径，弯折段的长度不应小于 10 倍钢筋直径。

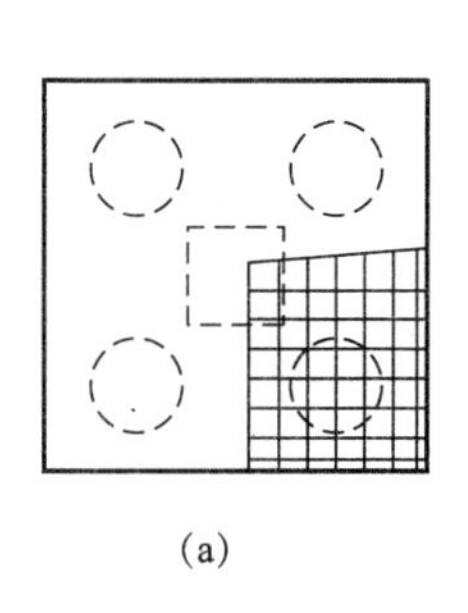

(a)

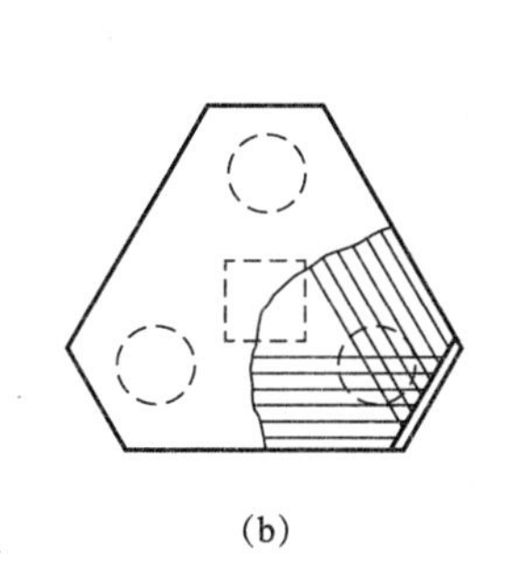

(b)

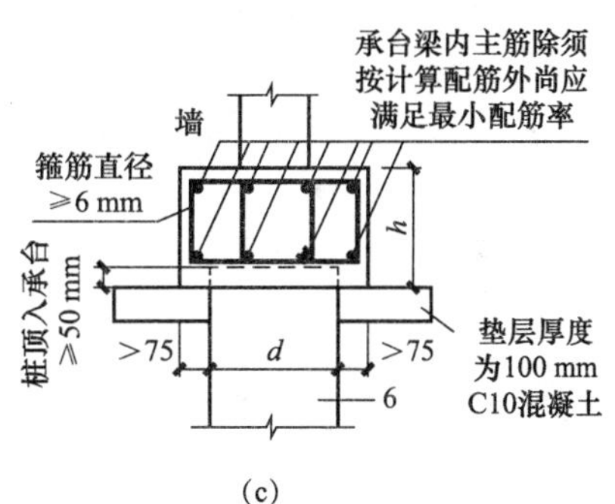

(c)

图 1-8　桩承台配筋大样

⑤承台之间的连接：

a. 单桩承台，应在两个互相垂直的方向上设置连系梁。

b. 两桩承台，应在其短向设置连系梁。

c. 有抗震要求的柱下独立承台，宜在两个主轴方向设置连系梁。

d. 连系梁顶面宜与承台位于同一标高。连系梁的宽度不应小于 250 mm，梁的高度可取承台中心距的 1/10～1/15，且不小于 400 mm。

e. 连系梁的主筋应按计算要求确定。连系梁内上、下纵向钢筋直径不应小于 12 mm，且不应少于 2 根，并应按受拉要求锚入承台。

实训1

1. 为什么要进行建筑结构优化设计?
2. 结构优化设计有哪些优点?
3. 请列出你所了解的结构设计变量。
4. 对于一个钢筋混凝土结构工程，请建立你认为可以优化的目标函数。
5. 求解目标函数目前有哪些方法?
6. 结构优化设计有哪些常规的约束条件?

项目 2　结构方案优化设计

2.1　结构设计的目标

建筑结构设计的第一目标是安全。一个结构可以不美，可以不经济，但是绝对不能不安全。保证结构的安全是结构工程师最基本的责任，设计需要从多个方面来保证结构的安全性。

结构设计的首要任务是选用经济合理的结构方案，其次是结构整体分析、构件及节点设计，并要求设计值在规范规定的安全系数或可靠指标内，以保证结构的安全性。

建筑结构设计的第二目标是经济。所谓结构设计的经济性，就是指以最低的成本获得最大的效用，即“少费多用”的原则。此原则顺应目前的发展趋势，在建筑的可持续发展道路上，是一条重要的、有效的、节约型的设计方式。

在建筑结构设计中，材料、工期、环境都是经济的要素。对于结构设计师来说，在保证安全的前提下，节约建筑材料是工程师所追求的目标，并且这种材料的节约与结构的安全度并无矛盾与冲突，不是提倡节约，而是提倡减少不必要的浪费，降低结构设计的不合理性。

2.2　结构优化设计的必要性

目前房地产行业发展迅猛，但是工程设计行业普遍存在质量参差不齐的情况，且大部分设计周期较短，赶时间出图，导致很多设计图纸存在优化的空间。原因如下：

（1）建筑设计单位众多，恶性竞争状况严重，造成市场混乱、压价竞争，业余设计、挂靠设计大量存在。个别设计院承接项目是通过关系而不是靠技术和实力，各个单位之间的技术水平、管理水平差别较大。就算是同一个单位，由于设计人员本身的技术实力不同，对于同一栋建筑设计产品质量也不一样。

（2）设计周期短。随着国内经济的不断发展，城市建设速度越来越快，时间就是金钱。为争取利益最大化，开发商留给建筑设计师们的时间很少，为了完成设计任务，满足甲方的节点要求，设计人员经常熬夜加班，在这种情况下，设计人员的首要目标是在保证安全的前提下赶紧出图。至于如何保证经济性，已经无暇顾及。

（3）部分设计人员对结构的安全性存在一定的误区。部分设计师潜意识里认为基础越大，柱子越粗，剪力墙越厚，梁越高，板越厚，配筋越多就越安全，其实这是一种不正确的认识。如抗震设计时，需要“强柱弱梁”，这时梁配筋越多，越易形成柱铰机制，导致在地震发生时，柱子先于梁破坏，发生倒塌；楼板越厚，楼盖自重越大，增加墙、柱的受力荷载，同时也导致地震作用加大。

（4）设计收费低，设计人员收入低。由于恶性竞争，部分设计院只有降低设计收费来承接建设项目。设计人员不得不超负荷地工作来完成数量较多的设计，从而保证收入。设计界中流传着“拿多少钱，干多少事”的说法，建筑设计劳动强度太大，曾有建筑设计人员猝死事件，所以设计师们不得不应付了事。

结构设计是工程设计中降本潜力相当大的一个环节。结构的优化设计，不是以牺牲结构安全度和抗震性能来求得经济效益的，而是以结构理论为基础，以工程经验为前提，以对结构设计规范内涵的理解和灵活运用为指导，以先进的结构分析方法为手段，对设计进行深入调整、改善与提高，对成本进行审核和监控，是对结构设计深化再加工的工程。

结构成本控制必须贯穿设计和策划的全过程，包括前期论证及策划阶段的地质情况调查、规划阶段的初勘、建筑方案阶段的结构介入、结构方案阶段的结构的优化、施工图阶段的构件设计的优化。

2.3 结构方案设计

2.3.1 结构方案设计原则

在建筑结构的方案设计阶段，结构设计人员要特别注意结构概念设计。强调规范中有关结构概念设计的各条规定，可避免设计时陷入只注重计算的误区。如果结构不规则、整体性差，则仅凭目前的结构计算水平，是难以保证结构的抗震、抗风性能的。

中国是世界上地震灾害最严重的国家，中国以占世界7%的国土承受了全球33%的大陆地震，是大陆强震最多的国家，故结构抗震概念在结构设计中的重要性不言而喻。地震概念设计的目标是使整体结构能发挥耗散地震能量的作用，避免结构出现敏感的薄弱部位，如地震能量的耗散仅集中在极少数薄弱部位，将导致结构过早破坏。现有抗震设计方法的前提之一是假设整个结构能发挥耗散地震能量的作用，在此前提下，才能以多遇地震作用进行结构计算、构件设计并加以构造措施，或采用动力时程分析进行验算，达到大震不倒的目标。所以在结构设计初期，设计师要遵循以下基本原则：

（1）结构传力途径简单。结构在地震作用下具有直接和明确的传力途径，结构的计算模型、内力和位移分析以及限制薄弱部位都易于把握，对结构抗震性能的估计比较可靠。

（2）结构的规则和均匀性。合理的建筑形体和布置在抗震设计中是头等重要的。提倡平、立面简单对称。因为震害表明，简单对称的建筑在地震时较不容易破坏。“规则”包含了建筑平、立面外形尺寸，抗侧力构件布置，质量布置等诸多因素的综合要求。

（3）合理选择结构体系。钢筋混凝土结构、框架结构、框架-剪力墙结构、剪力墙结构和筒体结构，其抗侧刚度依次增大，适用的建筑高度也依次增加，合理地选择结构体系是非常重要的。

（4）在设计上和构造上实现多道防线。如框架结构采用“强柱弱梁”设计，梁屈服后柱仍能保持稳定，不至于倒塌；框架-剪力墙结构设计成连梁首先屈服，然后是墙肢，框架作为第三道防线；剪力墙结构通过构造措施，保证连梁先屈服，并通过空间整体性形成高次超静定等。结构方案设计流程如图 2-1 所示。

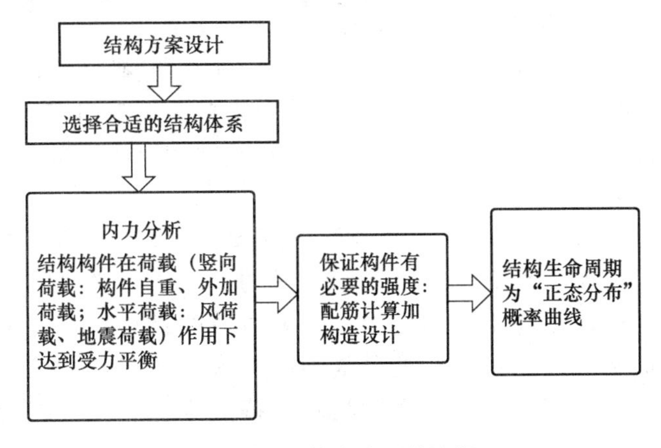

图 2-1　结构方案设计流程

2.3.2　结构方案设计过程

结构设计方案是概念设计，尤其对于建筑的抗震设计，选取合适的方案显得尤为重要。一般来讲，方案的确定是专业负责人的工作，需依靠其技术功底和经验积累来完成。但对于普通设计人员，如果每做一个项目时，有意识地从总体上把握结构特点并给出自己的分析，站在负责人的角度看待项目的整体方案，会使自己的能力有质的提高。结构方案设计过程如图 2-2 所示。

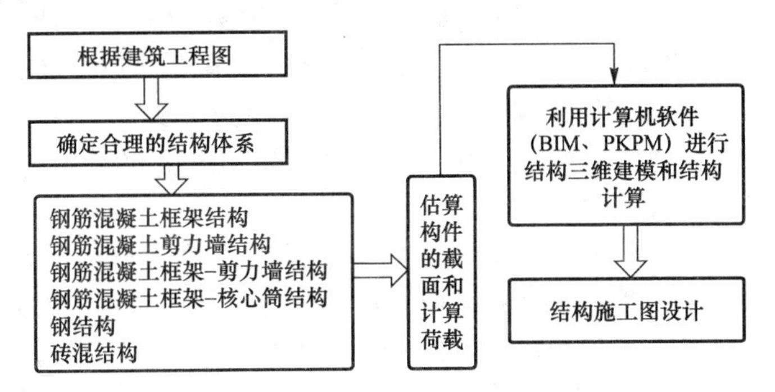

图 2-2　结构方案设计过程

（1）根据建筑专业提供的初步方案，选择合理的结构体系。根据建筑要求，依据相关规范，按各种结构形式的不同特点及适用范围，确定不同的结构体系，如框架、剪力墙、框架-剪力墙、筒体以及其他复杂结构形式。多层与高层在结构体系上有明显的不同，多层基本上是砌体结构或框架结构，而高层一般选用剪力墙结构或者框架-剪力墙结构。这几种体系结构的不同之处在于，框架体系的梁柱既承受竖向力，同时也承受水平力；而框架-剪力墙体系中，梁柱主要承受竖向力，水平力主要由剪力墙来承受；剪力墙体系和筒体体系均用于较高的高层建筑，尤其是筒体，其侧向刚度极大，在超高层中被广泛应用。

结构体系一旦确定，就需要合理布置抗侧力构件，避免应力集中的凹角和狭长的劲缩部位。避免在凹角和端部设置楼梯、电梯间，以减少地震作用下的扭转。竖向体型避免外挑，内收也不宜过多、过急。结构布置为超静定结构，避免因部分结构或构件破坏而导致整个结构丧失抗震能力或对重力荷载的承载能力。

(2) 确定基础形式。基础的结构安全是举足轻重的，基础一旦出事，破坏是灾难性的，而且很难进行加固。同时，地质情况复杂、变化多，很难用统一的方法解决。解决基础承受上部荷载的方法有很多，但效果和经济性差别大，如何选择合适的基础形式十分重要。

①依据上部结构形式的不同，一般会采用不同的基础形式。如框架结构采用柱下独基较多，有地下室时可另加防水板。也可采用较薄的筏基，可进行初步的测算，选用适合的形式，以满足经济效益和工期的需求。带剪力墙的结构，有地下室时，采用筏形基础比较常见。筏形基础又分为梁式筏形基础和板式筏形基础，梁式筏形基础较节省材料，但工艺复杂，工期较长，板式筏形基础的特点刚好相反，综合算下来，两者相差不大。

②地基的处理。地基较好，上部结构重量较小时，可直接采用天然地基（可依据相关公式进行大体估算）。进行地基处理时，北京以 CFG 桩较为常用，而南方地区多采用桩基的形式。

2.3.3 结构方案设计案例

【案例 2-1】砌体工程结构方案设计

(1) 工程概况。本工程为住宅楼，建设地点位于重庆市江津，该楼住宅平面布置图如附图 1 所示，剖面图如图 2-3 所示，住宅结构平面图如附图 2 所示。初步方案为异形柱框架结构，但是为了降低造价改为砌体结构。根据《建筑抗震设计规范（2016 年版）》（GB 50011—2010），该区的抗震设防烈度为 6 度，设计基本地震加速度为 0.05g，设计地震分组为第一组，设计使用年限为 50 年。建设场地为Ⅱ类，基本风压 $W_0=0.4\ \mathrm{kN/m^2}$，地面粗糙度为 B 类；风荷载体型系数取 1.3。

该住宅结构层数为 6 层，每层层高为 3.0 m，结构总高度为 18.60 m，结构形式采用砖混结构，基础采用人工挖孔灌注桩基础，持力层为中等风化泥岩，单轴天然抗压强度标准值为 5.63 MPa，单轴饱和抗压强度标准值为 3.45 MPa。墙厚均为 240 mm。

在设计中结构专业所涉及的主要规范有《砌体结构设计规范》（GB 50003—2011）、《建筑抗震设计规范（2016 年版）》（GB 50011—2010）、《建筑结构荷载规范》（GB 50009—2012）。

(2) 结构体系。该工程平面一共有两个单元，单元之间采用结构缝分开，缝宽为 100 mm。承重体系采用纵横墙共同承重，纵横墙的布置均匀，沿平面对齐，沿竖向上下连续。砌体施工质量控制等级为 B 级，砌体采用页岩多孔砖，多孔砖孔洞率不大于 35%。底下两层墙体采用 M10 混合砂浆砌筑 MU15 页岩多孔砖，其余层墙体采用 M7.5 混合砂浆砌筑 MU10 页岩多孔砖。大部分构造柱尺寸为 240 mm×240 mm，楼层处设置圈梁，尺寸为 240 mm×180 mm。屋面板板厚为 120 mm，其余层板厚为 100 mm。

混凝土强度等级：地梁为 C30，其余均为 C25。

钢筋强度等级：梁、板、柱均采用 HRB400 级钢筋。

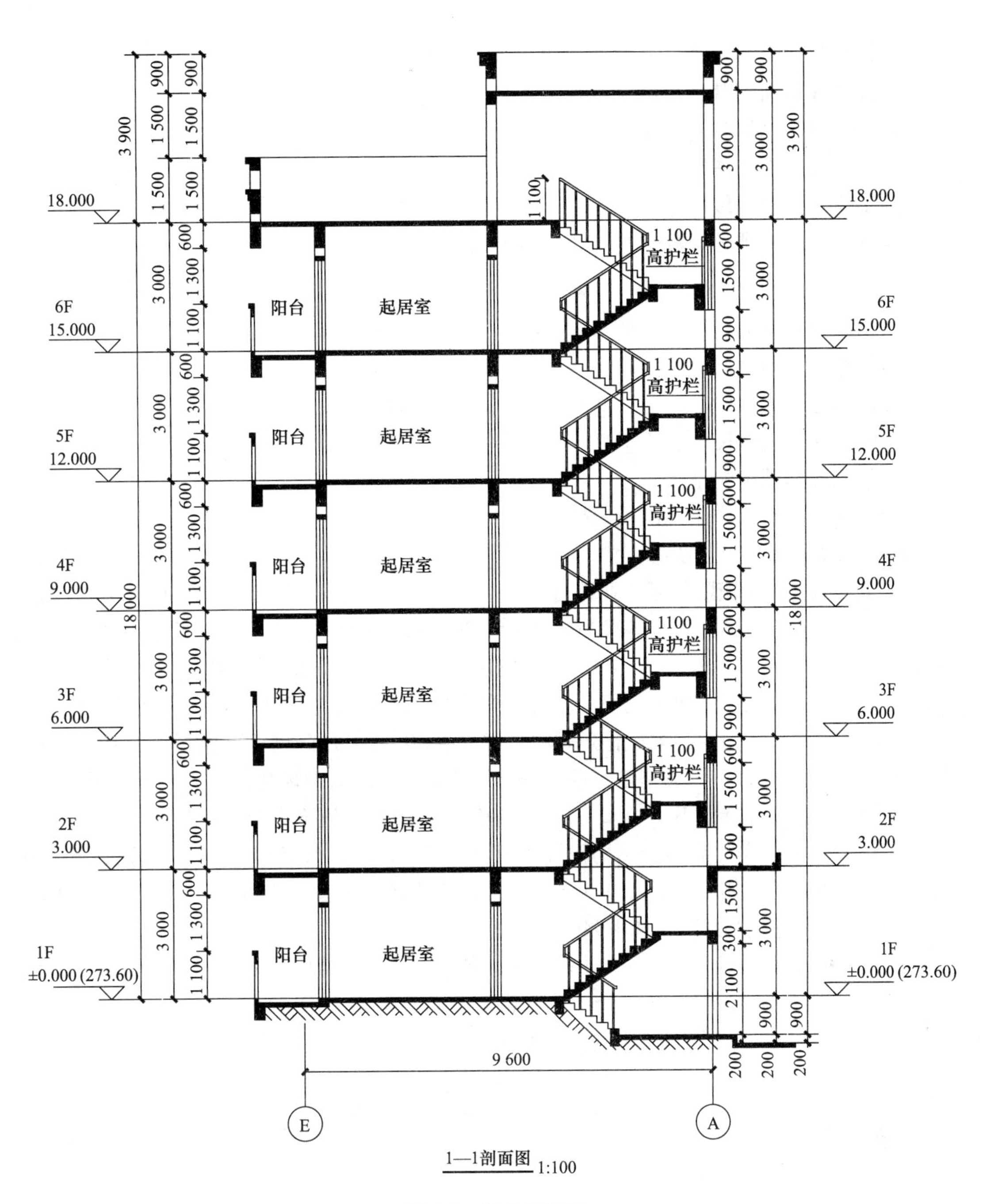

图 2-3　住宅剖面图

(3) PKPM 计算结果。

砌体结构计算控制数据:

结构类型:	砌体结构
结构总层数:	7
结构总高度(m):	22.5
地震烈度:	6.0
楼面结构类型:	现浇或装配式钢筋混凝土楼面(半刚性)

墙体材料的自重（kN/m^3）：　　22

室外嵌固地面到基顶高度（mm）：　　0

混凝土墙与砌体弹塑性模量比：　　3

抗震计算是否考虑结构缝分塔：　　否

施工质量控制等级：　　B级

顶层考虑坡屋顶的计算层高修正值（mm）：0

＊＊＊结构计算总结果 ＊＊＊

结构等效总重力荷载代表值（kN）：　　18 918.2

墙体总自重荷载（kN）：　　12 939.0

楼面总恒荷载（kN）：　　9 098.6

楼面总活荷载（KN）：　　2 741.1

水平地震作用影响系数：　　0.120

结构总水平地震作用标准值（kN）：　　2 234.6

【案例2-2】框架结构方案设计

(1) 工程概况。重庆黔江某商业综合体，地下二层，地上四层，总高度为30.8 m。抗震设防分类为乙类建筑，结构安全等级为一级。结构嵌固端位于一层楼板，标高为0.000 m，嵌固端以上20.4 m。平面总长度为108 m，总宽度为94.2 m，采用框架结构。框架抗震等级：地下二层为四级，其余层框架为三级。基础部分采用人工挖孔灌注桩，部分采用柱下独立基础。人工挖孔灌注桩持力层为中风化角砾状灰岩，饱和单轴抗压强度标准值不小于18.6 MPa，地基承载力为5.62 MPa。独立基础、条形基础的基础持力层为中风化砂岩，要求中风化砂岩的天然单轴抗压强度标准值不小于4.5 MPa，地基承载力特征值不小于1.485 MPa。

该工程设计依据为《混凝土结构设计规范（2015年版）》(GB 50010—2010)、《建筑抗震设计规范（2016年版）》(GB 50011—2010)、《建筑地基基础设计规范》(GB 50007—2011)、《建筑桩基技术规范》(JGJ 94—2008)。

该工程的主要自然条件见表2-1，效果图如图2-4所示，结构平面布置图如附图3所示。该项目平面总长超过伸缩缝间距，属于超长混凝土，全部采用微膨胀混凝土，隔40 m左右设置膨胀加强带以减小混凝土硬化过程中的收缩应力。

表2-1　主要自然条件

抗震设防烈度	6度	抗震设防类别	乙类
设计地震分组	第一组	地面粗糙度	B类
建筑场地类别	Ⅱ类	基本风压	$W_0=0.4\ kN/m^2$
设计基本地震加速度值	0.5g	设计特征周期	0.35

(2) 结构体系。考虑该商场嵌固端为地面一层，标高为0.000 m，板厚为180 mm，采用双层双向配筋。大部分柱网尺寸为9.0 m×8.5 m，为了加快施工速度与节约材料，采用单向梁布置方案。如图2-5所示，以短跨8.5 m为主梁，长跨为次梁，主梁截面尺寸为300 mm×800 mm，框架另一方向主梁为300 mm×650 mm，每一框架单元设置一根次梁，截面尺寸为300 mm×650 mm，这样在Y方向梁高一致，美观经济。

图 2-4　商业综合体效果图

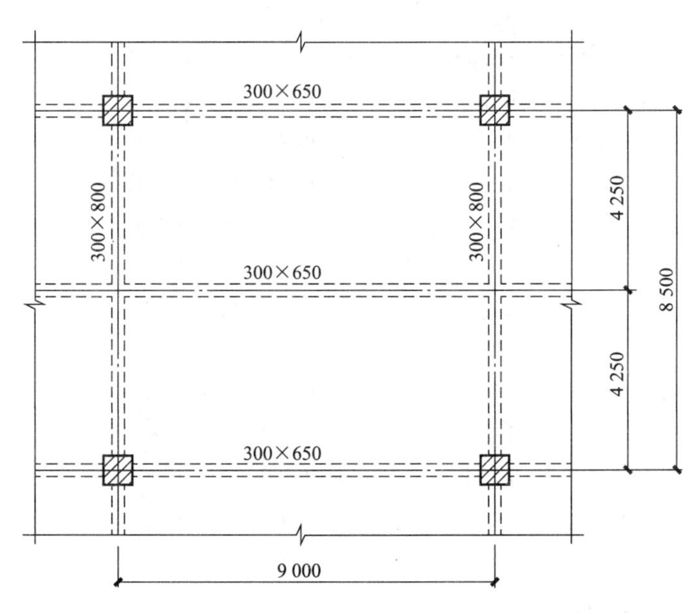

图 2-5　次梁单向布置

该商场虽然建筑高度不高，但是柱网间距大，柱子受荷面积大，底层大部分柱子截面取为 700 mm×700 mm，2 层开始截面大小尺寸为 600 mm×600 mm。大部分板跨为 4 250 mm，楼板厚度为 130 mm，约为板跨的 1/32，板支座配筋大都为计算配筋，板底筋为构造配筋。

混凝土强度等级：

柱子：地下两层为 C40，1～2 层为 C35，3～4 层为 C30。

梁、板：一层为 C35，其余层为 C30。

楼梯：C30。

钢筋等级：梁、板、柱均采用 HRB400 级钢筋。

(3) PKPM 参数输入。PKPM 版本采用 2012 年 6 月版，计算时采用 SATWE 三维软件，相对于平面框架 PK 而言，SATWE 更接近真实的受力状况。考虑到框架填充墙的存在，使结构的实际刚度大于计算刚度，本项目取周期折减系数为 0.65。混凝土堆积密度为 27 kN/m^3，中梁刚度放大系数为 2.0，边梁取 1.5；梁端弯矩折减系数为 0.85；考虑活荷载的不利布置，考虑偶然偏心。

(4) PKPM 主要计算结果。

①地震作用最大的方向：2.448（度）；

②结构周期比：1.206 3/1.426 5=0.84≤0.90，满足要求；

③最大层间位移角：1/1 385（*X* 向）、1/1 283（*Y* 向）均小于 1/550，满足要求；

④框架柱轴压比：大部分柱子轴压比在 0.8 左右，最大轴压比为 0.83，均小于限值 0.85（三级框架），满足要求。

考虑扭转耦联时的振动周期（s），*X*、*Y* 方向的平动系数、扭转系数如下：

振型号	周　期	转　角	平动系数（*X*+*Y*）	扭转系数
1	1.426 5	1.22	1.00（1.00+0.00）	0.00
2	1.293 6	92.40	0.82（0.00+0.82）	0.18
3	1.206 3	86.16	0.19（0.00+0.19）	0.81
4	0.910 7	92.47	1.00（0.00+0.99）	0.00
5	0.838 2	4.16	0.98（0.97+0.00）	0.02
6	0.789 3	124.72	0.05（0.02+0.03）	0.95
7	0.457 5	2.65	0.98（0.98+0.00）	0.02
8	0.431 9	99.77	0.43（0.01+0.41）	0.57
9	0.408 8	87.54	0.58（0.00+0.58）	0.42
10	0.360 7	101.97	0.43（0.02+0.41）	0.57
11	0.331 3	27.42	0.94（0.74+0.20）	0.06
12	0.324 4	130.57	0.60（0.24+0.36）	0.40
13	0.279 9	7.64	0.00（0.00+0.00）	1.00
14	0.259 6	7.02	0.94（0.93+0.01）	0.06
15	0.257 1	89.19	0.01（0.00+0.01）	0.99

【案例 2-3】剪力墙结构方案设计

(1) 工程概况。重庆北碚某小区高层住宅楼，地下一层，地上九层，结构高度为 32.9 m，平面总长度为 39.9 m，总宽度为 12.8 m，采用剪力墙结构。剪力墙抗震等级为三级，底部两层为剪力墙加强区域。基础采用人工挖孔灌注桩，持力层为中风化泥岩，地基承载力为 5.62 MPa。

该工程设计依据为《混凝土结构设计规范（2015 年版）》（GB 50010—2010）、《建筑抗震设计规范（2016 年版）》（GB 50011—2010）、《高层建筑混凝土结构技术规程》（JGJ 3—2010）、《建筑地基基础设计规范》（GB 50007—2011）、《建筑桩基技术规范》（JGJ 94—2008）。

该工程的主要自然条件见表 2-2，建筑平面布置图如附图 4 所示，结构平面布置图如附图 5 所示。该项目平面总长为 39.9 m，稍微超过伸缩缝间距，故未设后浇带。

(2) 结构设计。结构嵌固端取基顶，基顶以上两层为剪力墙加强部位。剪力墙厚度：地下室取 250 mm，其余层取 200 mm。根据《高层建筑混凝土结构技术规程》（JGJ 3—2010）第 7.2.14 条的规定，一、二、三级剪力墙底层墙肢底截面的轴压比大于表 2-3 所示数据时，应在底部加强部位及相邻的上一层设置约束边缘构件。考虑到本建筑结构高度不高，结构自重相对较小，采用的剪力墙尽量采用标准长度墙肢，大部分墙长为 1 700 mm，个别受荷面积较大的墙肢适当加长，保证绝大部分剪力墙轴压比小于 0.3，使剪力墙边缘构件为构造边缘构件以达到节约钢材的目的。

表 2-2 主要自然条件

抗震设防烈度	6 度	抗震设防类别	丙类
设计地震分组	第一组	地面粗糙度	B 类
建筑场地类别	Ⅱ类	基本风压	$W_0=0.4\ \mathrm{kN/m^2}$
设计基本地震加速度值	$0.5g$	设计特征周期	0.35

表 2-3 剪力墙可不设约束边缘构件的最大轴压比

等级或烈度	一级（9 度）	一级（6、7、8 度）	二、三级
轴压比	0.1	0.2	0.3

结构板厚大都采用 100 mm，客厅位置楼板由于较为异形，且板跨为 4.5 m，板厚取为 120 mm。卫生间考虑同层排水，板标高低于同层楼板 0.45 m，厨房、阳台分别低于同层楼板 0.05 m 及 0.1 m。

（3）主要计算参数。PKPM 版本采用 2010 年 6 月版，计算时采用 SATWE 三维软件。混凝土堆积密度为 26 $\mathrm{kN/m^3}$，周期折减系数为 0.8，中梁刚度放大系数为 2.0，边梁取 1.5；梁端弯矩折减系数为 0.85；考虑活荷载的不利布置，考虑双向地震作用，考虑振型数为 18。

（4）主要计算结果。

①地震作用最大的方向 ：0.031（度）。

②结构周期比：0.887 2 / 1.056 9=0.839≤0.90，满足要求。

③最大层间位移角：

地震作用下：1/2 804（X 向），1/3 701（Y 向）；

风荷载作用下：1/5 609（X 向），1/7 150（Y 向），位移角均小于 1/1 000。

满足要求。

通过试算，计算结构满足规范要求，说明结构方案设计较为合理。

【案例 2-4】框架-剪力墙结构方案设计

（1）工程概况。重庆江北区某仓库，地下三层，地上十一层，结构高度为 56.6 m。平面总长度为 56 m，总宽度为 16.8 m，采用框架-剪力墙结构。剪力墙及框架抗震等级均为三级。基础采用人工挖孔灌注桩及柱下独立基础，持力层为中风化页岩，地基承载力为 4.9 MPa，基础承载力特征值为 1.715 MPa。

该工程设计依据为《混凝土结构设计规范（2015 年版）》（GB 50010—2010）、《建筑抗震设计规范（2016 年版）》（GB 50011—2010）、《高层建筑混凝土结构技术规程》（JGJ 3—2010）、《建筑地基基础设计规范》（GB 50007—2011）、《建筑桩基技术规范》（JGJ 94—2008）。

该工程地震设防烈度为 6 度；地震分组为第一组；抗震设防类别为丙类；地面粗糙度为 B 类；基本风压为 $W_0=0.4\ \mathrm{kN/m^2}$；设计特征周期为 0.35。

（2）结构设计。建筑平面布置图如附图 6 所示，剖面图如附图 7 所示。电梯开洞、平面凹进太多引起平面不规则，为加强洞口区域，在电梯周围设置剪力墙，剪力墙在两个电梯口位置对称布置，且贯通建筑物全高。地面以下层高为 5.1 m，地上部分层高为 3.6 m，墙厚的取值在地下部分为350 mm，其余各层为250 mm。中柱截面在下部为800 mm×800 mm，在上部各层逐步缩小为700 mm×800 mm，直到600 mm×600 mm。边柱截面由600 mm×800 mm，缩小为600 mm×700 mm，直至屋面层600 mm×600 mm。剪力墙与框架通过平面内刚度无限大的楼板连接在一起，在水平力的作用下，它们的水平位移协调一致。由于电梯开洞，电梯附近楼板加厚为120 mm，屋面层考虑防水采用120 mm，其余楼板采用100 mm。结构梁系布置采用单向次梁体系。标准层墙柱平面布置如附图8所示，结构布置如附图9所示。

（3）主要计算参数。PKPM版本采用2010年6月版，计算时采用SATWE三维软件。混凝土堆积密度为27 kN/ m^3，周期折减系数为0.75，中梁刚度放大系数为2.0，边梁取1.5；梁端弯矩折减系数为0.85；考虑活荷载的不利布置，考虑双向地震作用，考虑振型数为15，柱子按双偏压计算。

（4）主要计算结果。

①地震作用最大的方向：0.883（度）。

②结构周期比：1.354/2.056=0.658≤0.90，满足要求。

③层间受剪承载力比：0.84>0.8，满足要求。

④最大层间位移角：

地震作用下：1/2 530（*X*向），1/3 135（*Y*向）；

风荷载作用下：1/3 496（*X*向），1/2 292（*Y*向），位移角均小于1/800。

满足要求。

⑤在规定水平力的作用下，结构底层框架部分承受的地震倾覆力矩与结构总地震倾覆力矩百分比：49%（*X*向），31%（*Y*向），比值大于10%，但不大于50%，属于典型的框架-剪力墙结构，其柱子及剪力墙轴压比均满足要求。

通过试算，计算结构满足规范要求，说明结构方案设计较为合理。

2.4 结构方案优化设计原则及工程案例

2.4.1 结构方案优化设计原则

任何一个建筑结构方案设计，首先的设计原则是结构的安全性，结构的安全性是结构设计的第一要素。如果结构设计不安全，那么“再好”的结构方案也不行。因此，在保证结构安全的前提下，结构方案优化应遵照以下原则。

1. 选择合适的结构体系原则

结构设计的前提是选择一个合适的结构体系，目前常用的结构体系有以下几种：

（1）砖混结构。砖混结构一般成本较低，适用于楼层在7层以下的建筑，多用于非抗震区的结构设计。一般有纯砖混结构和砖混底框结构，如图2-6和图2-7所示。

（2）钢筋混凝土框架结构。钢筋混凝土框架结构是目前用得最多的结构体系，纯钢筋混凝土框架结构一般不超过15层。钢筋混凝土框架结构是弹性结构，整体刚度较好，适用于抗震区的结构设计，如图2-8和图2-9所示。

图 2-6　砖混结构建筑图

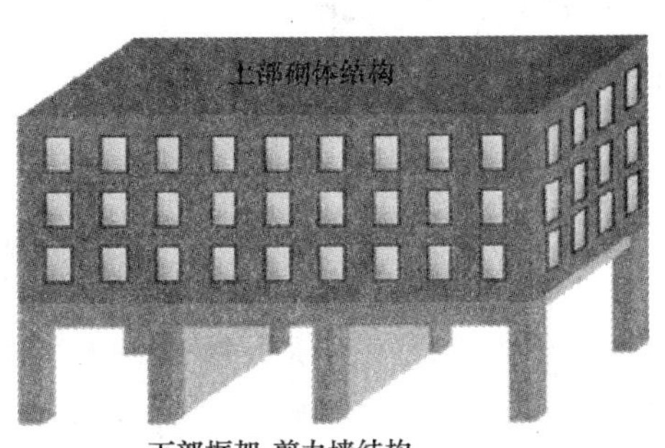

图 2-7　砖混底框结构建筑图

图 2-8　框架结构建筑图（1）

图 2-9　框架结构建筑图（2）

（3）钢筋混凝土剪力墙结构。由于纯钢筋混凝土框架结构的设计高度受限，特别是抗震区的小高层和高层建筑，可采用钢筋混凝土剪力墙结构。钢筋混凝土剪力墙结构也称为全墙结构，整体刚度好，特别是抵抗水平荷载的能力强，抗震性能好，适用于小高层和高层建筑的结构设计。但其工程成本较高，在地震烈度 8 度以下或抗震等级 3 级以下，由于成本问题，不宜选用钢筋混凝土剪力墙结构，如图 2-10 和图 2-11 所示。

图 2-10　剪力墙结构建筑图（1）

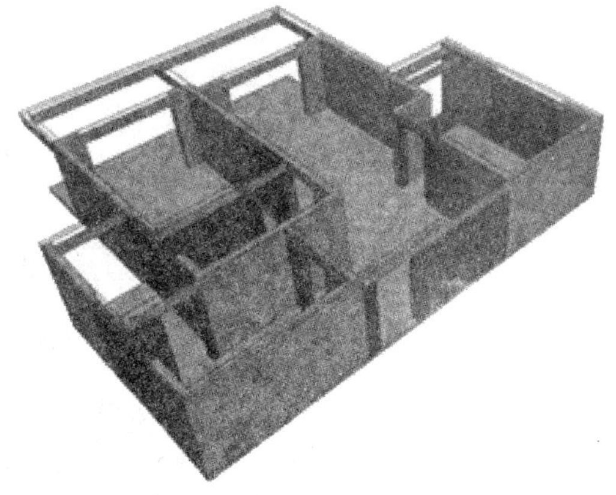

图 2-11　剪力墙结构建筑图（2）

（4）钢筋混凝土框架-剪力墙结构。利用钢筋混凝土框架结构和钢筋混凝土剪力墙结构各自的优点，可以把两种结构进行组合，形成钢筋混凝土框架-剪力墙结构。其适用于小高层建筑的结构设计，如图 2-12 和图 2-13 所示。

图 2-12　框架-剪力墙结构建筑图（1）

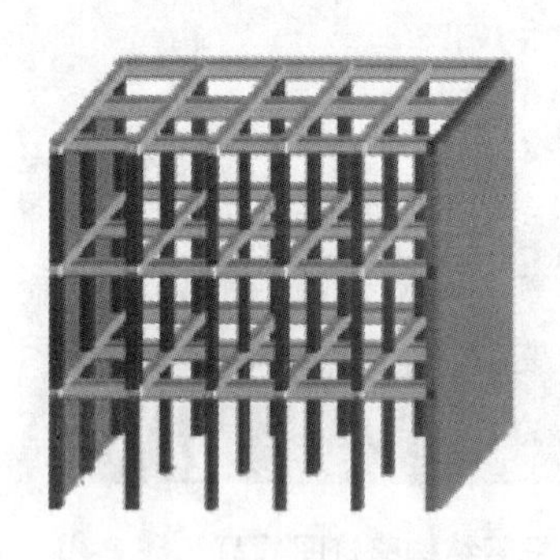
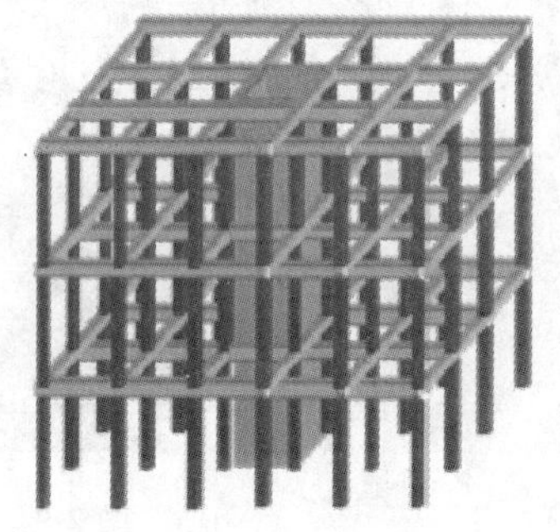
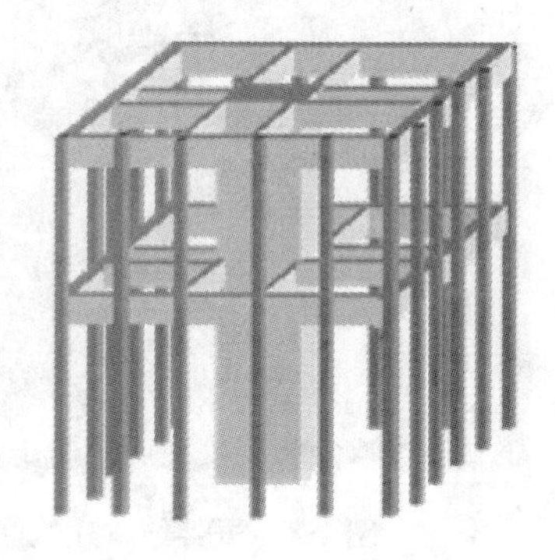

图 2-13　框架-剪力墙结构建筑图（2）

（5）钢筋混凝土框架-核心筒结构。为适应小高层和高层建筑的结构设计，特别是高层建筑的结构设计，可以把剪力墙做成封闭的筒体，放置在建筑的中心部位，周边采用框架结构，组合成钢筋混凝土框架-核心筒结构。框架-核心筒结构整体刚度较好，抗震性能好，适用于小高层和高层建筑的结构设计，如图 2-14 和图 2-15 所示。

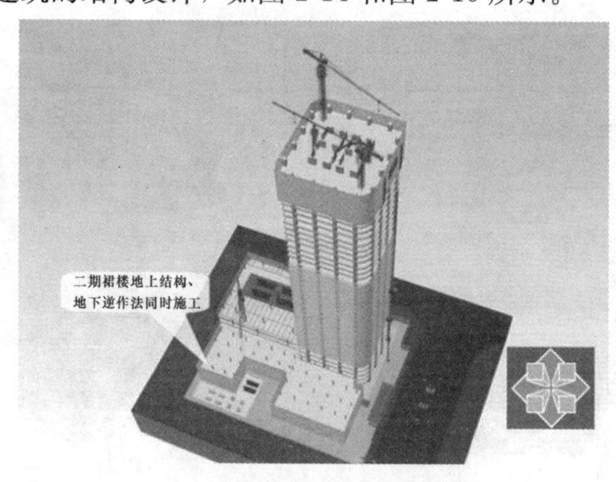

图 2-14　框架-核心筒结构建筑图（1）

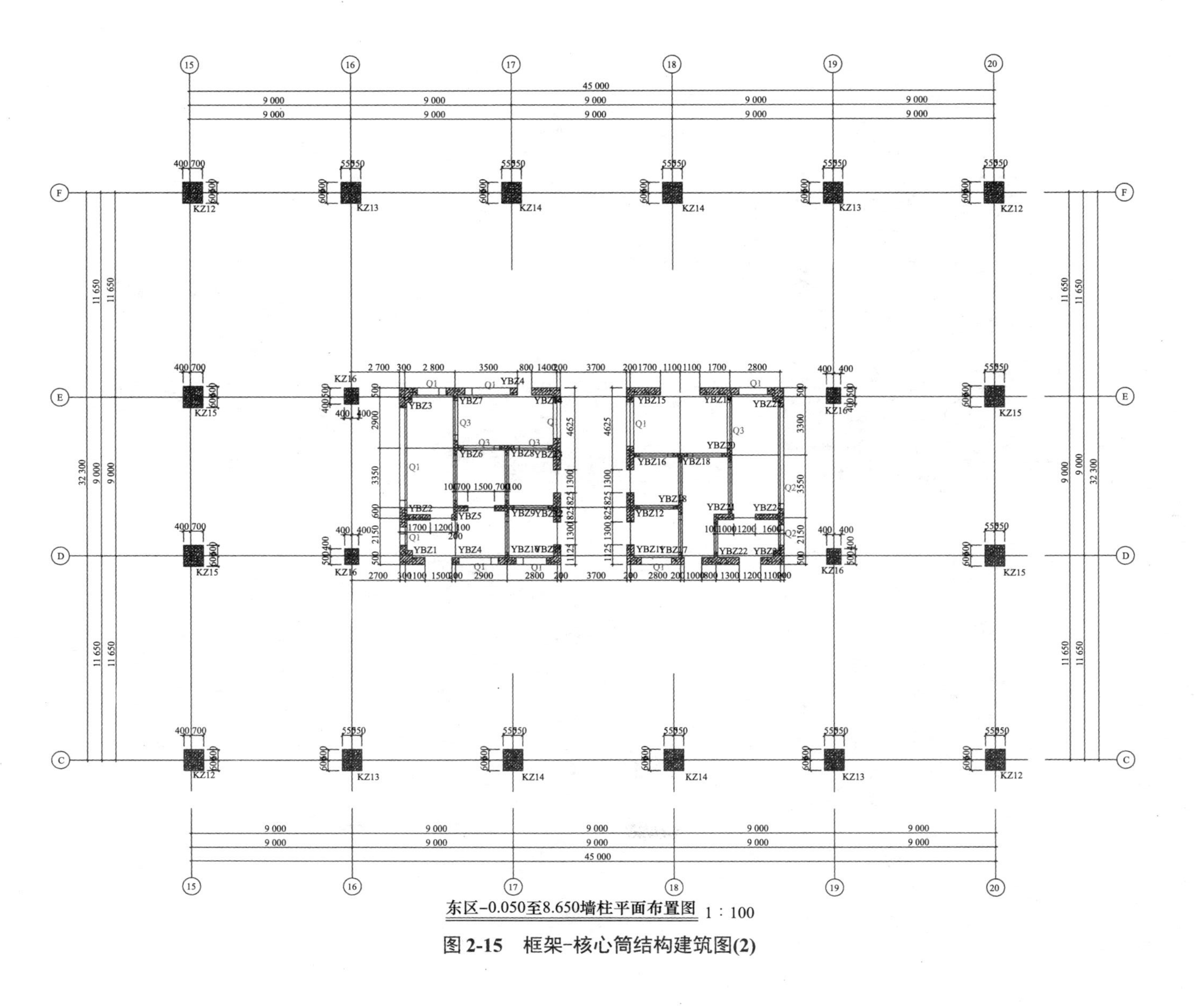

东区-0.050至8.650墙柱平面布置图 1：100

图 2-15　框架-核心筒结构建筑图(2)

（6）钢结构。选用钢材作为建筑的主要材料，结构总体体量较轻，弹性好，适用于跨度较大的工业建筑，也适用于建筑造型较特殊的建筑，特别是结构构件可以在工厂内生产，是建筑产业化发展的趋势。用于现在的建筑转型、升级发展的装配式建筑的结构设计是发展的需要，特别是轻钢结构作为装配式建筑的结构体系是目前建筑产业化发展的具体体现。钢结构建筑如图 2-16～图 2-21 所示。

图 2-16　钢结构建筑图（1）

图 2-17　钢结构建筑图（2）

图 2-18　集装箱式装配式建筑图

图 2-19　构件式装配式建筑图

图 2-20　轻钢结构装配式建筑图（1）

图 2-21　轻钢结构装配式建筑图（2）

（7）超高层组合结构（钢管混凝土＋钢结构）。对于 100 m 以上的超高层建筑，由于所需构件的截面较大，一般的混凝土结构、钢结构的单纯截面都不能满足设计要求，可以把混凝土和钢材结合组成新构件，使构件截面尺寸和强度都能满足要求，也就是现在所说的钢管混凝土。再把钢结构和钢管混凝土结构进行二次组合，即可组成超高层建筑的超高层组合结构，如图 2-22 和图 2-23 所示。

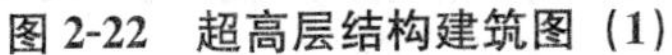

图 2-22　超高层结构建筑图（1）

图 2-23　超高层结构建筑图（2）

根据工程项目的类别和要求来选择结构体系，从而确定结构方案。

2. 工程成本控制优化设计原则

结构方案优化的第一原则，应该是工程成本的控制。在保证结构安全的前提下，结构方案的优化，首先考虑的是工程成本。优化结构方案的目标是降低工程的成本，根据这个目标来选择结构体系，从而确定结构方案，再对结构方案进行优化设计。面对工程成本的控制，从建筑结构设计的角度来优化方案，主要有以下两大要素（针对钢筋混凝土结构）：

（1）结构方案的体量优化。结构的体量是指整个结构总的质量，在结构安全的前提下，降低结构的总质量也就减小了结构的自重，为基础设计带来了方便。对钢筋混凝土结构而言，降低结构自重的主要因素是材料（混凝土、钢筋）的用量。混凝土和钢筋越多，结构自重就越大，总质量就越大，因此，结构方案体量优化的手段是减少混凝土和钢筋的用量。

（2）结构方案的工程造价优化。一个工程的成本控制包括很多方面，从建筑结构设计开始就对工程造价进行优化，也就是在结构设计中尽快降低工程造价，从而节约工程成本。对钢筋混凝土结构而言，降低工程造价主要是减少对主要建筑材料的用量，也就是混凝土和钢材（钢筋）。在保证结构安全的前提下，一个结构工程，优化混凝土和钢筋的用量，也就是优化工程造价，因为一个建设工程项目中应用最多的建筑材料就是混凝土和钢筋。因此，优化结构方案，就是减少混凝土和钢筋的用量。

一个工程的结构方案优化应遵守结构方案优化的原则，在诸多优化元素中找出主要优化元素，对其进行优化设计，再进行优化的综合评价，从而有效地控制工程的成本。

2.4.2　结构方案优化设计工程案例

某小型综合商场工程，一层为开放式车库，其余五层为商场。整个工程结构为六层。建筑设计考虑到商场的特征，为了便于使用，采用大开间，间距为 7 200 mm。为了方便顾客，一层的开放式车库可以随时停车和开车，采用双向车道和双向出口，使用十分方便。为了方便进入商场，一层设有两部楼梯，满足建筑消防的要求。为便于结构设计，建筑方案设计图纸如图 2-24～图 2-32 所示。

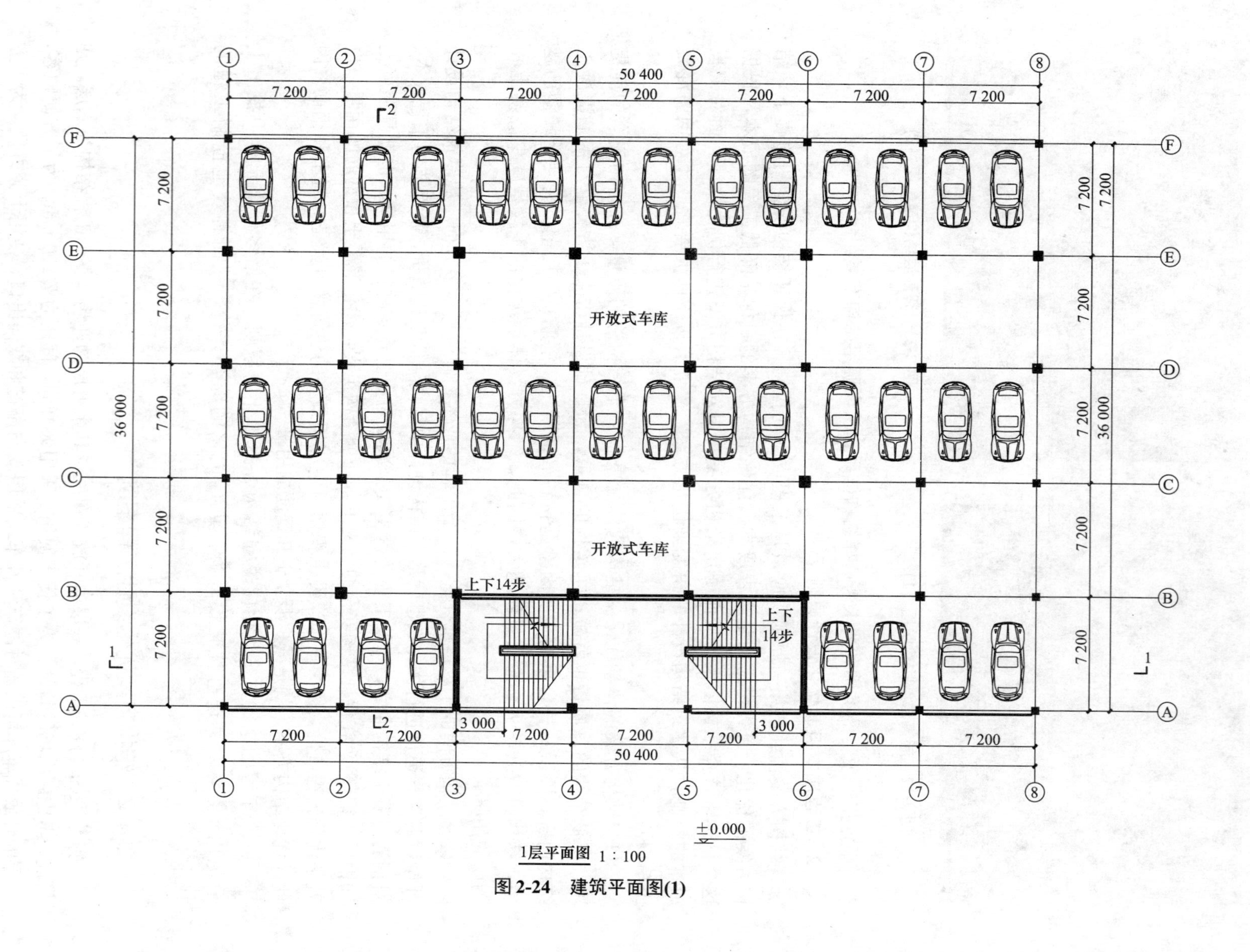
50 400
7 200
36 000
开放式车库
开放式车库
上下14步
上下
14步
3 000
±0.000
1层平面图 1：100

图 2-24　建筑平面图(1)

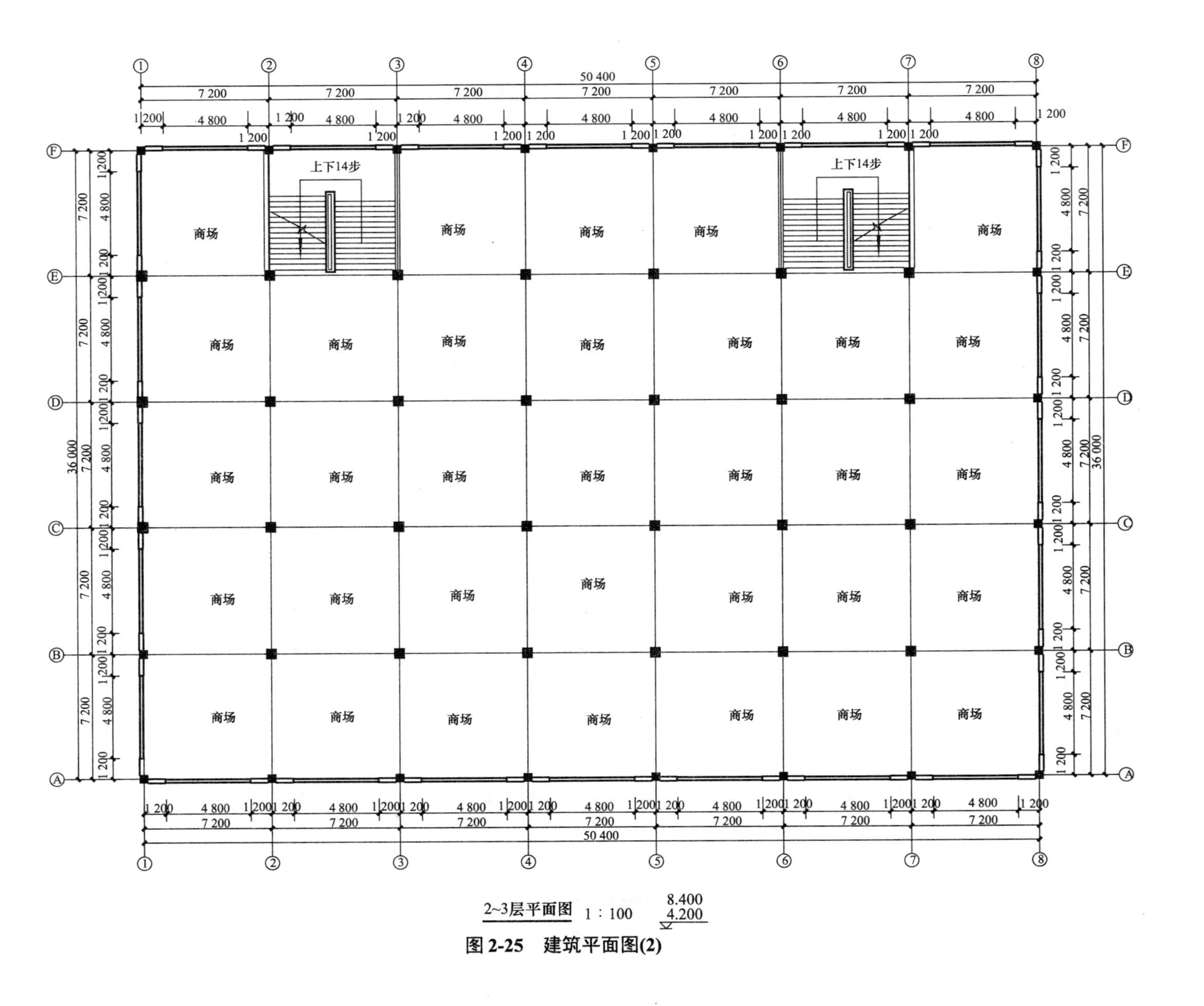

① ② ③ ④ ⑤ ⑥ ⑦ ⑧
Ⓐ Ⓑ Ⓒ Ⓓ Ⓔ Ⓕ
50 400
36 000
7 200
4 800
1 200
商场
上下14步
2~3层平面图　1 : 100
8.400
4.200

图 2-25　建筑平面图(2)

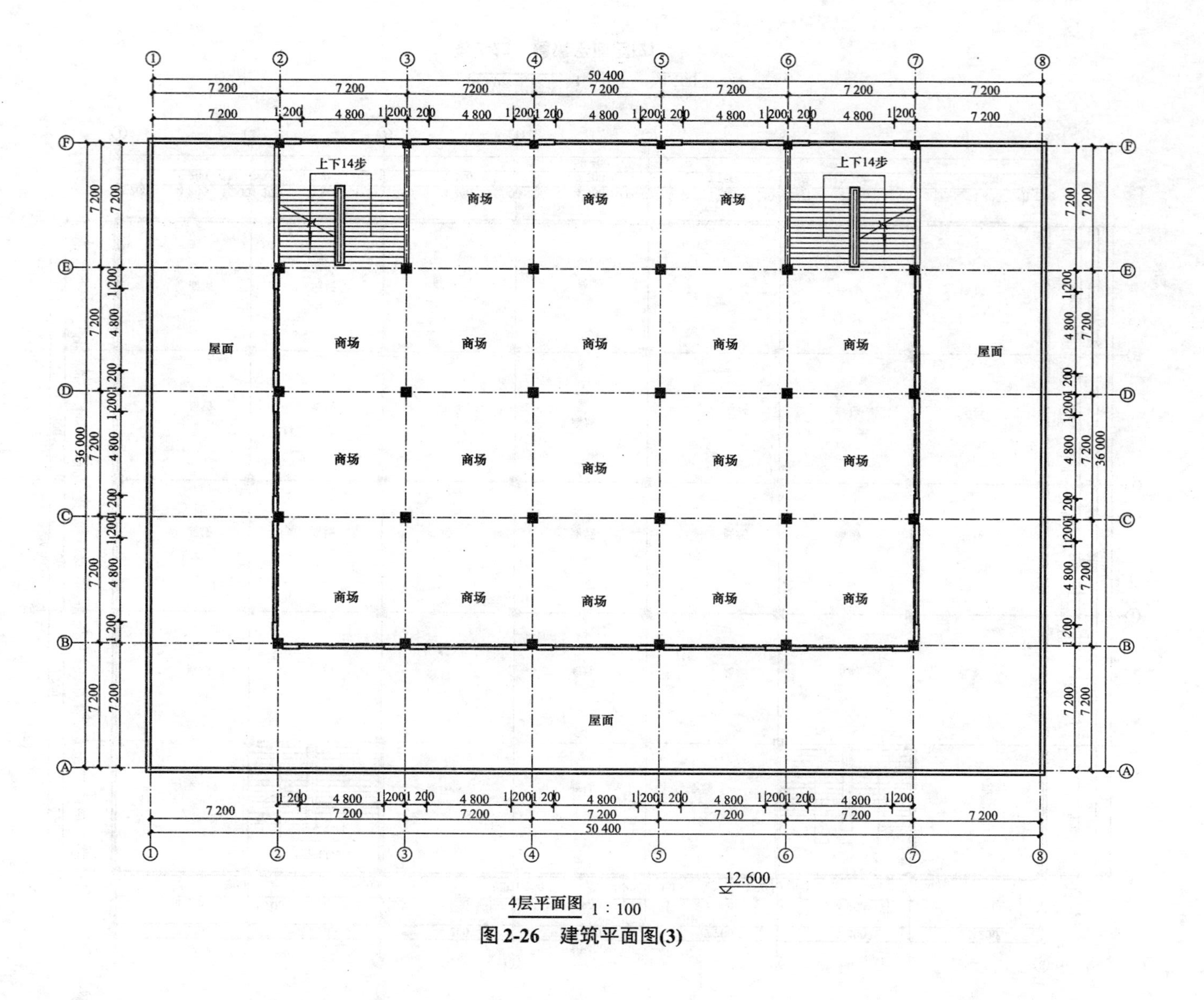

图 2-26 建筑平面图(3)

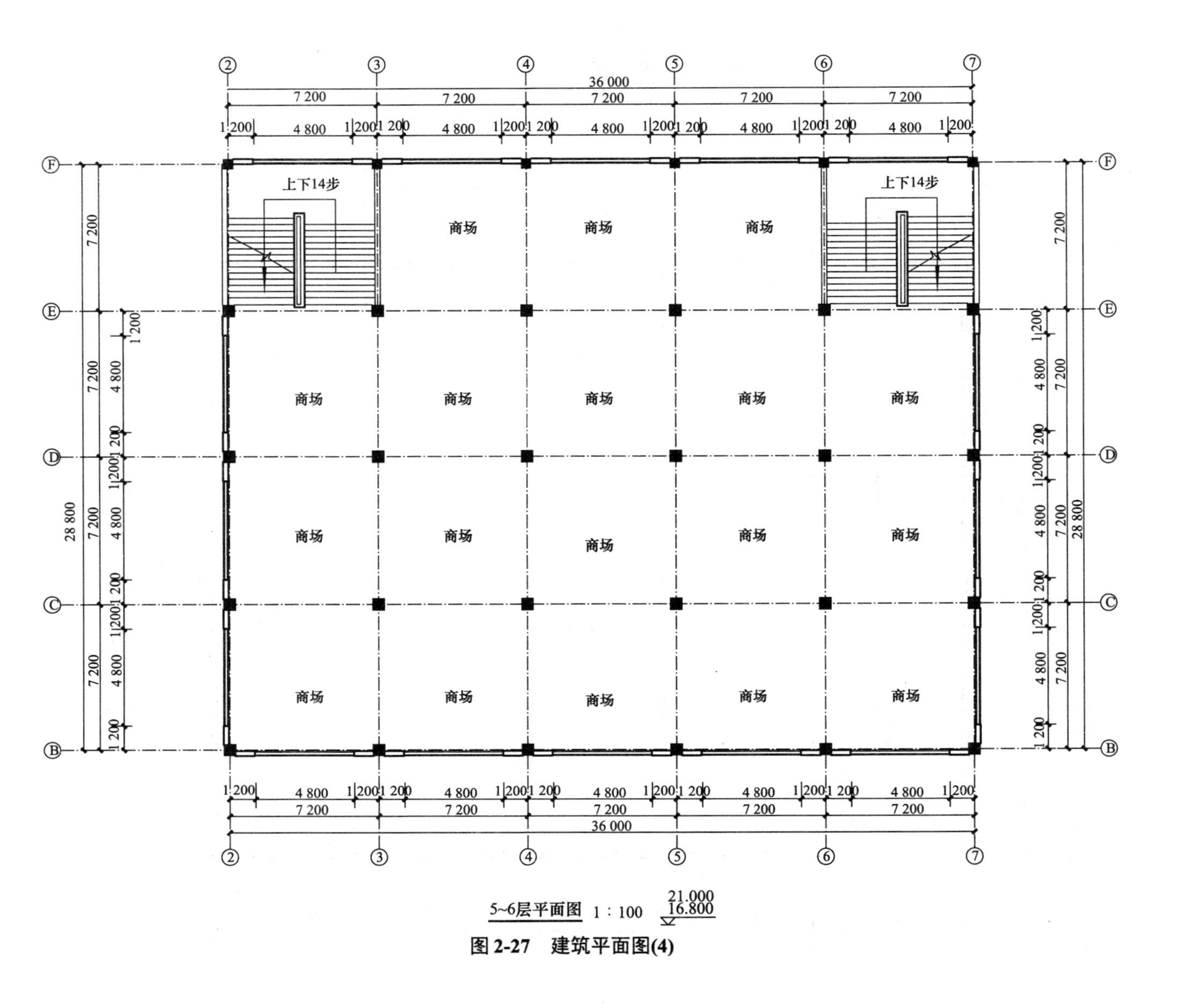

5~6层平面图 1∶100 $\frac{21.000}{16.800}$

图 2-27 建筑平面图(4)

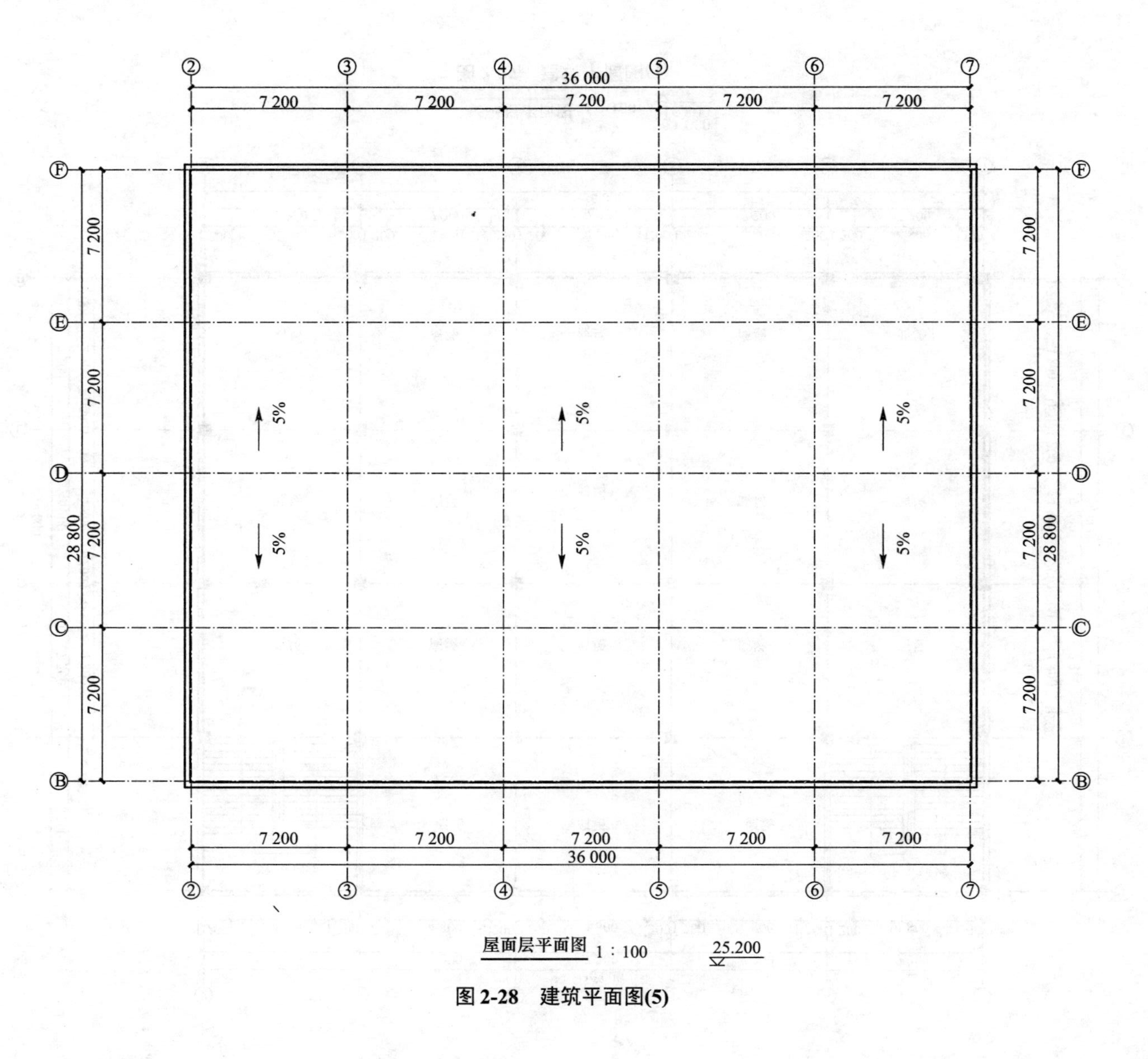

图 2-28 建筑平面图(5)

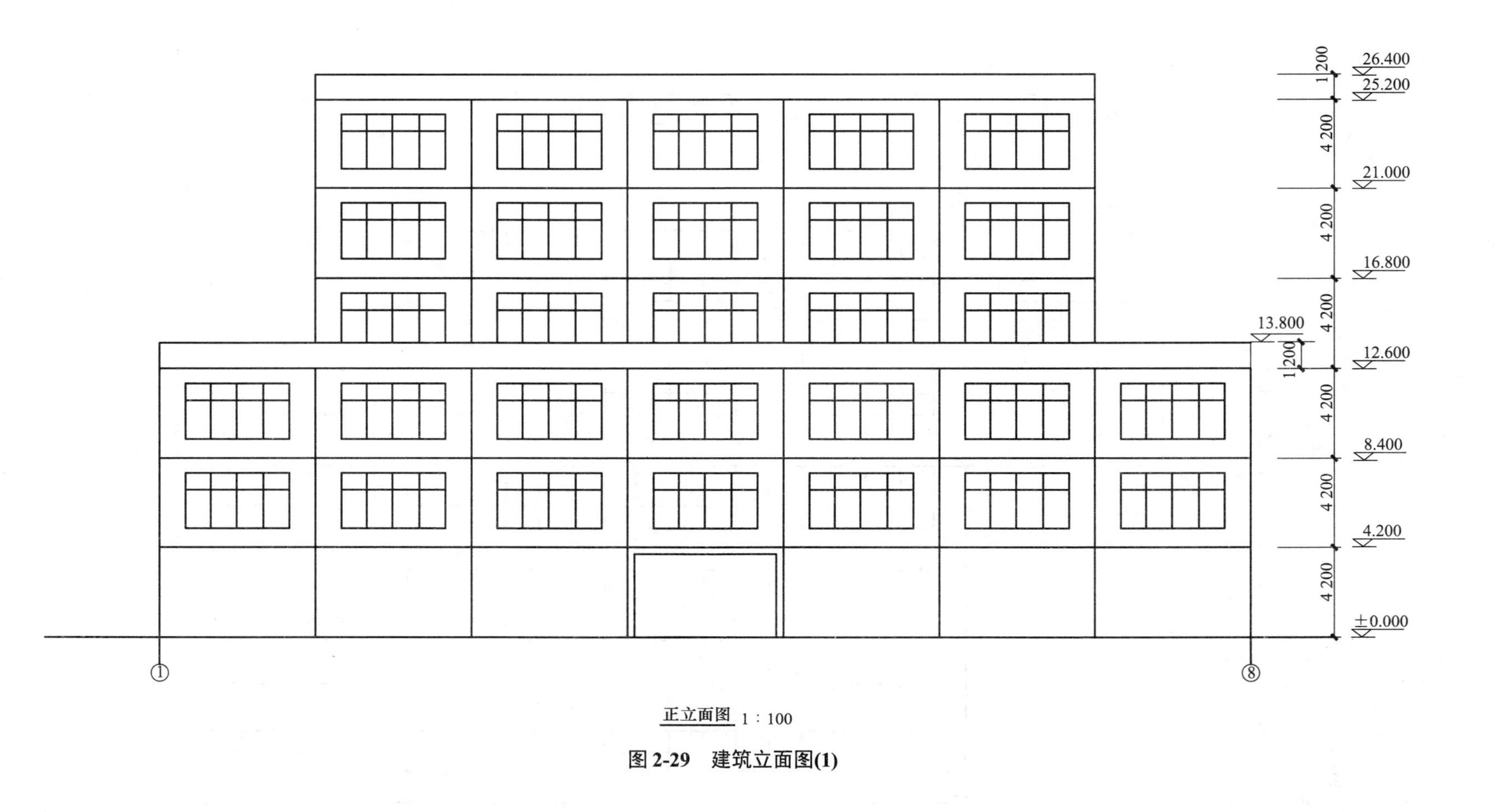
26.400
25.200
21.000
16.800
13.800
12.600
8.400
4.200
±0.000
1 200
4 200
4 200
4 200
1 200
4 200
4 200
4 200
①
⑧
正立面图 1：100

图 2-29 建筑立面图(1)

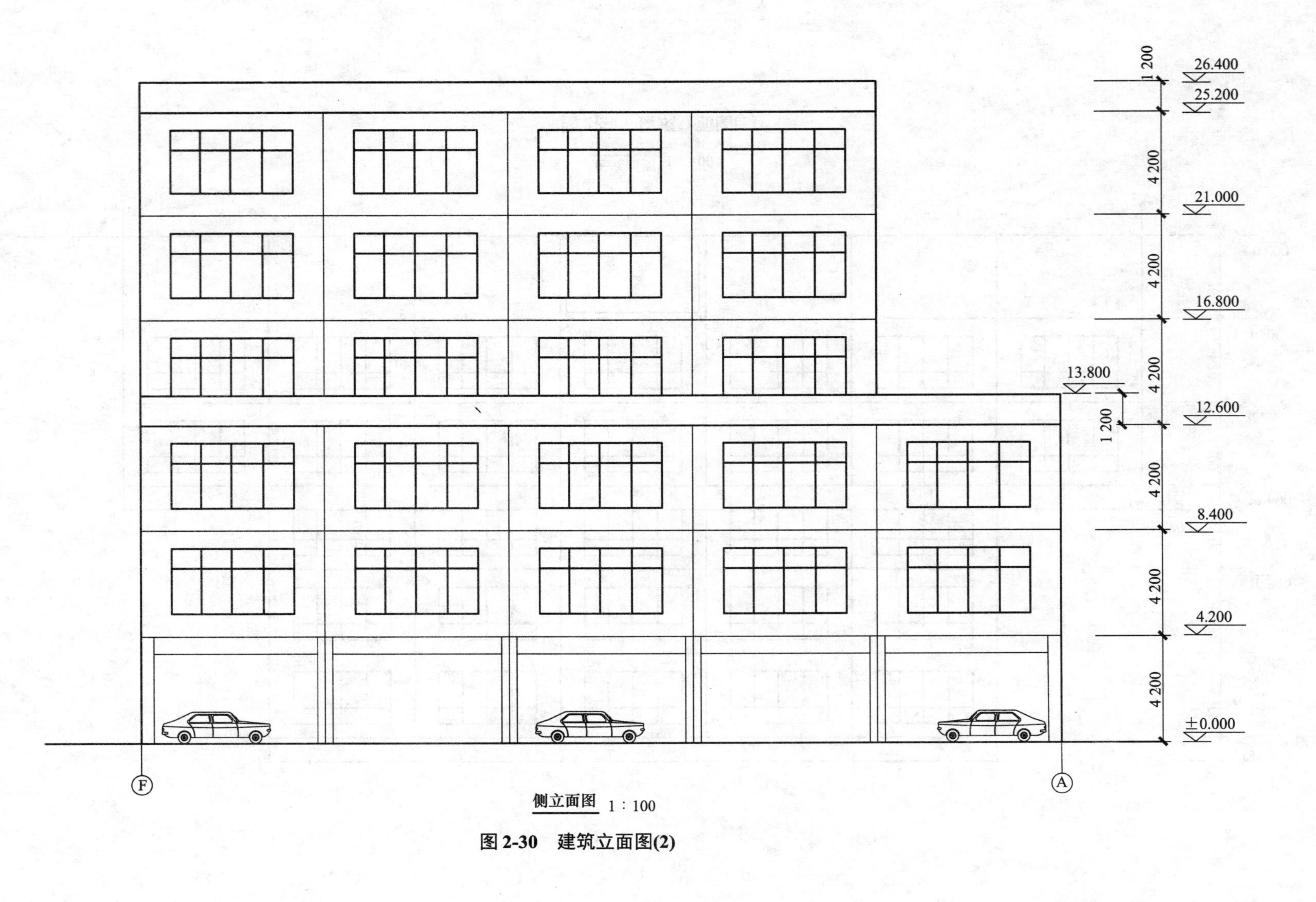

侧立面图 1：100

图 2-30 建筑立面图(2)

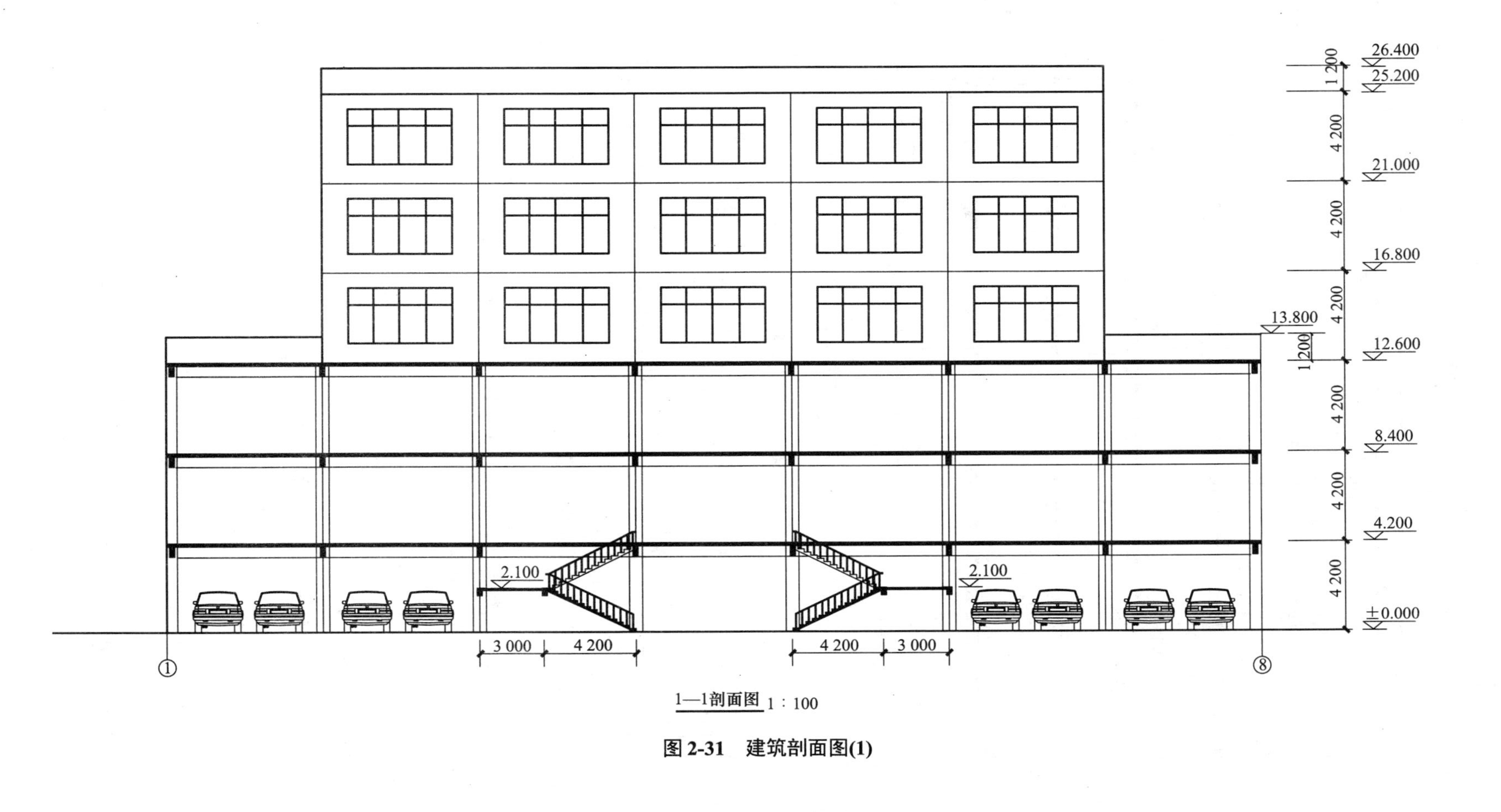

1—1剖面图 1：100

图 2-31　建筑剖面图(1)

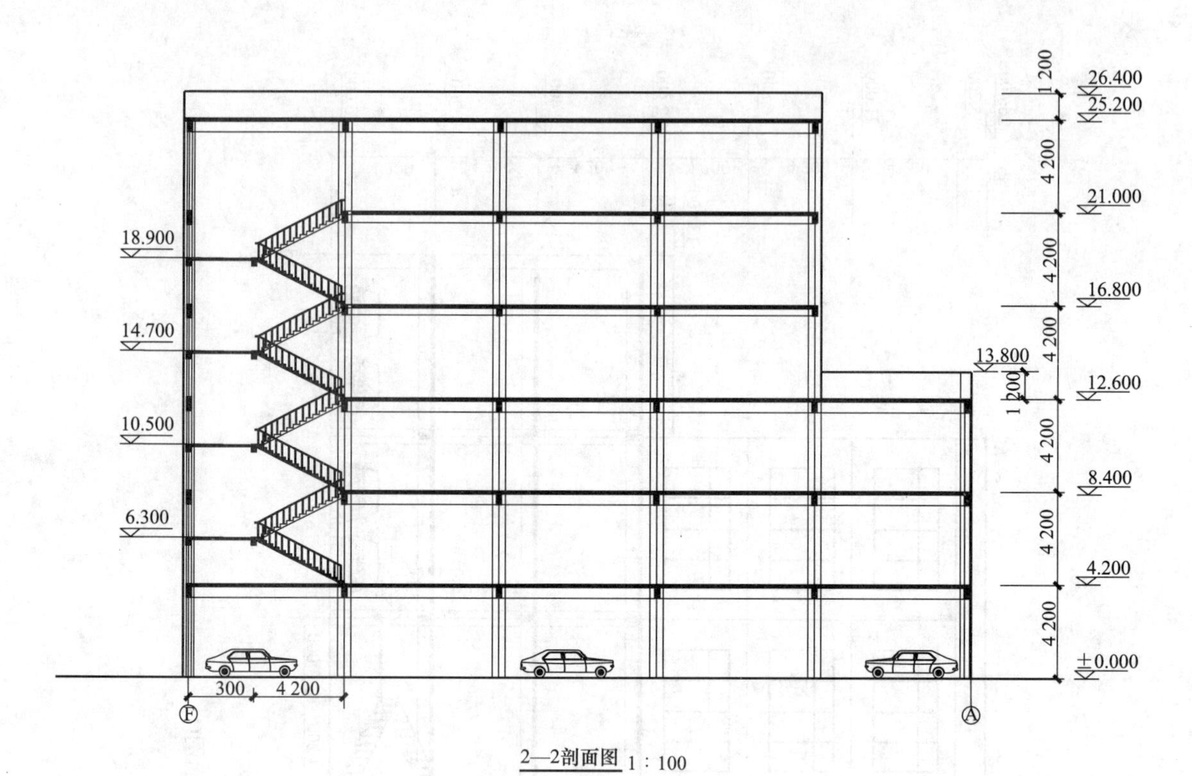

图 2-32　建筑剖面图（2）

设计条件及要求：

（1）框架结构，现浇楼盖。

（2）活荷载：商场为 3.5 kN/m²，屋面为 2.5 kN/m²，楼梯为 3.5 kN/m²。

（3）基本风压：W＝0.45 kN/m²。

（4）地震烈度：8 度；抗震等级：Ⅲ级。

（5）填充墙堆积密度：γ＝20 kN/m³。

（6）工程场地地基承载力特征值：2.5 MPa。

（7）应用软件：PM、PK、SATWE。

2.4.2.1　结构初步方案

1. 结构构件截面估算

根据工程的建筑工程图，估算柱截面：700 mm×700 mm，600 mm×600 mm；估算梁截面：250 mm×700 mm；估算楼板厚度：200 mm。

2. 荷载计算

（1）楼面荷载：0.2×27＋0.04×20＋0.5＝6.7（kN/m²）；

屋面荷载：6.7＋2.5（屋面结构找坡＋屋面防水）＝9.2（kN/m²）。

（2）填充墙线荷载：（0.24×20＋0.04×20）×（4.2－0.7）＝19.6（kN/m）。

（3）女儿墙线荷载：（0.24×20＋0.04×20）×1.2＝6.72（kN/m）。

（4）楼梯荷载：

①恒载：

楼梯梯板厚为 120 m，踏步高为 150 m ，采用钢筋混凝土板式楼梯。楼梯面荷载：

面恒载=(0.12+0.15/2) ×27+0.04×20+0.03×20=6.67（kN/m^2）；

梯长= $\sqrt{4.2\times4.2+2.1\times2.1}$=4.7（m）；

作用在梯梁上的线荷载：q_1=6.67×4.7/2=15.67（kN/m）；

作用在楼梯构造柱上的楼梯集中力 p_1=15.67×3.6=56.4（kN）；

楼梯平台面荷载：0.12×27+0.04×20+0.03×20=4.64（kN/m^2）；

作用在层间梁（平台梯梁）的线荷载：q_2=4.64×3/2=6.96（kN/m）；

作用在楼梯构造柱上的平台集中力：p_2=6.96×3.6=25.1（kN）；

楼梯集中力+楼梯平台集中力：$p=p_1+p_2$=56.4+25.1=81.5（kN）。

②活载：

楼梯面荷载：根据设计要求取 3.5 kN/ m^2；

作用在梯梁上的线荷载：q_1=3.5×4.7/2=8.225（kN/m）；

作用在楼梯构造柱上的楼梯集中力：p_1=8.225×3.6=29.61（kN）；

楼梯平台面荷载：根据设计要求取 3.5 kN/ m^2；

作用在层间梁（平台梯梁）的线荷载：q_2=3.5×3/2 =5.25（kN/m）；

作用在楼梯构造柱上的平台集中力：p_2=5.25×3.6=18.9（kN）；

楼梯集中力+楼梯平台集中力：$p=p_1+p_2$=29.61+18.9=48.51（kN）。

3. 应用 PM、PK、SATWE 软件进行工程实作

应用 PM、PK、SATWE 软件进行工程计算机辅助设计。首先应用 PM 软件进行结构三维建模，再用 SATWE 软件进行空间体系计算，结合 PK 软件进行施工图的绘制。

设置结构标准层 1：1—1 层；

设置结构标准层 2：2—2 层；

设置结构标准层 3：3—3 层；

设置结构标准层 4：4—5 层；

设置结构标准层 5：6—6 层。

设置荷载标准层 1：6.16，3.5（1—5 层）；

设置荷载标准层 2：8.66，2.5（6—6 层）。

根据设定的结构标准层和荷载标准层，按计算的荷载值进行 PMCAD 软件三维建模，然后进行结构计算，根据计算结果进行调整。把柱截面调整为 700 mm×700 mm，600 mm×600 mm，按软件进行工程整体计算和楼板的计算与工程图纸设计，按平面杆系结构进行框架施工图设计，再利用空间计算软件 SATWE 进行结构计算，相关计算结果如下：

（1）工程三维结构模型图。工程三维结构模型图如图 2-33 所示。

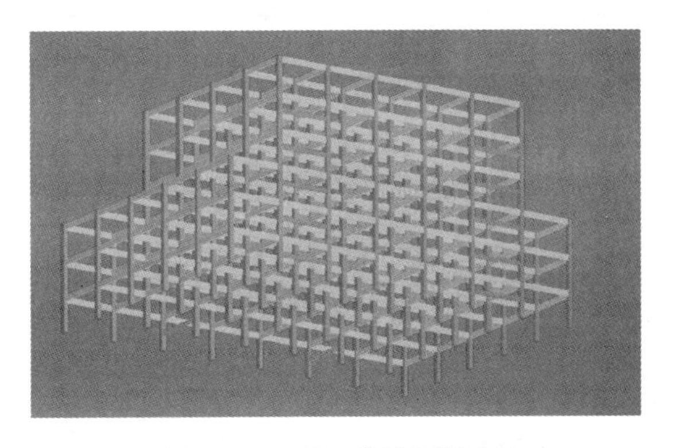

图 2-33 工程三维结构模型图

（2）工程混凝土用量汇总。工程的柱、梁、板的混凝土用量汇总表见表 2-4。

表 2-4　工程主要材料汇总表

项目	单位	数量	项目	单位	数量
柱混凝土	m^3	432.4	砖砌体	m^3	
主梁混凝土	m^3	471.7	圈梁混凝土	m^3	
次梁混凝土	m^3		构造柱混凝土	m^3	
楼板混凝土	m^3	1 710.7	预制板		
剪力墙混凝土	m^3		预制板		
			预制板		
			预制板		
注：整个工程的混凝土用量为 2 614.8 m^3，框架填充墙材料用量未统计在内。					

（3）工程钢材用量。为了简单方便统计，可以分为楼板钢筋和梁、柱钢筋，楼板选择有代表性的 2、5 层，梁、柱选择第④轴框架作为代表来统计钢材用量。

①楼板钢筋。工程的第 2 层楼板施工图如附图 10 所示。钢筋用量统计见表 2-5。

表 2-5　楼板施工图钢筋用量统计表

编号	钢筋简图	规格	最短长度 /mm	最长长度 /mm	根数 /根	总长度 /mm	质量 /kg
①	7 330	Φ10@100	7 456	7 456	651	4 853 856	2 992.6
②	185 2 070 218	Φ14@100	2 473	2 473	292	722 116	872.6
③	185 3 920 185	Φ14@100	4 290	4 290	291	1 248 390	1 508.6
④	7 150	Φ10@125	7 276	7 276	580	4 220 080	2 601.8
⑤	7 200	Φ10@100	7 326	7 326	1 955	14 322 330	8 830.3
⑥	185 2 020 218	Φ14@100	2 423	2 423	1 009	2 444 807	2 954.3
⑦	185 3 940 185	Φ14@100	4 310	4 310	586	2 525 660	3 052.0
⑧	185 3 820 185	Φ14@100	4 190	4 190	714	2 991 660	3 615.2
⑨	185 3 860 185	Φ14@100	4 230	4 230	2 170	9 179 100	11 092.1

续表

编号	钢筋简图	规格	最短长度/mm	最长长度/mm	根数/根	总长度/mm	质量/kg
⑩	7 150	Φ10@100	7 276	7 276	146	1 062 296	654.9
⑪	185 1 960 185	Φ14@100	2 330	2 330	146	340 180	411.1
⑫	7 380	Φ10@100	7 506	7 506	800	6 004 800	3 702.2
⑬	185 2 080 185	Φ14@100	2 450	2 450	294	720 300	870.4
⑭	7 200	Φ10@125	7 326	7 326	348	2 549 448	1 571.8
⑮	185 2 040 218	Φ14@100	2 443	2 443	216	527 688	637.7
⑯	7 030	Φ10@125	7 156	7 156	58	415 048	255.9
⑰	185 1 990 218	Φ14@100	2 393	2 393	72	172 296	208.2
总质量							45 832

从钢筋用量统计表中可以看出，施工图显示第 2 层楼板所用钢筋总量为 45 832 kg。

②柱、梁钢筋。工程的第④轴框架的结构施工图如附图 11 和附图 12 所示，钢筋用量统计见表 2-6。

表 2-6　第④轴框架施工图钢筋用量统计表

钢筋/kg	Φ8	2 043	Φ14	452
	Φ10	2 819	Φ18	340
	Φ12	678	Φ22	7 537
			Φ25	8 491
	总质量	5 540	总质量	16 820
混凝土/m^3	柱　62.99		梁　30.791	

从框架钢筋用量统计表中可以看出，第④轴框架施工图的钢筋用量为：

$$5\,540+16\,820=22\,360\ (\text{kg})$$

2.4.2.2 结构方案优化设计

从本工程的初步结构方案来看，混凝土和钢材用量是偏大的，不利于工程造价。现在对初步结构方案进行优化设计，优化目标是降低混凝土和钢材用量。先确定优化目标函数：

$$Y_{混凝土用量} = (X_{1楼板厚度},\ X_{2柱截面})$$
$$G_{钢筋用量} = (X_{1楼板厚度},\ X_{2柱截面})$$

1. 结构构件截面的调整

根据工程的建筑工程图，调整估算柱截面：600 mm×600 mm，500 mm×500 mm；

梁截面调整估算：250 mm×700 mm ，250 mm×500 mm；

楼板调整厚度：120 mm。

2. 荷载计算

(1) 楼面荷载：0.12×27+0.04×20+0.5=4.54 (kN/m^2)。

屋面荷载：4.54+2.5（屋面结构找坡+屋面防水）=7.04 (kN/m^2)。

(2) 填充墙线荷载：0.24×20+0.04×20×4.2−0.7=19.6 (kN/m)。

(3) 女儿墙线荷载：(0.24×20+0.04×20) ×1.2=6.72 (kN/m)。

(4) 楼梯荷载：

①恒载：

楼梯梯板厚 120 m，踏步高 150 m，采用钢筋混凝土板式楼梯。楼梯面荷载：

面恒载= (0.12+0.15/2) ×27+0.04×20+0.03×20=6.67 (kN/m^2)；

梯长=$\sqrt{4.2\times4.2+2.1\times2.1}$=4.7 (m)；

作用在梯梁上的线荷载：q_1=6.67×4.7/2=15.67 (kN/m)；

作用在楼梯构造柱上的楼梯集中力 p_1=15.67×3.6=56.4 (kN)；

楼梯平台面荷载：0.12×27+0.04×20+0.03×20=4.64 (kN/m^2)；

作用在层间梁（平台梯梁）的线荷载：q_2=4.64×3/2 =6.96 (kN/m)；

作用在楼梯构造柱上的平台集中力 p_2=6.96×3.6=25.1 (kN)；

楼梯集中力+楼梯平台集中力 $p=p_1+p_2$=56.4+25.1=81.5 (kN)。

②活载：

楼梯面荷载：根据设计要求取 3.5 kN/ m^2；

作用在梯梁上的线荷载：q_1=3.5×4.7/2=8.225 (kN/m)；

作用在楼梯构造柱上的楼梯集中力：p_1=8.225×3.6=29.61 (kN)；

楼梯平台面荷载：根据设计要求取 3.5 kN/ m^2；

作用在层间梁（平台梯梁）的线荷载：q_2=3.5×3/2=5.25 (kN/m)；

作用在楼梯构造柱上的平台集中力：p_2=5.25×3.6=18.9 (kN)；

楼梯集中力+楼梯平台集中力：$p=p_1+p_2$=29.61+18.9=48.51 (kN)。

3. 应用 PM、PK、SATWE 软件进行工程实作

应用 PM、PK、SATWE 软件进行工程计算机辅助设计。首先应用 PM 软件进行结构三维建模，再用 SATWE 软件进行空间体系计算，结合 PK 软件进行施工图的绘制。

设置结构标准层 1：1−1 层；

设置结构标准层 2：2—2 层；
设置结构标准层 3：3—3 层；
设置结构标准层 4：4—5 层；
设置结构标准层 5：6—6 层。
设置荷载标准层 1：6.16，3.5（1—5 层）；
设置荷载标准层 2：8.66，2.5（6—6 层）。

根据设定的结构标准层和荷载标准层，按计算的荷载值进行 PMCAD 软件三维建模，再进行结构计算。按软件进行工程整体计算和楼板的计算与工程图纸设计，按平面杆系结构进行框架施工图设计，再按空间计算软件 SATWE 进行结构计算，相关计算结果如下：

（1）工程三维结构模型图。工程三维结构模型图如图 2-34 所示。

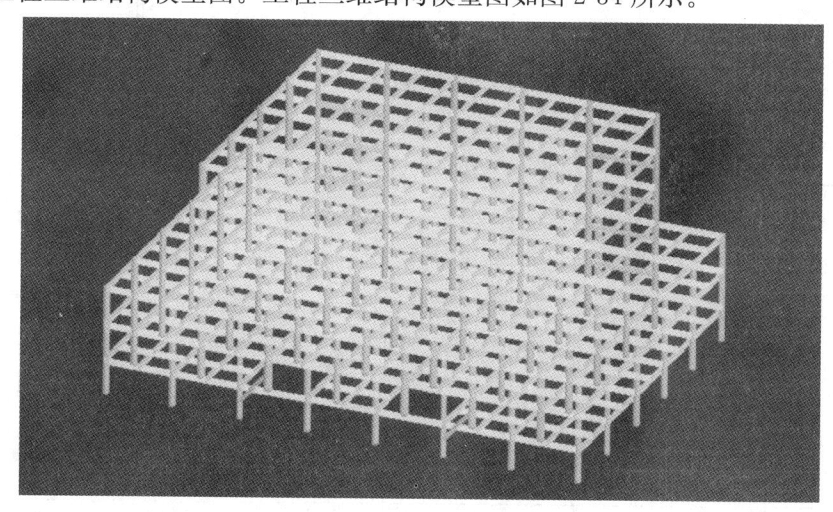

图 2-34　工程三维结构模型图

（2）工程混凝土用量汇总。工程的柱、梁、板的混凝土用量汇总见表 2-7。

表 2-7　工程主要材料汇总表

项目	单位	数量	项目	单位	数量
柱混凝土	m^3	369.9	砖砌体	m^3	
主梁混凝土	m^3	741.2	圈梁混凝土	m^3	
次梁混凝土	m^3		构造柱混凝土	m^3	
楼板混凝土	m^3	1 014.0	预制板		
剪力墙混凝土	m^3		预制板		
			预制板		
			预制板		
注：整个工程的混凝土用量为 2 125.1 m^3，框架填充墙材料用量未统计在内。					

(3) 工程钢材用量。为了简单方便统计，可以分为楼板钢筋和梁、柱钢筋，楼板选择有代表性的 2 层，梁、柱选择第④轴框架作为代表来统计钢材用量。

①楼板钢筋。工程的第 2 层楼板结构图如附图 13 所示。钢筋用量统计见表 2-8。

表 2-8　楼板施工图钢筋用量统计表

编号	钢筋简图	规格	最短长度/mm	最长长度/mm	根数/根	总长度/mm	质量/kg
①	3 730	Φ8@125	3 830	3 830	930	3 561 900	1 405.5
②	105 1 170 105	Φ8@100	1 415	1 415	296	418 840	165.3
③	105 2 120 105	Φ8@100	2 330	2 330	296	689 680	272.1
④	3 600	Φ8@125	3 700	3 700	5 040	18 648 000	7 358.2
⑤	105 1 140 140	Φ8@100	1 385	1 385	1 224	1 695 240	668.9
⑥	105 2 060 105	Φ8@100	2 270	2 270	7 148	16 225 960	6 402.5
⑦	3 730	Φ8@125	3 830	3 830	290	1 110 700	438.3
⑧	3 430	Φ8@125	3 530	3 530	754	2 661 620	1 050.2
⑨	105 2 140 105	Φ8@100	2 350	2 350	298	700 300	276.3
⑩	105 1 960 105	Φ8@100	2 170	2 170	782	1 696 940	669.6
⑪	105 1 960 105	Φ10@125	2 170	2 170	118	256 060	157.9
⑫	105 1 090 140	Φ8@100	1 335	1 335	68	90 780	35.8
⑬	3 780	Φ8@125	3 880	3 880	640	2 483 200	979.8
⑭	105 2 080 105	Φ10@125	2 290	2 290	236	540 440	333.2
总质量							20 214

从钢筋用量统计表中可以看出，第 2 层楼板施工图所用钢筋总量为 20 214 kg。

②柱、梁钢筋。工程的第④轴框架施工图如附图 14 和附图 15 所示，钢筋用量统计见表 2-9。

表 2-9　第④轴框架施工图钢筋用量统计表

钢筋/kg	Φ8	2 693	Φ16	155
	Φ10	1 898	Φ18	403
	Φ12	678	Φ20	634
			Φ22	879
			Φ25	13 333
	总质量	5 269	总质量	15 404
混凝土/m³	柱　54.022		梁　31.027	

从框架钢筋用量统计表中可以看出，第④轴框架施工图的钢筋用量为：

$$5\ 269+15\ 404=20\ 673\ (\text{kg})$$

把工程的初步结构方案与优化后的结构方案进行对比，按相同的楼层及相同的框架进行比较，具体对比数据见表 2-10。

表 2-10　初步结构方案与优化结构方案对比表

项目	初步结构方案	优化结构方案
工程总混凝土用量/m³	2 614.8	2 125.1
第 2 层楼板钢筋用量/kg	45 832	20 214
第④轴框架柱、梁钢筋用量/kg	23 360	20 673

从对比表中可以看出，优化后的结构方案工程总的混凝土节约量为

$$2\ 614.8-2\ 125.1=489.7\ (\text{m}^3)$$

工程总混凝土用量经过优化节约了 489.7 m^3。第 2 层楼板优化以后的钢筋节约量为

$$45\ 832-20\ 214=25\ 618\ (\text{kg})$$

第 2 层楼板优化以后的钢筋节约了 25 618 kg。第④轴框架优化以后的钢筋节约量为

$$23\ 360-20\ 673=2\ 687\ (\text{kg})$$

第④轴框架优化以后的钢筋节约了 2 687 kg。从本工程结构方案优化案例中可以看出，优化方案和初步方案对比，工程总的混凝土用量有很大的差异，从造价来看节约了十几万元。钢筋的差异更大，经粗略估算，本工程有 6 层楼板，钢盘用量为 25 618×6=153 708 (kg)。楼板钢筋节约 153.7 t。主框架有 8 榀，钢盘用量为 2 687× 8=21 496 (kg)，加纵向框架 1 300×6=7 800 (kg)，总工程钢筋用量节约了：153.7+21.5+7.8=183 (t)。工程混凝土节约造价：489.7×350＝171 395 (元)，也就是 17.14 万元，钢筋节约造价：183×3 000＝54.9 (万元)。工程总节约造价：17.14+54.9=72.04 (万元)。结构方案优化的效果是非常明显的。

实训2

1. 建筑结构有哪些结构体系？
2. 结构初步方案怎样确定？
3. 建筑结构方案的优化原则有哪些？
4. 一个具体的结构方案的优化从哪些方面去考虑？

项目 3　结构变量优化设计

结构优化贯穿设计的全过程。首先，在方案设计阶段，与建筑专业充分沟通，对建筑的平面布置、立面造型、柱网布置等提出合理建议，尽量将结构的不规则程度控制在合理范围内，为降低含钢量争取主动权；其次，在初步设计阶段，通过对结构体系、结构布置、建筑材料、设计参数、基础形式等内容的多方案技术经济性比较，选出最优方案；第三，在具体计算过程中，通过精确的荷载计算、细致的模型调整，使结构达到最优受力状态；最后，在施工图阶段严格按照计算结果，通过精细的配筋设计，扣出多余钢筋，彻底降低含钢量。在进行多方案的技术经济性比较时，应综合考虑材料费、模板费、基坑开挖降水支护费用、措施费、施工难易、工期长短等因素，与甲方协商后择优选用。本章将通过具体的实例进行建模计算并比较不同构件尺寸下的工程量，以此来说明结构变量优化设计给工程项目带来的经济性效果。结构优化设计的工作流程如图 3-1 所示。

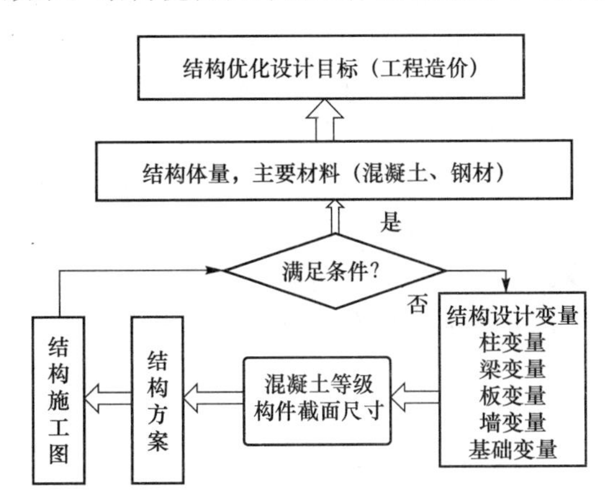

图 3-1　结构优化设计的工作流程

钢筋混凝土结构的优化设计就是让结构在满足承载力要求的情况下，使构件的混凝土、钢筋用量的总价最小，可借助 PKPM 软件或 BIM 软件进行。

结构设计是为建筑设计服务的，其前提是尽量保证建筑使用功能的要求，在此前提下尽量做到安全、节约，设计中常受到建筑功能的限制。特别是不规则的建筑结构体系，其从经济角度及受力性能两方面较一般的结构体系，都是不理想的，设计中常需要与建筑专业协商沟通，调整平面、立面方案，在保证功能的同时降低工程造价。另外，还要考虑投资方的需求，不排除有投资方为实现较高功能需求而付出金钱的代价。

优化就是一个“抠”的过程，从设计上控制成本，就得细化所有的建筑使用功能，避免多设计，避免设计错项、漏项，对每一个部位、每一个构件进行反复捉摸把关。设计过程的优化对结构成本控制最有效、最彻底，可以做到从建筑方案开始就对项目成本进行有效控制，可以对结构体系、基础类型等进行细致深入的技术方面的分析。

如对于小高层住宅，可选的结构体系可以是框架结构、框架-剪力墙结构、纯剪力墙结构、短肢剪力墙结构及异形柱框架-剪力墙结构等。纯剪力墙结构与异形柱框架-剪力墙结构相比较，后者的抗震等级提高一级，肢端配筋率等措施也提高，如受力钢筋直径加大许多，体积配箍率较大，抗震性能较差等，其虽然节省了混凝土，但是增加了钢筋用量，还是会增加价格。

3.1 柱变量优化设计

3.1.1 框架柱的设计要求

框架结构中结构抗侧刚度不足，往往需要通过加大梁、柱截面来提高结构的侧向刚度，以满足规范规定的框架结构弹性层间位移角限值要求。但是实践证明，仅靠增加构件截面来提高侧向刚度的效率是很低的，而增加构件截面导致的成本增加却很大，所以选取最优的截面尺寸，调整结构体系才是关键。

对于框架结构而言，为保证结构的抗侧及稳定性要求，框架柱截面尺寸不宜过小。在满足轴压比要求的前提下，截面也不能太大，以保证用钢量不会随截面的增加而增加。考虑装修和建筑使用功能，整个结构中柱截面类型也不宜太多，可以通过改变个别柱子的配筋方式、加大配筋率等来提高轴压比，从而控制截面尺寸。优化设计既要控制经济成本，同时，也要兼顾施工方便，避免施工成本过高。

受压柱是结构设计中最为常见的受力构件之一。其设计步骤是：首先给定柱截面的尺寸，然后根据荷载等已知量，按照规范公式确定所需的纵向受力钢筋面积，然后校核其是否满足最小配筋率及抗震设防等要求，若不满足，再重新选定截面重复校验。其设计变量可以有混凝土、钢筋强度等级、柱的截面宽度和高度、纵向受力钢筋面积、箍筋面积及钢筋直径、间距等。

柱变量设计时确定目标函数：

$$G_{1柱钢筋用量}=F_1(X_{柱截面})$$
$$G_{2柱混凝土用量}=F_2(X_{柱截面})$$

3.1.2 框架柱的优化设计

框架柱的优化设计可以从柱截面、柱配筋，还有相关构造要求方面进行。

框架柱截面尺寸可根据柱支承的楼层面积计算由竖向荷载产生的轴力设计值，按以下公式估算柱子截面面积，然后再确定柱边长：

$$A_c \geqslant mN_v/nf_c$$

式中 m——地震组合时的增大系数，框架结构边柱取 1.30，中柱取 1.20；

n——柱子轴压比限值；

f_c——混凝土轴心抗压强度设计值。

框架柱的尺寸还应满足抗剪要求，不满足时应增大截面或提高混凝土强度等级。

结构方案如果合理，那么柱配筋一般为构造配筋；如果配筋率过大，则说明柱截面偏小。框架柱优化设计的工作流程如图 3-2 所示。

本节是在强度要求、稳定性要求、抗震设防要求及几何构造要求等条件符合规定的情况下，重点研究柱截面尺寸的变化对工程经济性的影响。不同条件下框架柱控制截面尺寸因素见表 3-1。

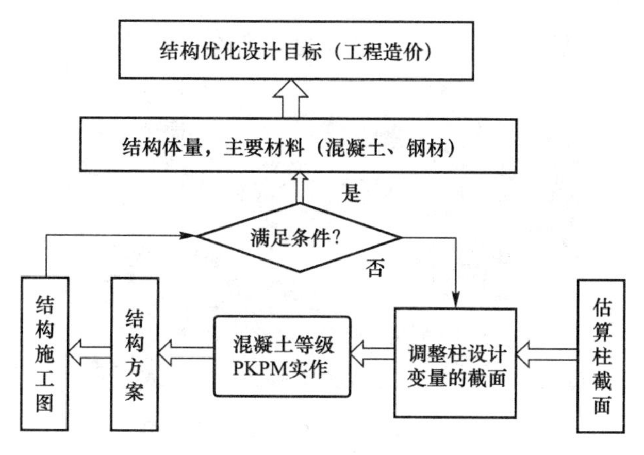

图 3-2 框架柱优化设计的工作流程

表 3-1 框架柱控制截面尺寸因素

地震烈度	高度/m	抗震等级	控制因素
6 度	≤30	四	轴压比限值
	>30	三	轴压比限值
7 度	≤30	三	轴压比限值
	>30	二	弹性层间位移角限值
8 度	≤30	二	轴压比限值
	>30	一	轴压比限值
9 度	≤25	一	轴压比限值

在结构方案和结构荷载确定后，影响框架柱截面尺寸的控制因素主要为轴压比限值、层间位移角限值和剪压比限值。在结构设计中，可先进行框架柱截面尺寸估算并判定框架结构抗震等级，然后通过 PKPM 软件试算，根据相应的控制因素限值进行框架柱截面尺寸修正，从而取得更佳的技术经济指标。

框架结构中柱的含钢量占结构总用钢量的 15%～30%，梁用钢量一般占 30%～65%，板用钢量占 15%～25%。框架结构优化的重点是在柱网优化以及梁的配筋方面。

结构布置时应尽量使梁对柱居中布置，减少柱子的偏心，才能减少柱子的纵筋量。柱的截面尺寸，对多层宜 2～3 层调整一次，对高层宜结合混凝土强度调整，每 5～8 层调整一次。框架柱截面宽度 b_c 和高度 h_c 应不大于柱计算长度 l_0 的 1/25，一般可以取（1/6～1/12）h，h 为层高。轴心受压柱的最小配筋率为 0.4%，适宜配筋率为 0.8%～2.0%。荷载特别大时不宜超过 5.0%。

柱截面尺寸大小应合理，轴压比不宜太接近限值，应使大部分柱配筋由构造配筋而非内力配筋控制。框架柱截面大小受建筑使用功能的限制，按计算配筋时，可通过改变配筋方式节省用钢量。如角筋可选择较大直径，其他纵筋根据计算要求设计即可，这样不仅可以减少配筋，而且还能比较容易地实现强柱弱梁的要求。在构造配筋的情况下柱截面不宜太大，否则会增加构造上的用钢量。

3.1.3 工程实例概况

本工程为某汽摩机电城中的一栋多层商业楼，所在项目总体规划方案如图 3-3 所示。

图 3-3 某汽摩机电城总体规划图

该多层商业楼结构平面布置图如图 3-4 所示，结构形式为框架结构，层高为 4 800 mm。其所处地区基本风压为 $W_0=0.30\ kN/m^2$，地震设防烈度为 6 度，地震分组为第一组，设计基本地震加速度为 $0.05g$。建筑主体结构设计使用年限为 50 年。结构设计的依据为相关的现行国家标准规范等。

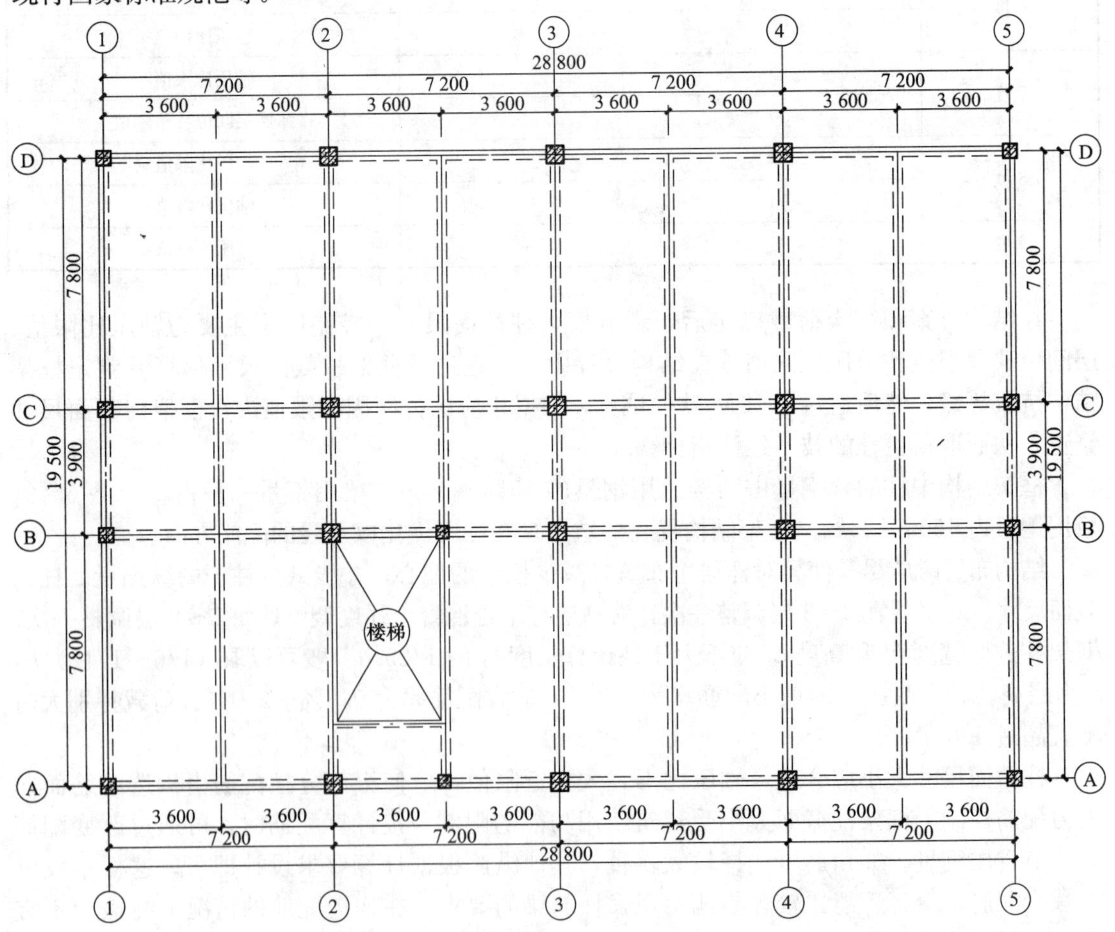

图 3-4 结构平面布置图

根据地勘报告，本工程基础持力层为中风化泥岩，天然单轴抗压强度标准值为6.00 MPa。本工程采用中国建筑科学研究院PK、PMCAD工程部编制的结构分析程序——多层及高层建筑结构空间有限元分析与设计软件SATWE进行结构分析。

3.1.4 荷载条件

（1）楼面找平层和二次装修恒载标准值（kN/m^2）。

屋面：5.5 kN/m^2；一般楼面：2.0 kN/m^2；露台及公共卫生间：3.0 kN/m^2。

（2）活荷载标准值（kN/m^2）。

上人屋面：2.0 kN/m^2；不上人屋面：0.5 kN/m^2；公共卫生间：2.5 kN/m^2；商业：3.5 kN/m^2。

（3）基本风压为0.30 kN/m^2，地面粗糙度为B类。

本例的结构荷载平面简图如图3-5所示。

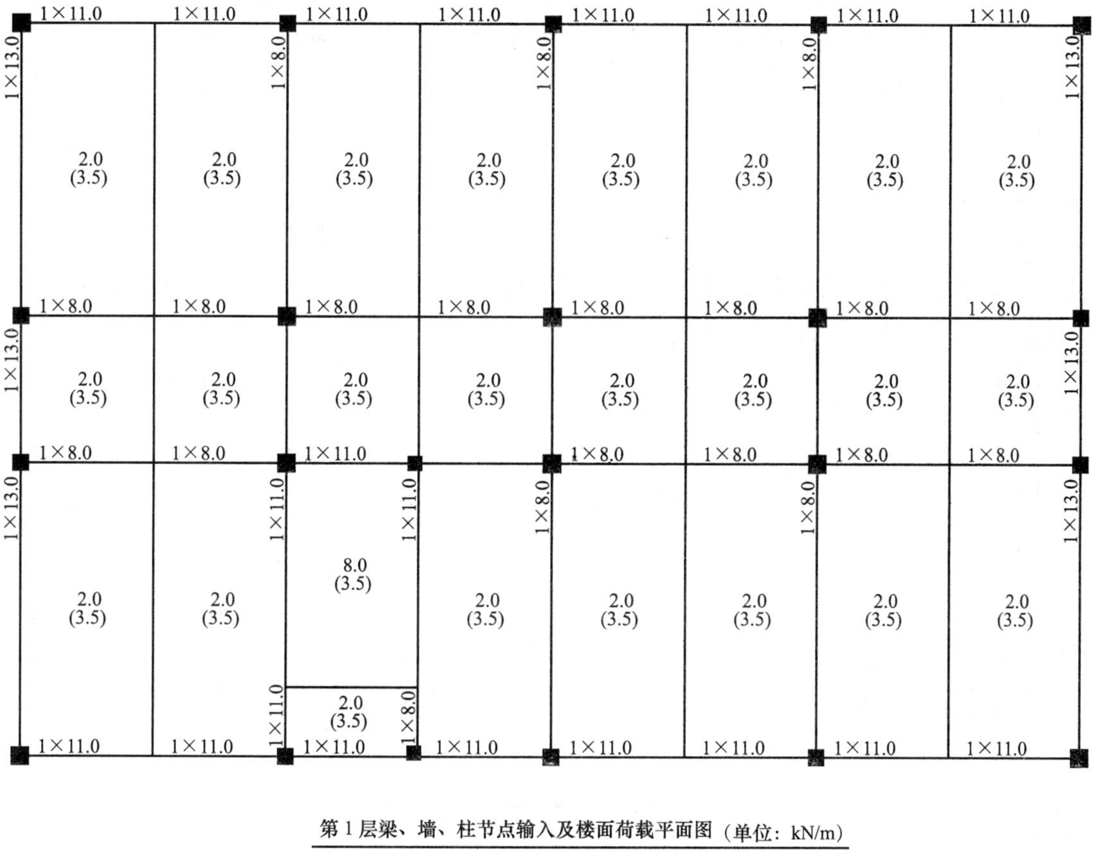

第1层梁、墙、柱节点输入及楼面荷载平面图（单位：kN/m）

图3-5 结构荷载平面简图

3.1.5 材料强度

梁、板及柱混凝土强度等级均为C30。受力钢筋采用HRB400级，箍筋采用HPB300级和HRB400级。

3.1.6 不同柱截面设计

在框架结构设计过程中，柱截面的确定是预估、试算而来的。由于估算的柱截面尺寸一般稍偏大，可将其适当缩小，通过改变柱截面尺寸来调整计算模型，在保证强柱弱梁及轴压比、配筋率等要求的前提下，根据 PKPM 试算结果反复试算后，最终确定柱截面类型和尺寸，得出最优的柱截面大小，降低工程用钢量。本例为多层房屋，柱断面沿高度可以不作改变。

梁平面布置详见 3.2 节梁布置方案二。柱采用三种布置方案，计算后对三种方案下结构的用钢量及混凝土用量进行比较，以说明对柱截面进行优化带来的经济性效果。

（1）柱布置方案一。边柱截面尺寸为 450 mm×450 mm，角柱及中柱截面尺寸为 500 mm×500 mm。柱平面布置如图 3-6 所示。

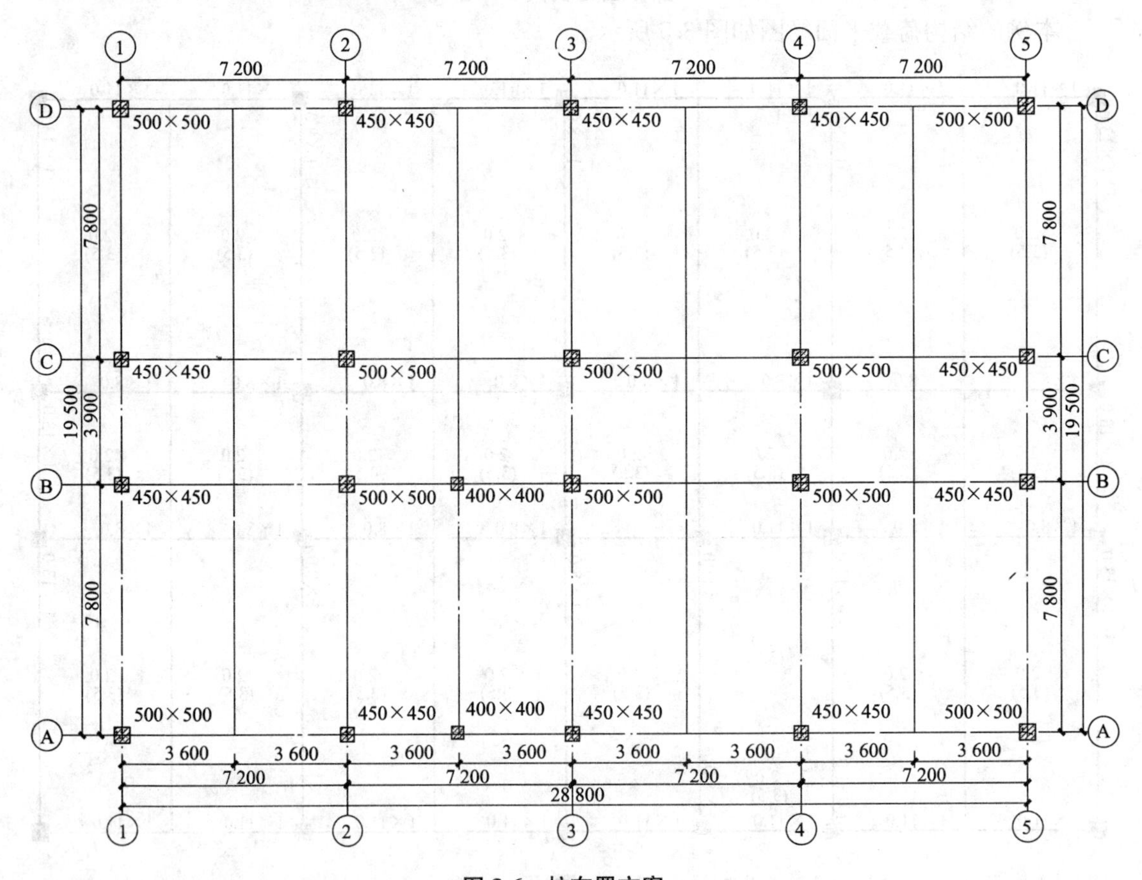

图 3-6 柱布置方案一

柱布置方案一的主要计算结果如下（地震作用下）：

最大层间位移角：X 向为 1/1 501，Y 向为 1/1 346，满足要求。

X 方向最大位移与层平均位移的比值为 1.11，满足要求。

X 方向最大层间位移与平均层间位移的比值为 1.11，满足要求。

Y 方向最大位移与层平均位移的比值为 1.14，满足要求。

Y 方向最大层间位移与平均层间位移的比值为 1.14，满足要求。

此方案中个别柱子轴压比较大，接近限值，优化设计时应各方面综合考虑，进一步进行细节上的优化，做到轴压比、配筋均为最优。X、Y方向本层塔侧移刚度与上一层相应塔侧移刚度70%的比值或上三层平均侧移刚度80%的比值中之较小者结果如下：

一层：Ratx1=1.682 2，Raty1=1.783 3，薄弱层地震剪力放大系数=1.00；

二层：Ratx1=1.265 3，Raty1=1.283 9，薄弱层地震剪力放大系数=1.00；

三层：Ratx1=1.418 4，Raty1=1.421 2，薄弱层地震剪力放大系数=1.00；

四层：Ratx1=1.430 5，Raty1=1.438 4，薄弱层地震剪力放大系数=1.00；

五层：Ratx1=1.000 0，Raty1=1.000 0，薄弱层地震剪力放大系数=1.00。

X方向最小刚度比：　1.000 0（第5层第1塔）；

Y方向最小刚度比：　1.000 0（第5层第1塔）。

首层柱子配筋计算结果中个别柱子为构造配筋，个别柱子为计算配筋。其配筋结果如图3-7所示。

取③轴线处一榀框架分析，框架立面图如图3-8所示，配筋包络图如图3-9所示。

轴力图如图3-10所示。

柱方案一的单榀框架施工图如附图16所示。

(2) 柱布置方案二。边柱截面尺寸为500 mm×500 mm，角柱及中柱截面尺寸为550 mm×550 mm。柱平面布置如图3-11所示。

方案二中首层柱子配筋计算结果基本上均为构造配筋，其配筋结果如图3-12所示。此方案的柱子轴压比合理，配筋均为构造配筋，但因柱截面加大，用钢量不一定为最优。

柱布置方案二的主要计算结果如下（地震作用下）：

最大层间位移角：X向为1/1 653，Y向为1/1 466，满足要求。

X方向最大位移与层平均位移的比值为1.10，满足要求。

X方向最大层间位移与平均层间位移的比值为1.11，满足要求。

Y方向最大位移与层平均位移的比值为1.15，满足要求。

Y方向最大层间位移与平均层间位移的比值为1.15，满足要求。

此方案的柱子轴压比适中。X、Y方向本层塔侧移刚度与上一层相应塔侧移刚度70%的比值或上三层平均侧移刚度80%的比值中之较小者结果如下：

一层：Ratx1=1.797 3，Raty1=1.909 5，薄弱层地震剪力放大系数=1.00；

二层：Ratx1=1.279 8，Raty1=1.306 5，薄弱层地震剪力放大系数=1.00；

三层：Ratx1=1.418 3，Raty1=1.423 9，薄弱层地震剪力放大系数=1.00；

四层：Ratx1=1.437 7，Raty1=1.451 4，薄弱层地震剪力放大系数=1.00；

五层：Ratx1=1.000 0，Raty1=1.000 0，薄弱层地震剪力放大系数=1.00。

X方向最小刚度比：　1.000 0（第5层第1塔）；

Y方向最小刚度比：　1.000 0（第5层第1塔）。

取③轴线处一榀框架分析，框架立面图如图3-13所示，配筋包络图如图3-14所示。

轴力图如图3-15所示。

柱布置方案二的单榀框架施工图如附图17所示。

(3) 柱布置方案三。边柱截面尺寸为550 mm×550 mm，角柱及中柱截面尺寸为600 mm×600 mm。柱平面布置如图3-16所示。

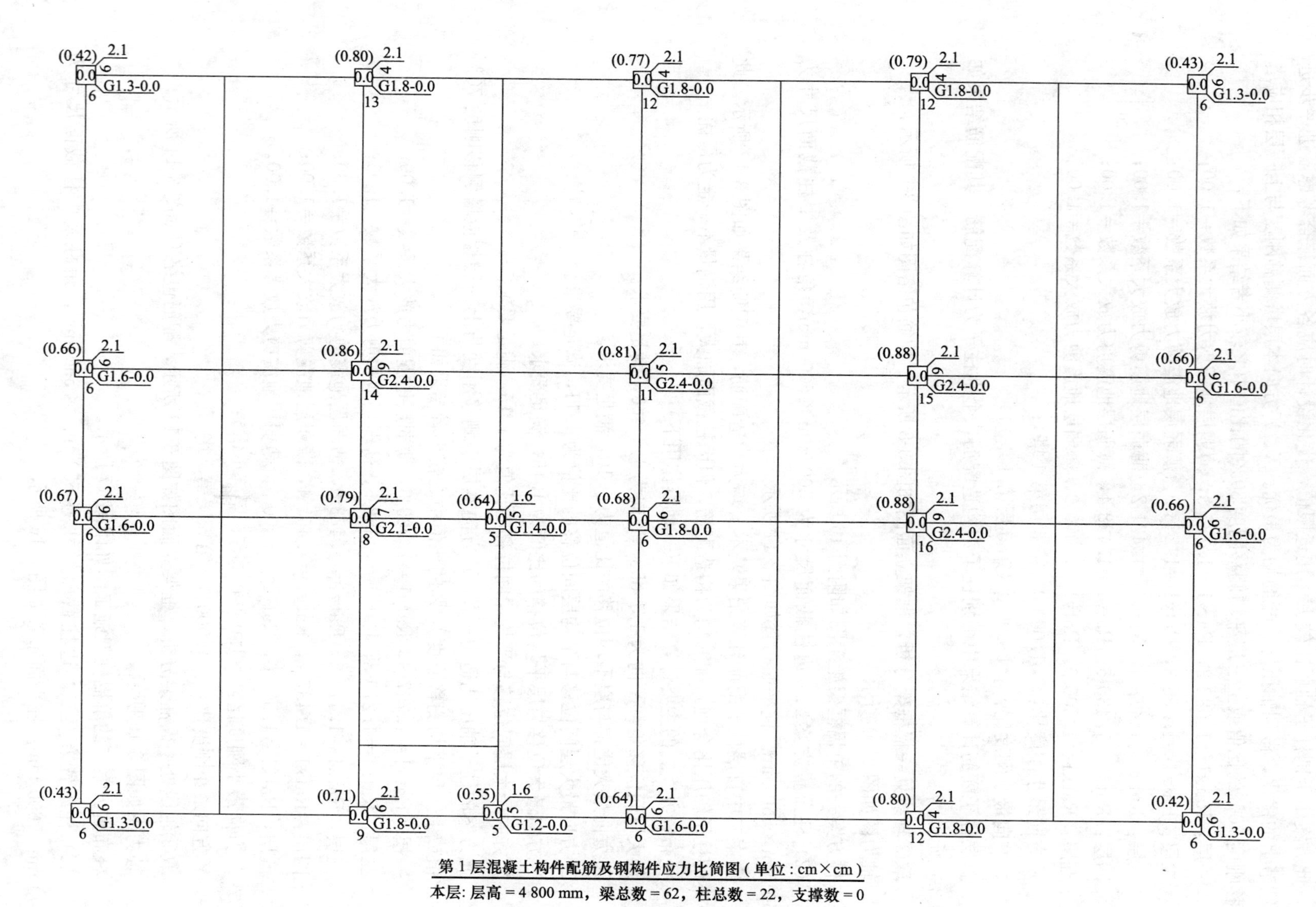

图 3-7　方案一的柱子配筋结果及轴压比图

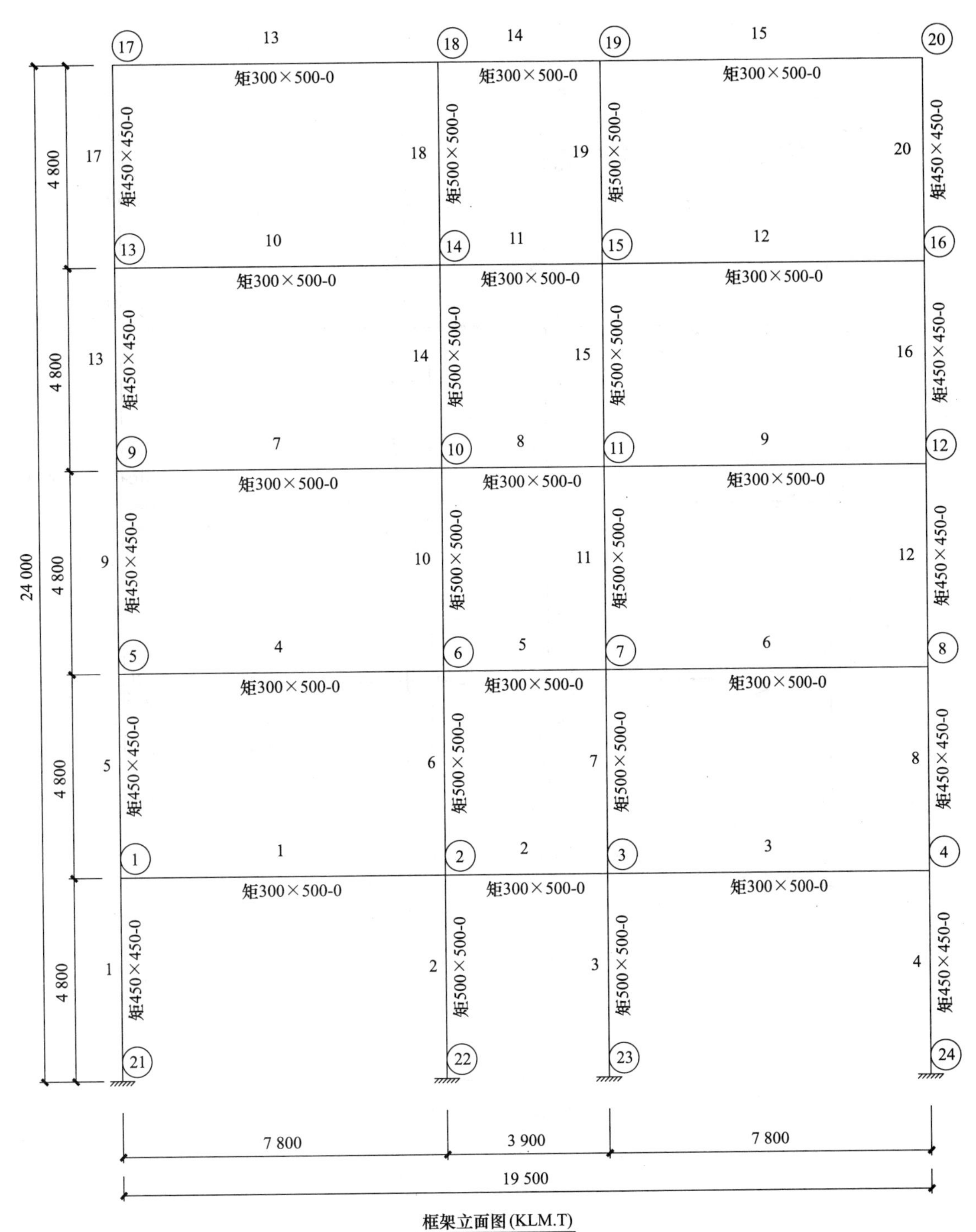

17
13
18
14
19
15
20
矩300×500-0
矩300×500-0
矩300×500-0
矩450×450-0
矩500×500-0
矩500×500-0
矩450×450-0
4 800
24 000
7 800
3 900
7 800
19 500
框架立面图(KLM.T)

图 3-8　框架立面图

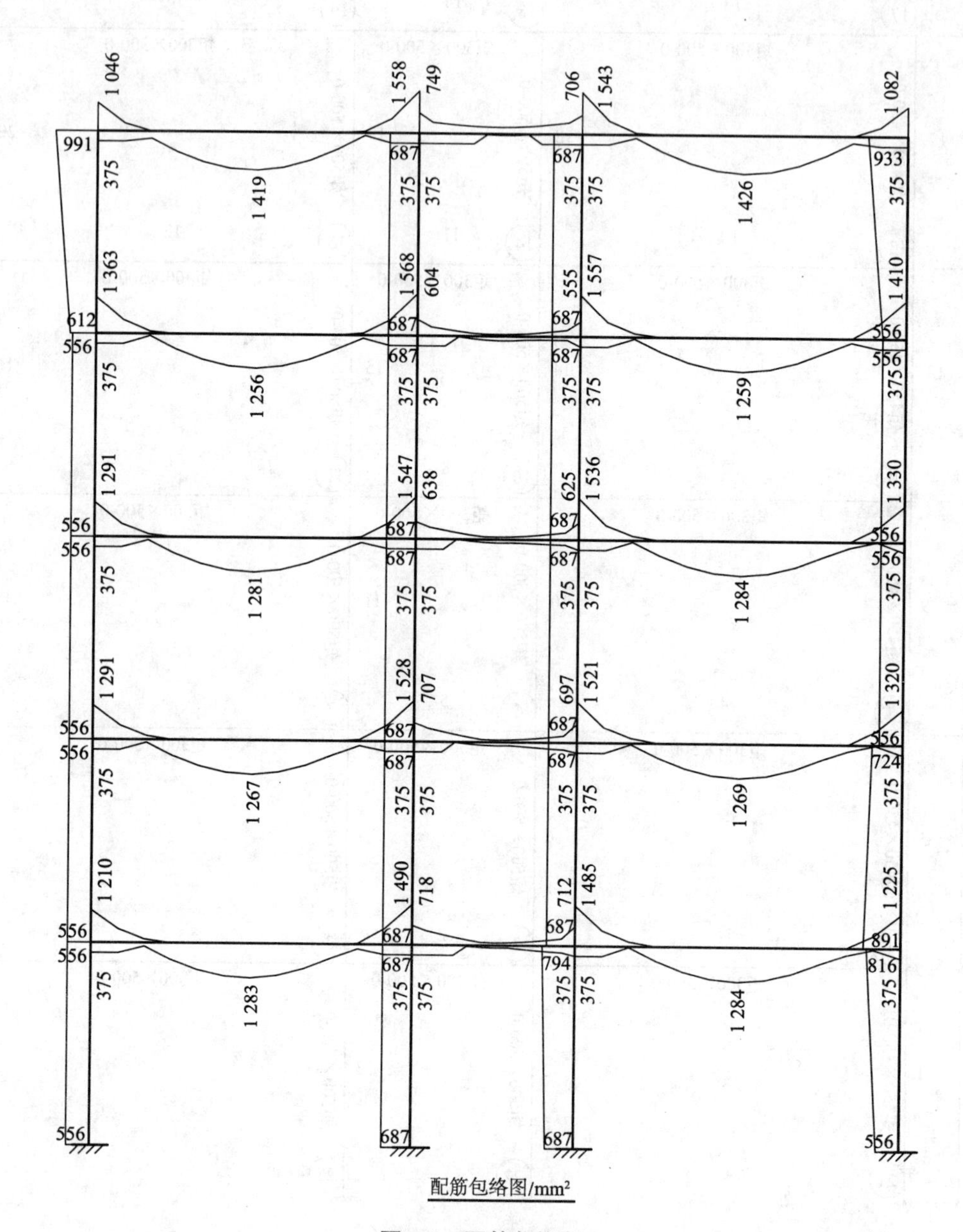
1 046
991
375
1 419
1 558
749
687
375
375
706
1 543
687
375
375
1 426
1 082
933
375
1 363
612
556
375
1 256
1 568
604
687
687
375
375
555
1 557
687
687
375
375
1 259
1 410
556
556
375
1 291
556
556
375
1 281
1 547
638
687
687
375
375
625
1 536
687
687
375
375
1 284
1 330
556
556
375
1 291
556
556
375
1 267
1 528
707
687
687
375
375
697
1 521
687
687
375
375
1 269
1 320
556
724
375
1 210
556
556
375
1 283
1 490
718
687
687
375
375
712
1 485
687
794
375
375
1 284
1 225
891
816
375
556
687
687
556
配筋包络图/mm²

图 3-9　配筋包络图

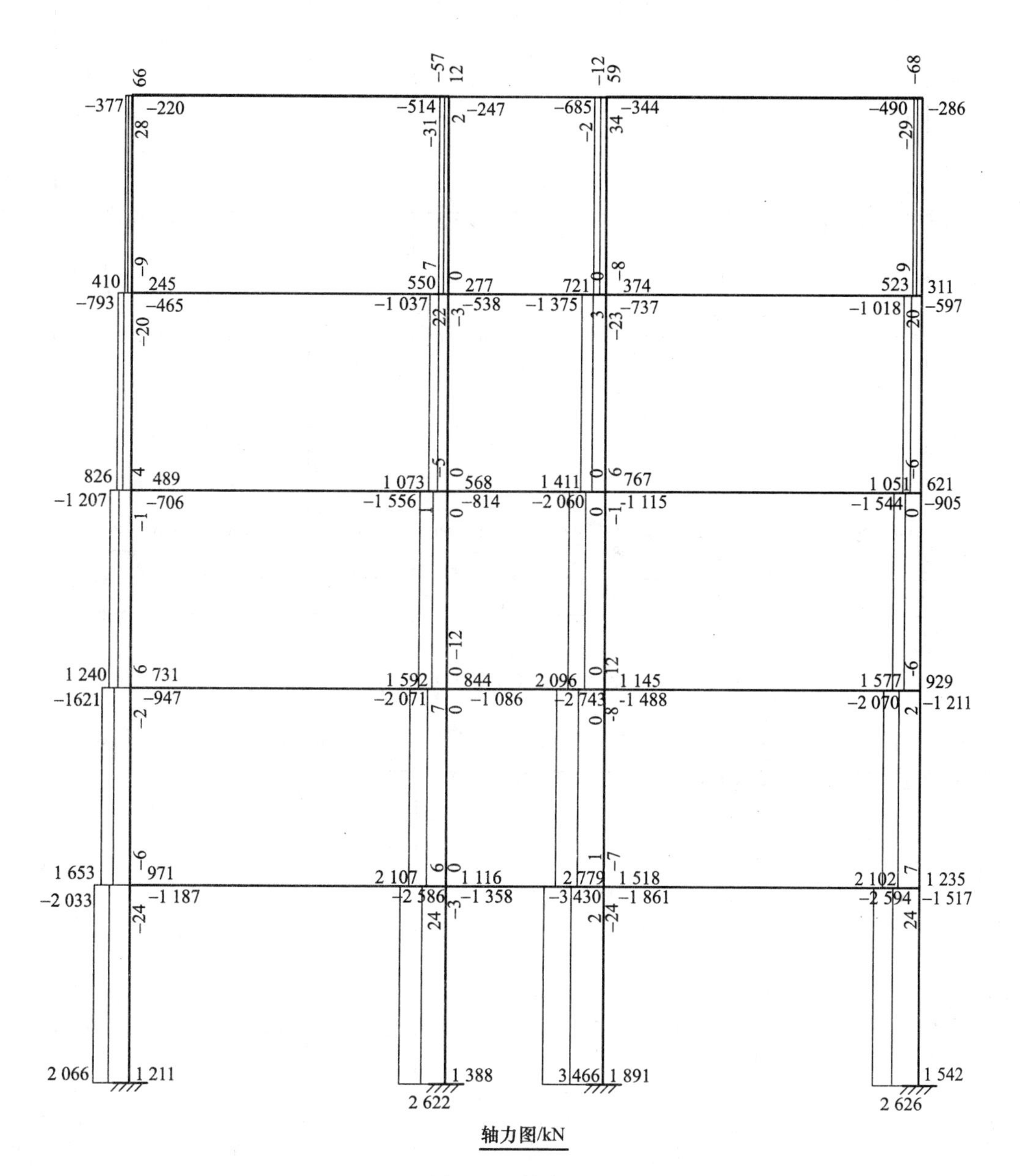
66
−57
12
−12
59
−68
−377
−220
28
−514
−31
2
−247
−685
−2
34
−344
−490
−29
−286
−9
410
245
7
550
0
277
721
0
−8
374
9
523
311
−793
−465
−20
−1 037
22
−3
−538
−1 375
3
−23
−737
−1 018
20
−597
826
4
489
−5
1 073
0
568
1 411
0
6
767
−6
1 051
621
−1 207
−706
−1
−1 556
1
0
−814
−2 060
0
−1
−1 115
−1 544
0
−905
1 240
6
731
−12
1 592
0
844
2 096
0
12
1 145
1 577
−6
929
−1621
−947
−2
−2 071
7
0
−1 086
−2 743
0
−8
−1 488
−2 070
2
−1 211
1 653
−6
971
2 107
6
0
1 116
2 779
1
−7
1 518
2 102
7
1 235
−2 033
−1 187
−24
−2 586
24
−3
−1 358
−3 430
2
−24
−1 861
−2 594
24
−1 517
2 066
1 211
2 622
1 388
3 466
1 891
2 626
1 542
轴力图/kN

图 3-10　轴力图

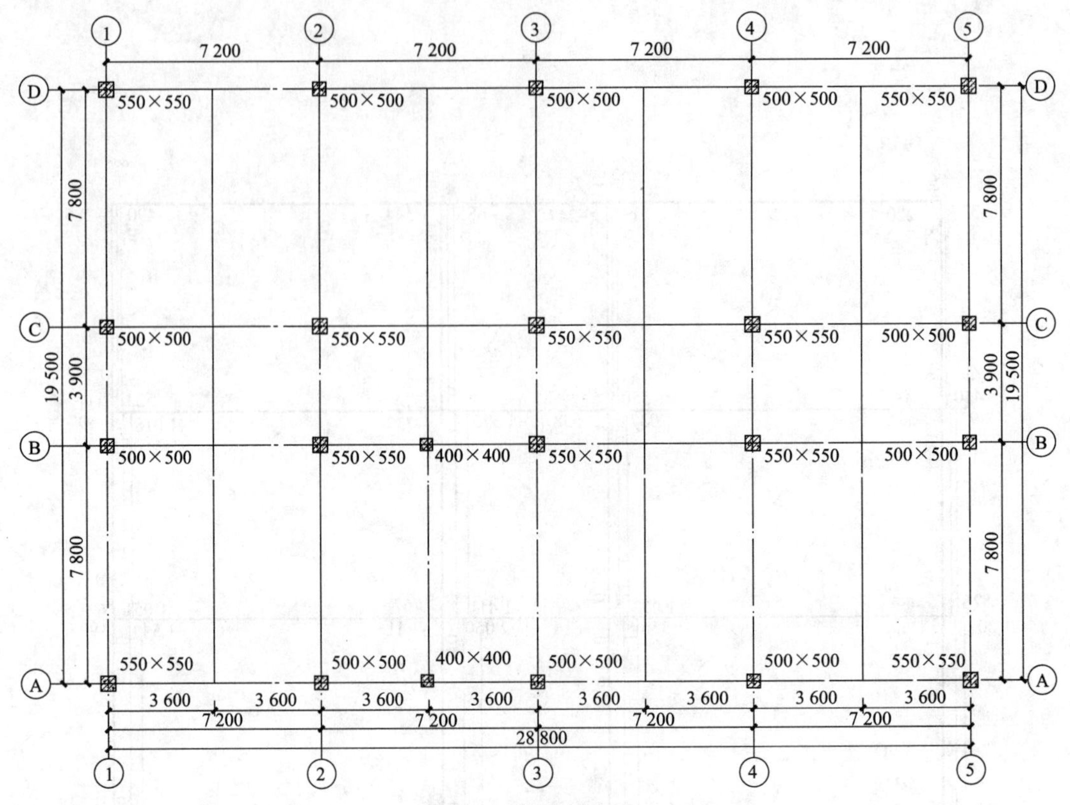

图 3-11　柱布置方案二

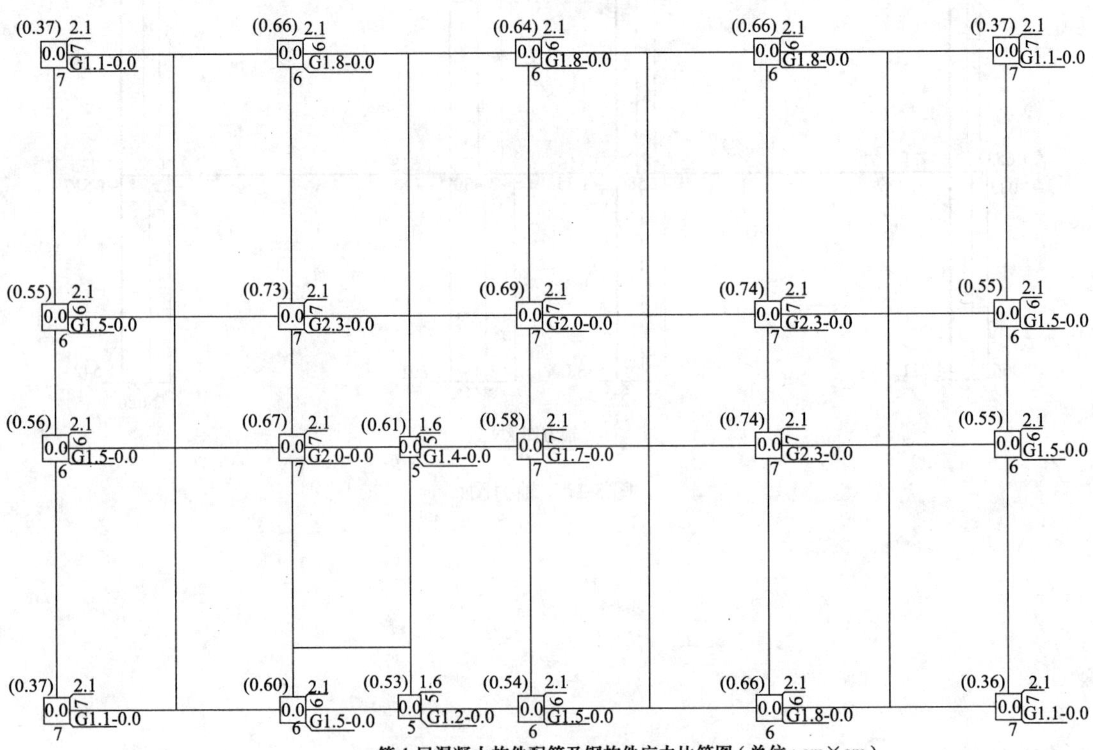

图 3-12　方案二的柱子配筋结果及轴压比图

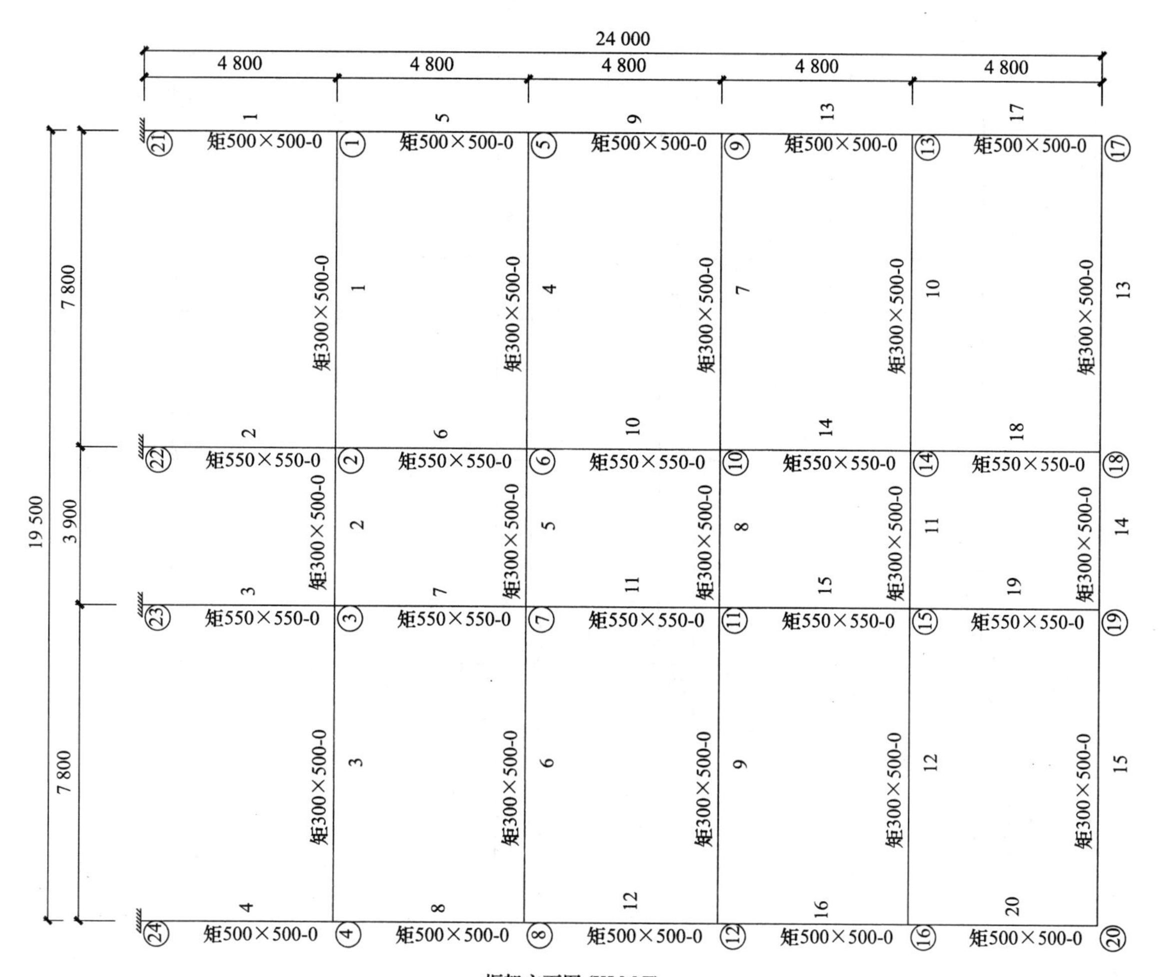
24 000
4 800
4 800
4 800
4 800
4 800
19 500
7 800
3 900
7 800
矩500×500-0
矩550×550-0
矩300×500-0
框架立面图 (KLM.T)

图 3-13　框架立面图

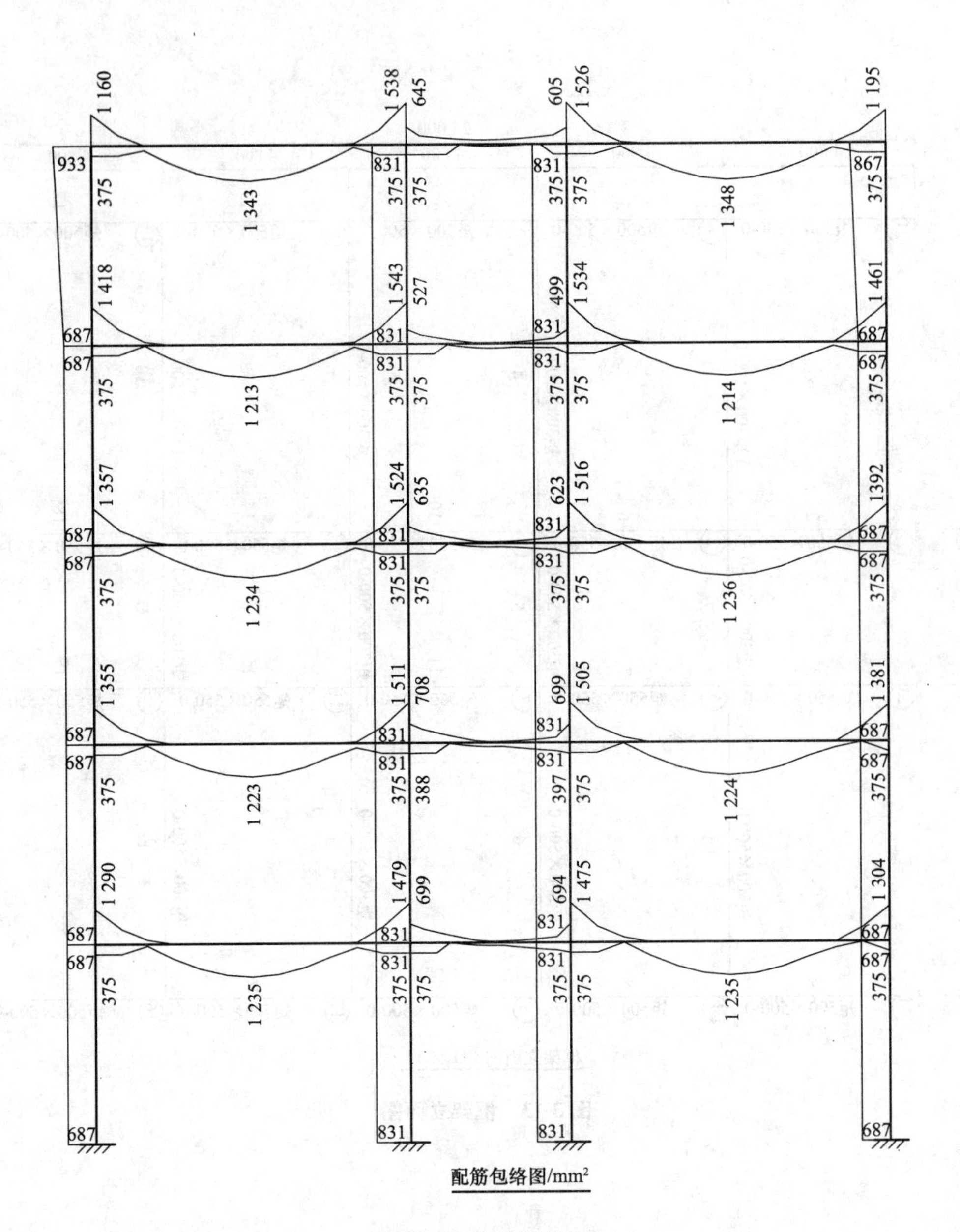
1 160
1 538
645
605
1 526
1 195
933
831
831
867
375
1 343
375
375
375
375
1 348
375
1 418
1 543
527
499
1 534
1 461
687
831
831
687
687
831
831
687
375
1 213
375
375
375
375
1 214
375
1 357
1 524
635
623
1 516
1392
687
831
831
687
687
831
831
687
375
1 234
375
375
375
375
1 236
375
1 355
1 511
708
699
1 505
1 381
687
831
831
687
687
831
831
687
375
1 223
375
388
397
375
1 224
375
1 290
1 479
699
694
1 475
1 304
687
831
831
687
687
831
831
687
375
1 235
375
375
375
375
1 235
375
687
831
831
687
配筋包络图/mm²

图 3-14　配筋包络图

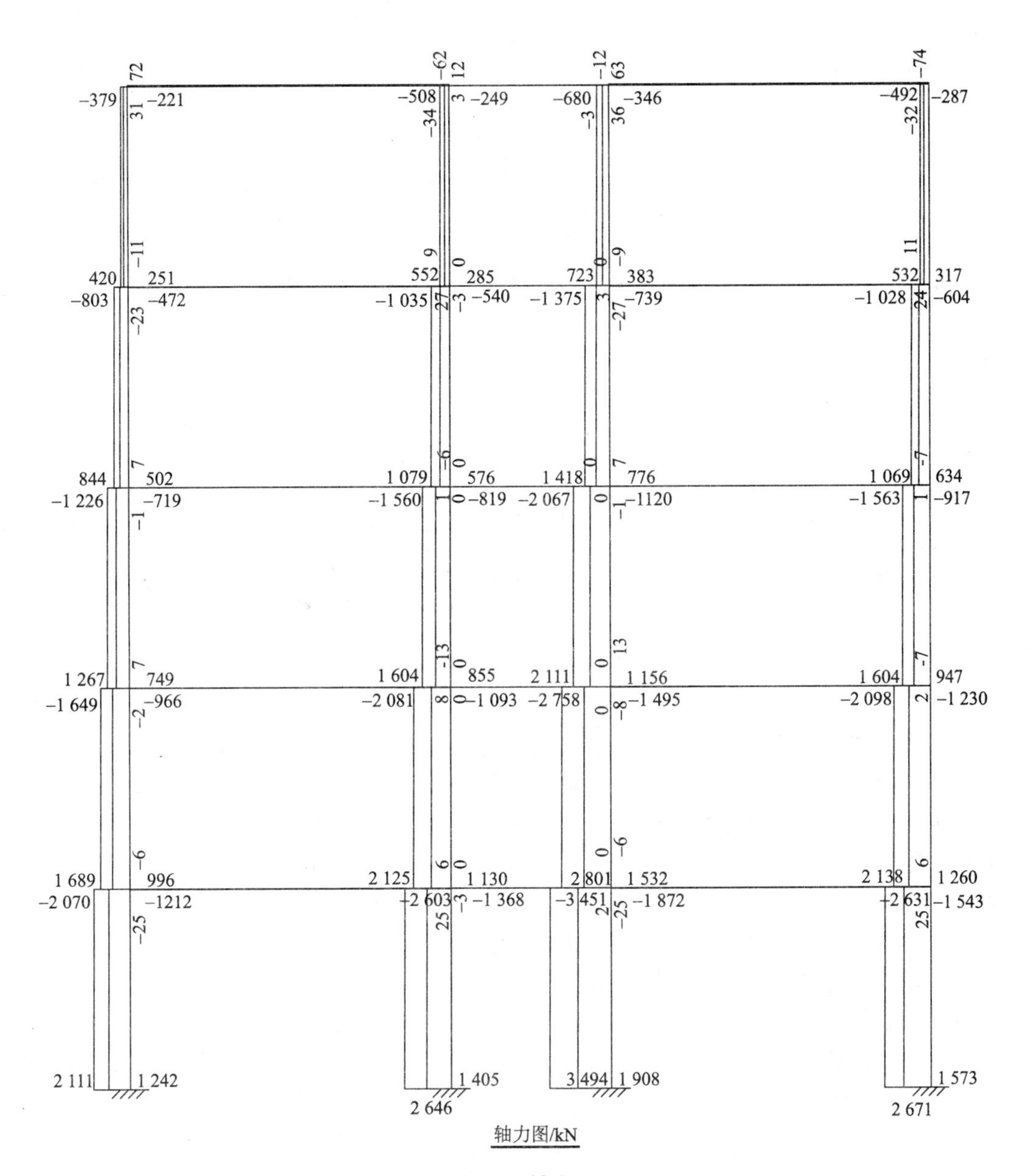

图 3-15　轴力图

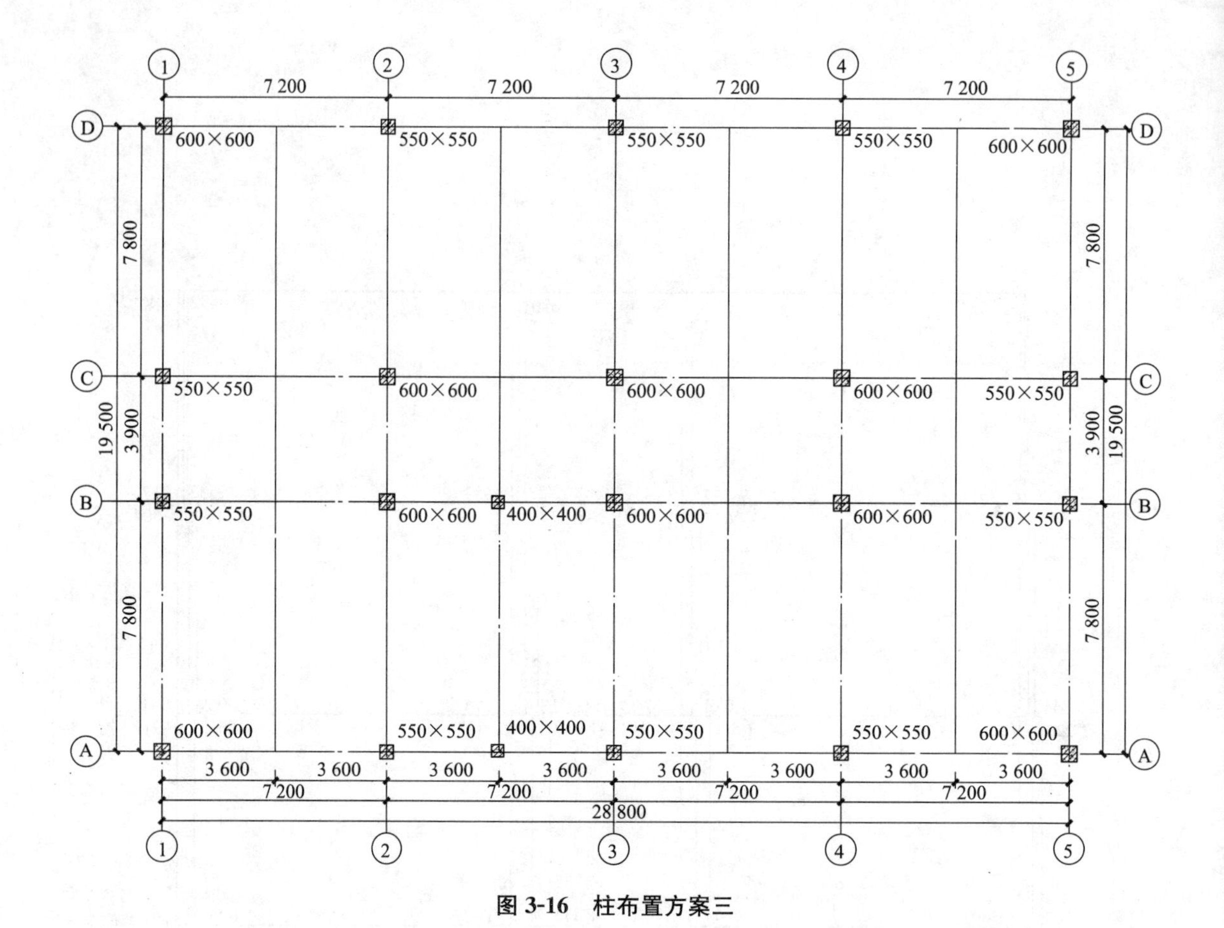

图 3-16　柱布置方案三

方案三中柱子配筋计算结果基本上均为构造配筋，其配筋结果如图 3-17 所示。此方案的柱子轴压比较小，柱截面优化空间比较大，由柱截面过大带来的用钢量增加较多。

柱布置方案三的主要计算结果如下（地震作用下）：

最大层间位移角：*X* 向为 1/1 794，*Y* 向为 1/1 582，满足要求。

X 方向最大位移与层平均位移的比值为 1. 10，满足要求。

X 方向最大层间位移与平均层间位移的比值为 1. 10，满足要求。

Y 方向最大位移与层平均位移的比值为 1. 15，满足要求。

Y 方向最大层间位移与平均层间位移的比值为 1. 15，满足要求。

此方案的柱子轴压比适中。*X*、*Y* 方向本层塔侧移刚度与上一层相应塔侧移刚度 70％的比值或上三层平均侧移刚度 80％的比值中之较小者结果如下：

一层：Ratx1＝1. 923 1，Raty1＝2. 044 6，薄弱层地震剪力放大系数＝1. 00；

二层：Ratx1＝1. 301 2，Raty1＝1. 336 2，薄弱层地震剪力放大系数＝1. 00；

三层：Ratx1＝1. 420 3，Raty1＝1. 429 5，薄弱层地震剪力放大系数＝1. 00；

四层：Ratx1＝1. 449 7，Raty1＝1. 469 3，薄弱层地震剪力放大系数＝1. 00；

五层：Ratx1＝1. 000 0，Raty1＝1. 000 0，薄弱层地震剪力放大系数＝1. 00。

X 方向最小刚度比：　1. 000 0（第 5 层第 1 塔）；

Y 方向最小刚度比：　1. 000 0（第 5 层第 1 塔）。

取③轴线处一榀框架分析，框架立面图如图 3-18 所示，配筋包络图如图 3-19 所示。

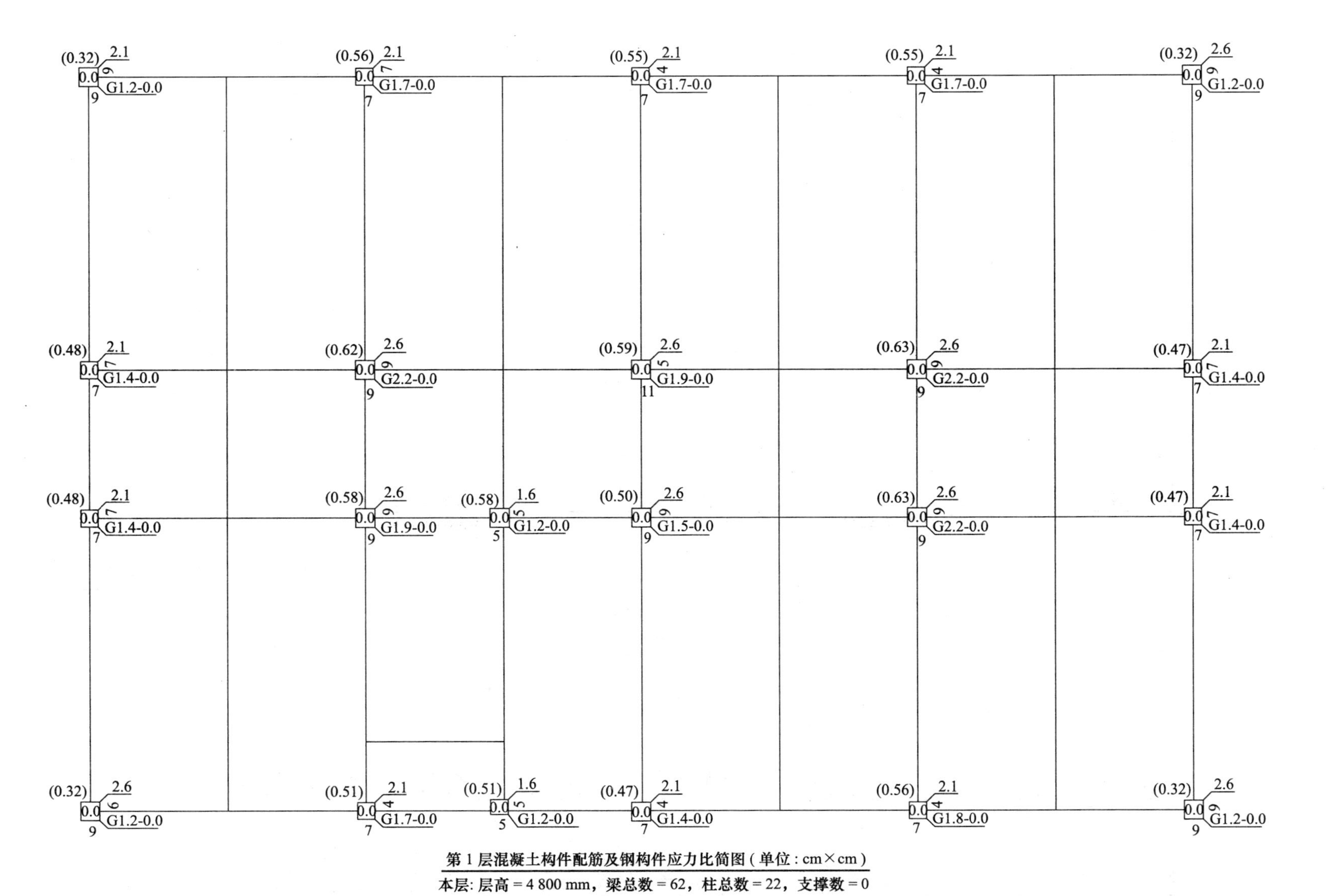

第 1 层混凝土构件配筋及钢构件应力比简图（单位：cm×cm）
本层: 层高 = 4 800 mm，梁总数 = 62，柱总数 = 22，支撑数 = 0

图 3-17　方案三的柱子配筋结果及轴压比图

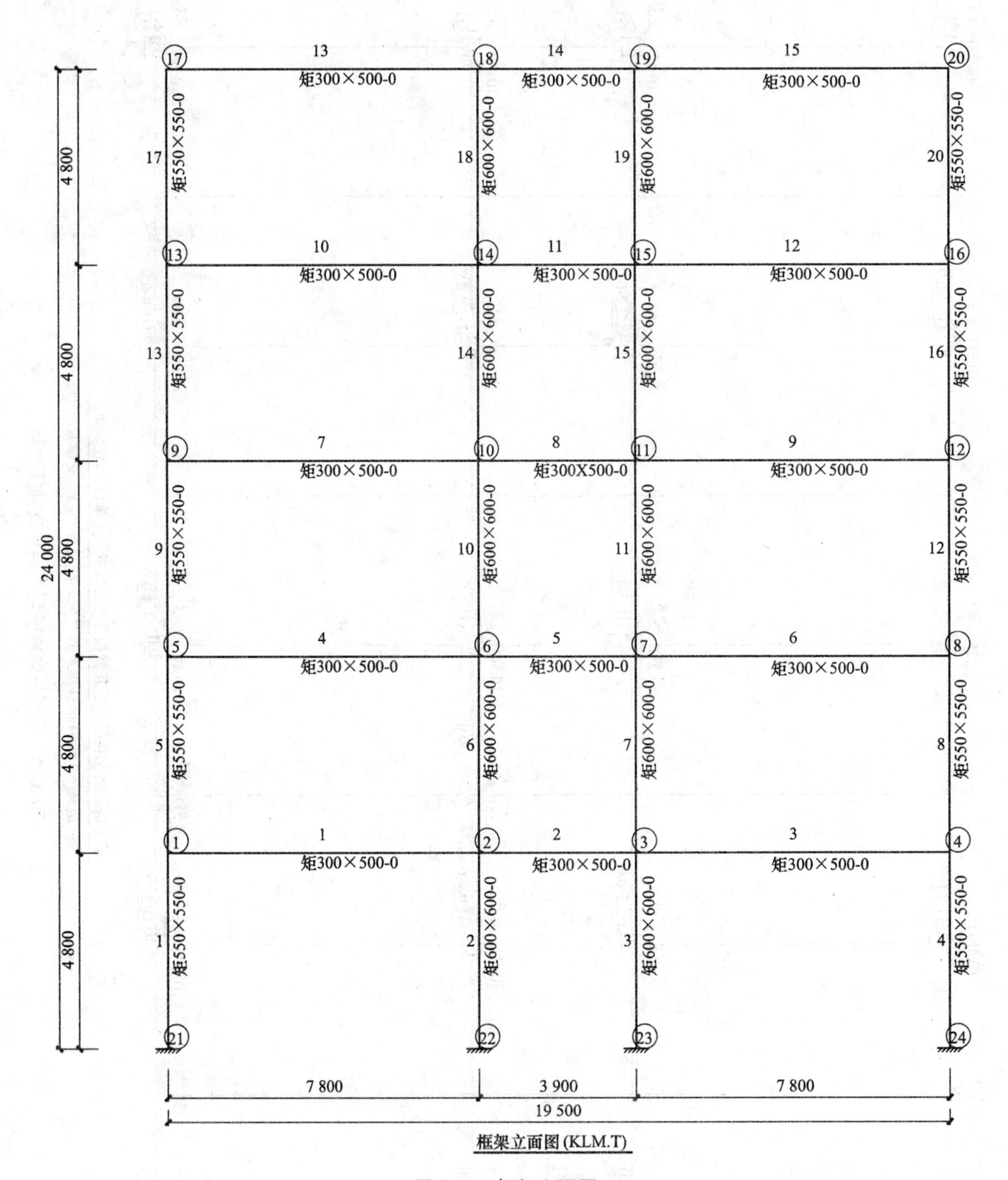

17
13
18
14
19
15
20
矩300×500-0
矩300×500-0
矩300×500-0
17
矩550×550-0
18
矩600×600-0
19
矩600×600-0
20
矩550×550-0
13
10
14
11
15
12
16
矩300×500-0
矩300×500-0
矩300×500-0
13
矩550×550-0
14
矩600×600-0
15
矩600×600-0
16
矩550×550-0
9
7
10
8
11
9
12
矩300×500-0
矩300X500-0
矩300×500-0
9
矩550×550-0
10
矩600×600-0
11
矩600×600-0
12
矩550×550-0
5
4
6
5
7
6
8
矩300×500-0
矩300×500-0
矩300×500-0
5
矩550×550-0
6
矩600×600-0
7
矩600×600-0
8
矩550×550-0
1
1
2
2
3
3
4
矩300×500-0
矩300×500-0
矩300×500-0
1
矩550×550-0
2
矩600×600-0
3
矩600×600-0
4
矩550×550-0
21
22
23
24
4 800
4 800
4 800
4 800
4 800
24 000
7 800
3 900
7 800
19 500
框架立面图(KLM.T)

图 3-18　框架立面图

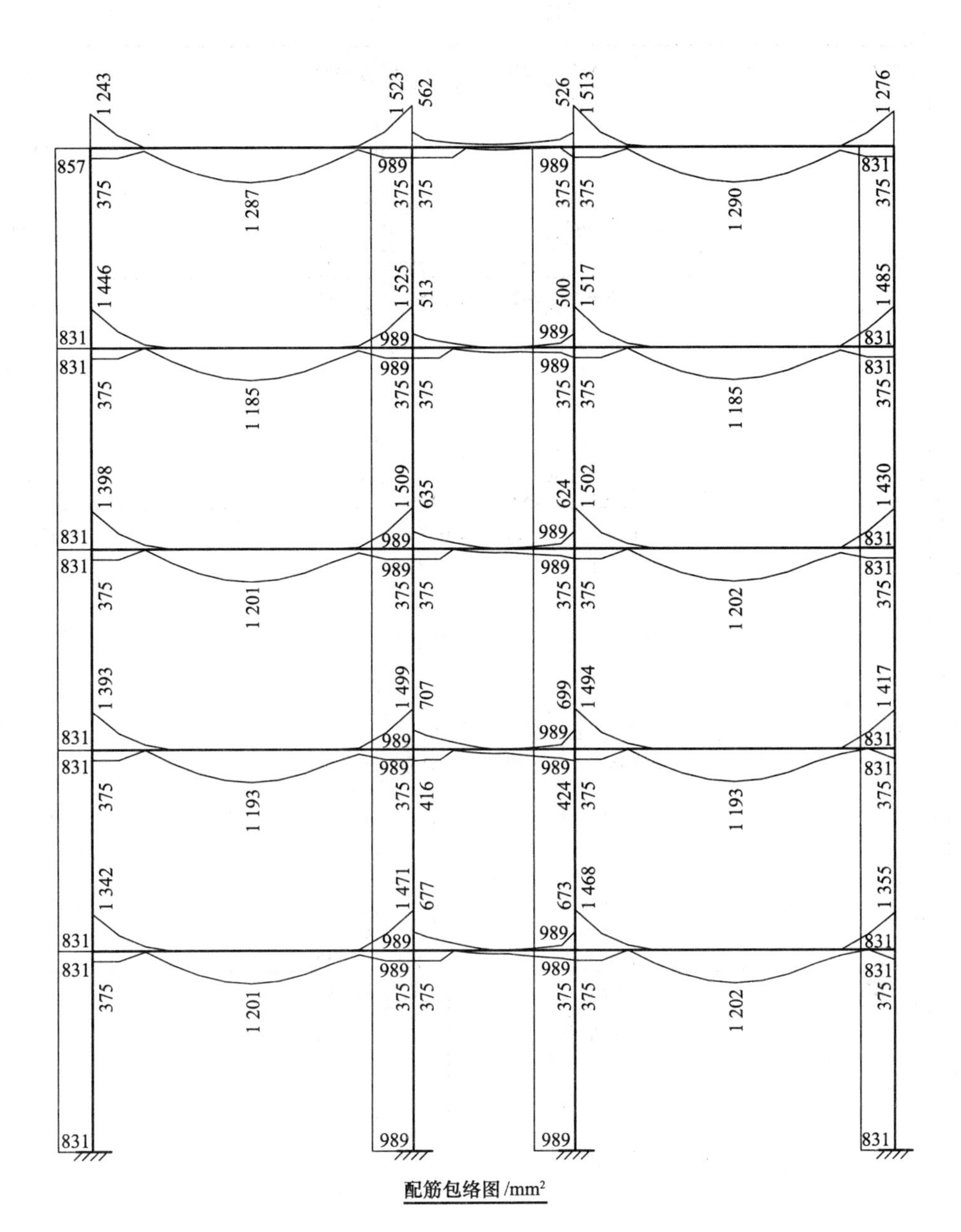
1 243
1 523
562
526
1 513
1 276
857
375
1 287
989
375
375
989
375
375
1 290
831
375
1 446
1 525
513
500
1 517
1 485
831
989
989
831
831
375
1 185
989
375
375
989
375
375
1 185
831
375
1 398
1 509
635
624
1 502
1 430
831
989
989
831
831
375
1 201
989
375
375
989
375
375
1 202
831
375
1 393
1 499
707
699
1 494
1 417
831
989
989
831
831
375
1 193
989
375
416
989
424
375
1 193
831
375
1 342
1 471
677
673
1 468
1 355
831
989
989
831
831
375
1 201
989
375
375
989
375
375
1 202
831
375
831
989
989
831
配筋包络图/mm²

图 3-19　配筋包络图

轴力图如图 3-20 所示。

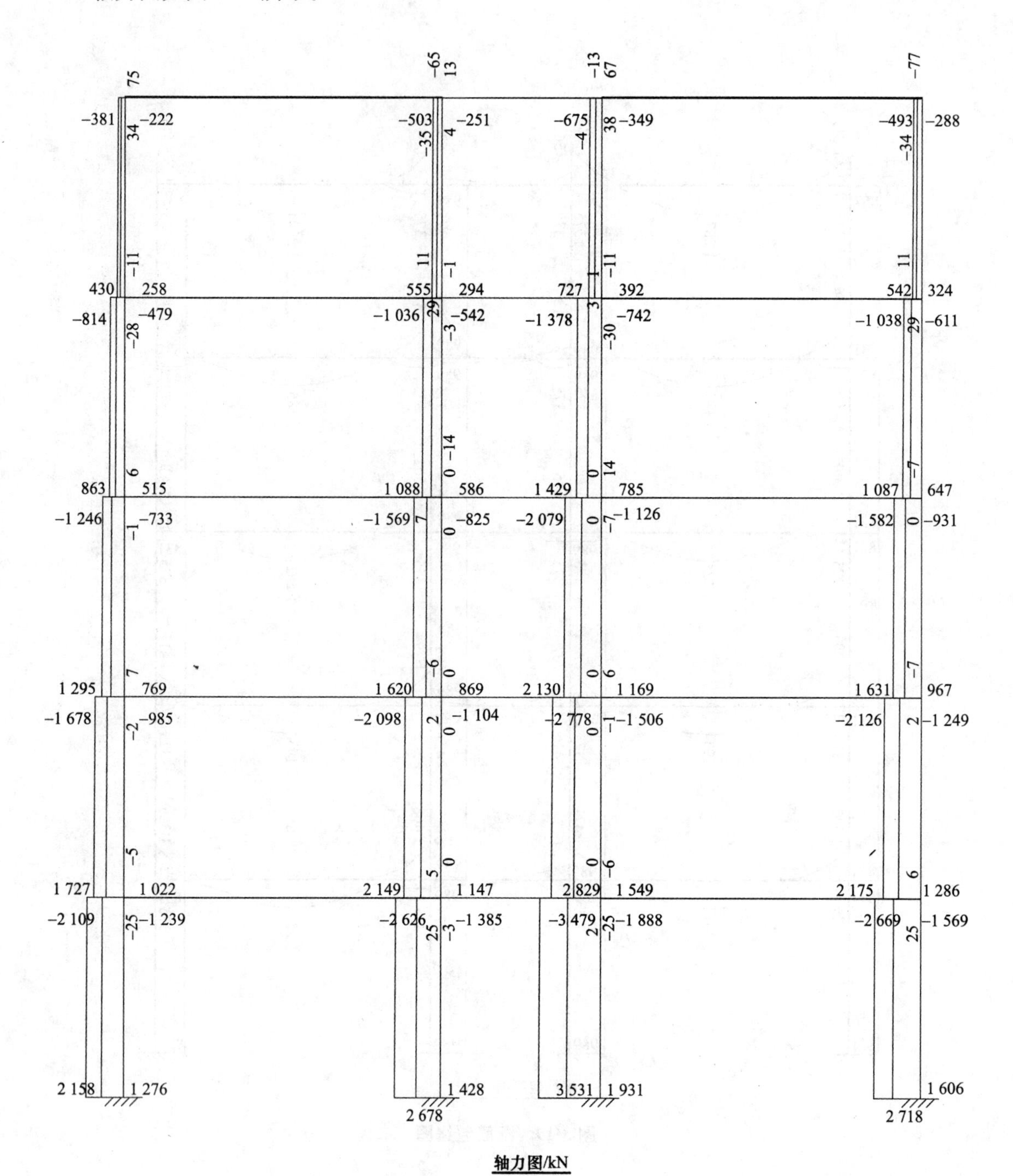

图 3-20 轴力图

柱布置方案三的单榀框架施工图如附图 18 所示。

对柱的 3 种布置方案建模计算比较后，得出钢筋用量及混凝土用量，详见表 3-2。

表 3-2　3 种柱布置方案经济性比较

方案		一	二	三
柱截面/（mm×mm）	边柱	450×450	500×500	550×550
	角柱及中柱	500×500	550×550	600×600
最大轴压比		0.88	0.74	0.63
柱子最大配筋率/%		1.64	0.65	0.65
柱混凝土用量/m^3		116.3	140.3	166.7
柱钢筋用量/（$kg\cdot m^{-2}$）		4.92	5.57	5.86
全楼单位面积钢筋用量/（$kg\cdot m^{-2}$）		26.68	27.10	27.19
注：3 种方案中梁、板、柱混凝土强度等级均为 C30。				

由表 3-1 可知，本工程中框架柱断面大小是由轴压比限值来控制的，方案一的柱子轴压比相对较大，但数量不多，个别柱子配筋值由计算控制，但与加大柱截面增加的用钢量相比仍然较优。方案一的柱子混凝土用量及钢筋用量均为 3 种方案中的最优者。方案二与方案三的柱子配筋均为构造配筋，说明柱子截面仍有富余。加大柱子截面对配筋计算有利，配筋量按构造控制，加大截面带来的问题是构造配筋量大大增加，这对工程造价的控制是不利的。其次，截面加大后柱子的混凝土用量势必也会增加，造价随之增加。

综上可得，方案一的柱截面大小为本工程中较优的。

另外，一味增加结构构件断面对结构并非有利，增加断面时随之增加的是结构自重，对基础设计可能不利。

实际工程优化设计时应不断调整截面大小，尽量使每一根柱均达到最优断面，这往往是很困难的，需要设计者具有足够的耐心和细心。本例仅考虑了柱子截面尺寸的优化，对工程造价已有一定的改善，实际工程中从项目立项开始各环节把关优化，这对降低工程造价是相当有利的，也是结构优化设计的魅力所在。在优化的同时也要注重概念设计，要实现“强柱弱梁”等要求。

3.2　梁变量优化设计

目前，钢筋混凝土框架梁设计主要根据刚度要求选取截面尺寸，仅考虑了梁跨度的影响而忽视了设防烈度、荷载大小等因素。有时，截面尺寸假设不当会造成配筋不合理，而且需要调整截面尺寸重新计算。设计人员初选截面时一经计算满足设计要求，往往忽视了构件的截面优化问题，造成很大的浪费。因此，对梁截面进行优化，使其接近最优值是有意义的。框架梁优化设计流程如图 3-21 所示。

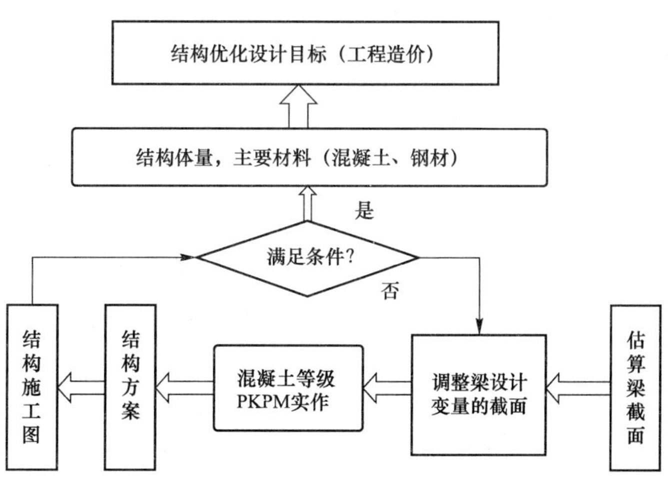

图 3-21　框架梁优化设计流程

3.2.1 框架梁设计要求

钢筋混凝土梁的设计参数通常由梁宽 b、梁高 h、受拉钢筋 A_s、架立筋、箍筋等组成。实践经验表明，影响梁造价的参数主要是梁截面高度 h 和纵向受拉钢筋 A_s，截面宽度 b 可根据构造要求确定，因此，对梁优化时设计变量取梁有效高度和配筋率，得出满足最优配筋率的最优设计高度值。

合理设计梁截面能够有效改善梁用钢量。通过以下几个方面对梁进行优化可以得到降低用钢量的效果：

（1）对于楼面梁的布置，当柱网为矩形时，短跨为主梁，长跨为次梁较合适。对于正方形柱网，当楼面荷载大时，可考虑“十”字形或“井”字形主、次梁。“十”字梁、“井”字梁为双向传力，计算配筋往往很小，因此梁宽可考虑用 200 mm。当现浇板楼面跨度小于 2.8 m 时，梁可以取消，在填充墙下加适当钢筋即可。

（2）应尽量避免梁宽大于等于 350 mm，否则箍筋应按照构造采用四肢箍，造成箍筋用量增加。对截面宽度较小的梁，当配筋量较大时往往需要放置 2～3 排钢筋，这无疑将降低梁的有效高度，因此，当不影响使用或建筑空间观感时，梁宽宜略为放大，尽量布置成单排主筋，尤其是当梁截面高度不太大时应放大梁宽，以达到节省钢筋的目的。对于梁宽不大于 250 mm 的梁，应按规范计算并且先确定腰筋间距，再确定其面积。

（3）增加梁高可以降低梁面及梁底的配筋量，但箍筋量也有所增加。除非由内力控制计算得出梁的截面要求比较高，否则不要轻易取大于 600 mm 的梁高，这样可以避免配置一些腰筋。

（4）矩形梁的经济配筋率为 0.6%～1.5%，合理配筋率为 1.0%～1.8%，设计中应该尽量减少接近最大配筋率的梁。当计算配筋较大或者较小时，宜适当调整梁截面尺寸，使配筋率在合理范围内。最优选择是在综合考虑梁截面常规（跨高比）尺寸下，将钢筋控制在经济配筋率范围内。如果计算配筋都是构造配筋或大于 1.5%时，就需调整截面尺寸。梁截面常规尺寸见表 3-3。

表 3-3 钢筋混凝土结构梁截面常规尺寸

序号	梁的种类	截面高度 h/m	跨度/m	适用范围	备注
1	普通主梁	(1/10～1/18) L_0	≤9		现浇整体楼盖
2	框架扁梁	(1/16～1/22) L_0	≤9		现浇整体楼盖
3	普通次梁	(1/12～1/20) L_0	≤9		现浇整体楼盖
4	独立简支梁	(1/8～1/12) L_0	≤12		
5	独立连续梁	(1/12～1/16) L_0	≤12		
6	悬臂梁	(1/5～1/7) L_0	≤4		
7	“井”字梁	(1/15～1/20) L_0	≤15	长宽比小于 1.5	周边有边梁
8	框支梁	(1/6～1/8) L_0	≤9		

梁变量设计时确定目标函数：

$$G_{1\text{梁钢筋用量}}=F_1(X_{\text{梁截面}})$$

$$G_{2\text{梁混凝土用量}}=F_2(X_{\text{梁截面}})$$

3.2.2 工程实例概况

荷载条件及材料强度同 3.1 节。在相同的柱布置情况下，对不同高度的梁作计算分析，得出不同情况下的混凝土用量、梁用钢量。柱断面大小如图 3-22 所示。

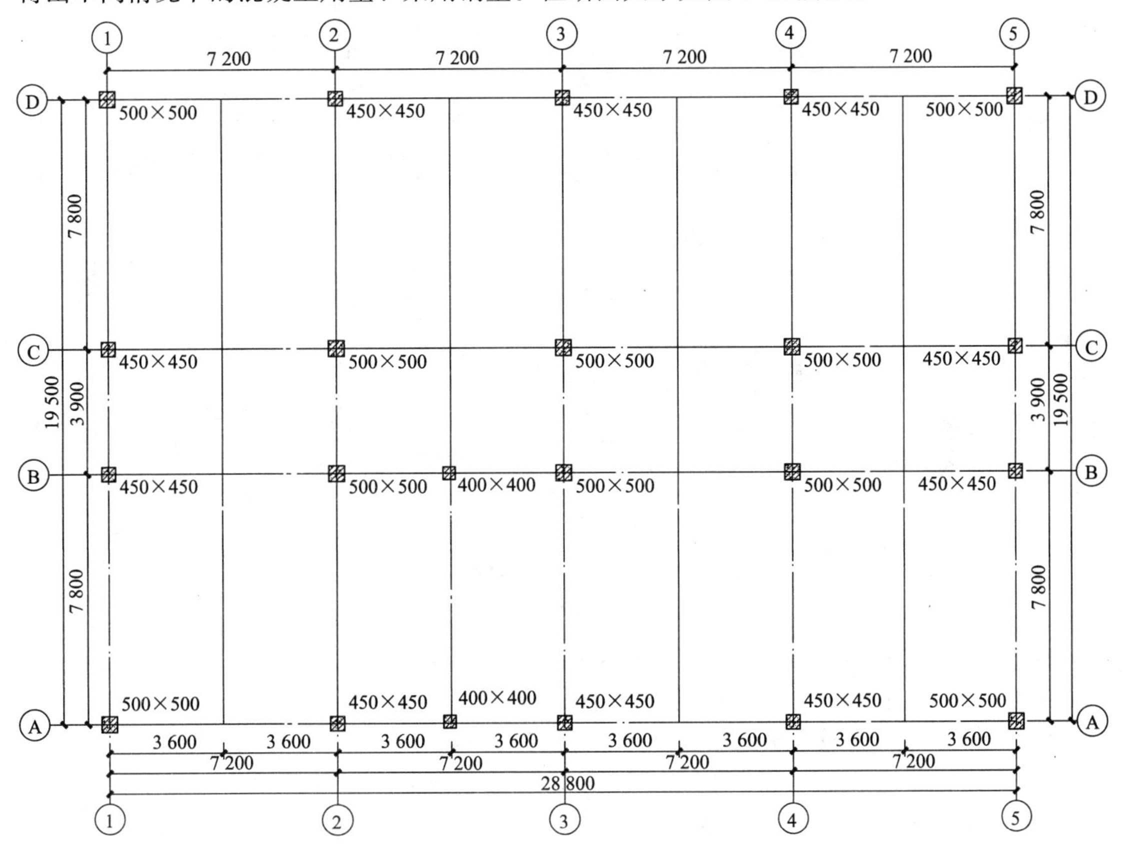

图 3-22 柱平面布置图

3.2.3 不同梁截面设计

本节在 3.1 节柱平面布置的情况下，假定混凝土强度等级、截面宽度等参数，对梁截面高度进行优化。在柱平面布置相同的情况下，对梁截面采用 4 种方案进行设计，通过计算得出不同方案的钢筋用量及混凝土用量。4 种方案下的梁布置分别如图 3-23、图 3-27、图 3-30 和图 3-33 所示。

(1) 梁布置方案一。梁布置方案一平面布置图如图 3-23 所示。

此方案下结构主要计算结果如下：

最大层间位移角：X 向为 1/1 614，Y 向为 1/1 410，满足要求。

X 方向最大位移与层平均位移的比值为 1.10，满足要求。

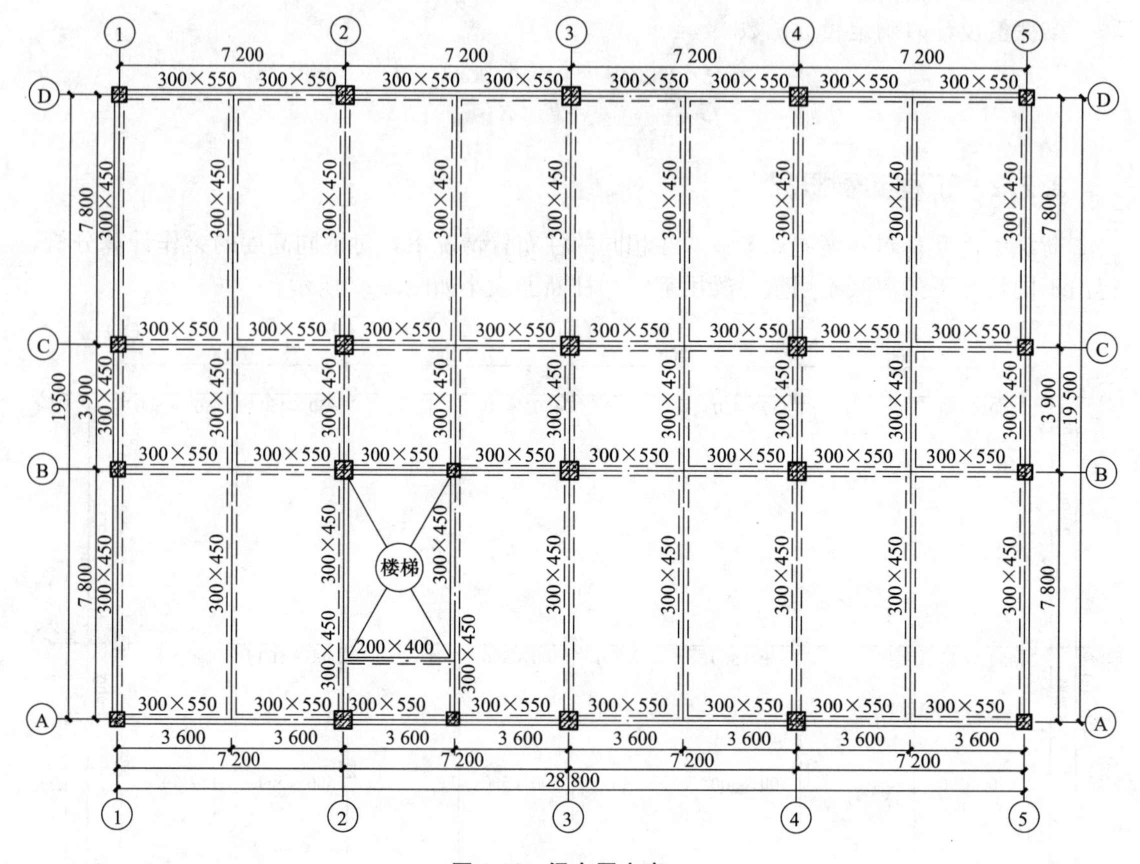

图 3-23　梁布置方案一

Y 方向最大位移与层平均位移的比值为 1.14，满足要求。

X 方向最大层间位移与平均层间位移的比值为 1.10，满足要求。

Y 方向最大层间位移与平均层间位移的比值为 1.14，满足要求。

X、Y 方向本层塔侧移刚度与上一层相应塔侧移刚度 70%的比值或上三层平均侧移刚度 80%的比值中之较小者结果如下：

一层：Ratx1＝1.942 1，Raty1＝2.092 1，薄弱层地震剪力放大系数＝1.00；

二层：Ratx1＝1.297 4，Raty1＝1.333 2，薄弱层地震剪力放大系数＝1.00；

三层：Ratx1＝1.415 5，Raty1＝1.421 3，薄弱层地震剪力放大系数＝1.00；

四层：Ratx1＝1.441 0，Raty1＝1.457 8，薄弱层地震剪力放大系数＝1.00；

五层：Ratx1＝1.000 0，Raty1＝1.000 0，薄弱层地震剪力放大系数＝1.00。

X 方向最小刚度比：1.000 0；Y 方向最小刚度比：1.000 0。

方案一的首层配筋简图、配筋率图及底层柱最大组合内力简图如图 3-24～图 3-26 所示。

取Ⓒ轴线上的一榀框架为例，其施工图如附图 19 所示。

(2) 梁布置方案二。梁布置方案二的平面布置图如图 3-27 所示。

此方案下结构主要计算结果如下：

最大层间位移角：X 向为 1/1 501，Y 向为 1/1 346，满足要求。

X 方向最大位移与层平均位移的比值为 1.11，满足要求。

X 方向最大层间位移与平均层间位移的比值为 1.11，满足要求。

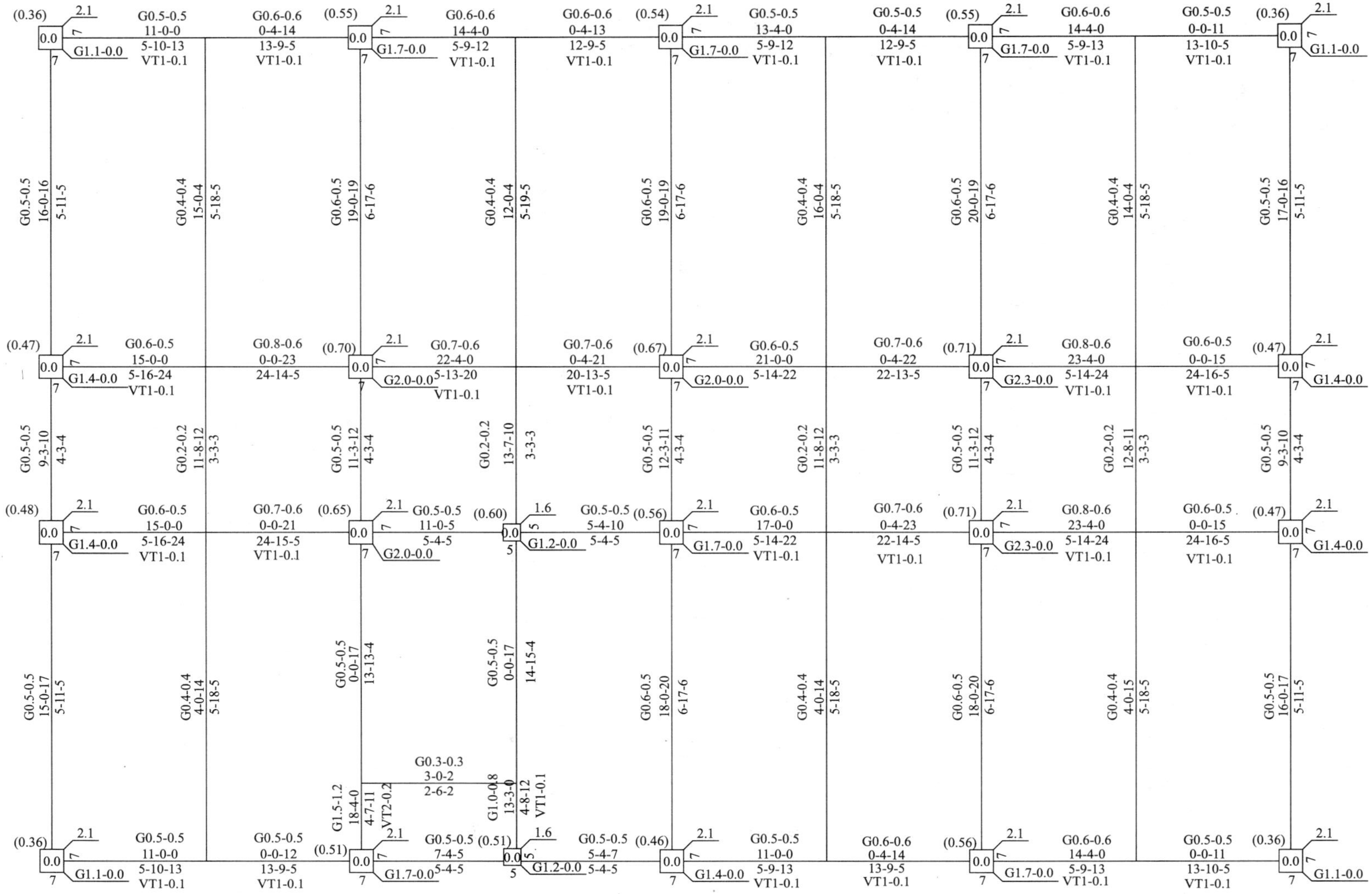

(0.36) 2.1 0.0 7 G1.1-0.0 7
G0.5-0.5 11-0-0 5-10-13 VT1-0.1
G0.6-0.6 0-4-14 13-9-5 VT1-0.1
(0.55) 2.1 0.0 7 G1.7-0.0 7
G0.6-0.6 14-4-0 5-9-12 VT1-0.1
G0.6-0.6 0-4-13 12-9-5 VT1-0.1
(0.54) 2.1 0.0 7 G1.7-0.0 7
G0.5-0.5 13-4-0 5-9-12 VT1-0.1
G0.5-0.5 0-4-14 12-9-5 VT1-0.1
(0.55) 2.1 0.0 7 G1.7-0.0 7
G0.6-0.6 14-4-0 5-9-13 VT1-0.1
G0.5-0.5 0-0-11 13-10-5 VT1-0.1
(0.36) 2.1 0.0 7 G1.1-0.0 7

G0.5-0.5 16-0-16 5-11-5
G0.4-0.4 15-0-4 5-18-5
G0.6-0.5 19-0-19 6-17-6
G0.4-0.4 12-0-4 5-19-5
G0.6-0.5 19-0-19 6-17-6
G0.4-0.4 16-0-4 5-18-5
G0.6-0.5 20-0-19 6-17-6
G0.4-0.4 14-0-4 5-18-5
G0.5-0.5 17-0-16 5-11-5

(0.47) 2.1 0.0 7 G1.4-0.0 7
G0.6-0.5 15-0-0 5-16-24 VT1-0.1
G0.8-0.6 0-0-23 24-14-5
(0.70) 2.1 0.0 7 G2.0-0.0 7
G0.7-0.6 22-4-0 5-13-20 VT1-0.1
G0.7-0.6 0-4-21 20-13-5 VT1-0.1
(0.67) 2.1 0.0 7 G2.0-0.0 7
G0.6-0.5 21-0-0 5-14-22
G0.7-0.6 0-4-22 22-13-5
(0.71) 2.1 0.0 7 G2.3-0.0 7
G0.8-0.6 23-4-0 5-14-24 VT1-0.1
G0.6-0.5 0-0-15 24-16-5 VT1-0.1
(0.47) 2.1 0.0 7 G1.4-0.0 7

G0.5-0.5 9-3-10 4-3-4
G0.2-0.2 11-8-12 3-3-3
G0.5-0.5 11-3-12 4-3-4
G0.2-0.2 13-7-10 3-3-3
G0.5-0.5 12-3-11 4-3-4
G0.2-0.2 11-8-12 3-3-3
G0.5-0.5 11-3-12 4-3-4
G0.2-0.2 12-8-11 3-3-3
G0.5-0.5 9-3-10 4-3-4

(0.48) 2.1 0.0 7 G1.4-0.0 7
G0.6-0.5 15-0-0 5-16-24 VT1-0.1
G0.7-0.6 0-0-21 24-15-5 VT1-0.1
(0.65) 2.1 0.0 7 G2.0-0.0 7
G0.5-0.5 11-0-5 5-4-5
(0.60) 1.6 0.0 5 G1.2-0.0 5
G0.5-0.5 5-4-10 5-4-5
(0.56) 2.1 0.0 7 G1.7-0.0 7
G0.6-0.5 17-0-0 5-14-22 VT1-0.1
G0.7-0.6 0-4-23 22-14-5 VT1-0.1
(0.71) 2.1 0.0 7 G2.3-0.0 7
G0.8-0.6 23-4-0 5-14-24 VT1-0.1
G0.6-0.5 0-0-15 24-16-5 VT1-0.1
(0.47) 2.1 0.0 7 G1.4-0.0 7

G0.5-0.5 15-0-17 5-11-5
G0.4-0.4 4-0-14 5-18-5
G0.5-0.5 0-0-17 13-13-4
G0.5-0.5 0-0-17 14-15-4
G0.6-0.5 18-0-20 6-17-6
G0.4-0.4 4-0-14 5-18-5
G0.6-0.5 18-0-20 6-17-6
G0.4-0.4 4-0-15 5-18-5
G0.5-0.5 16-0-17 5-11-5
G1.5-1.2 18-4-0 4-7-11 VT2-0.2
G0.3-0.3 3-0-2 2-6-2
G1.0-0.8 13-3-0 4-8-12 VT1-0.1

(0.36) 2.1 0.0 7 G1.1-0.0 7
G0.5-0.5 11-0-0 5-10-13 VT1-0.1
G0.5-0.5 0-0-12 13-9-5 VT1-0.1
(0.51) 2.1 0.0 7 G1.7-0.0 7
G0.5-0.5 7-4-5 5-4-5
(0.51) 1.6 0.0 5 G1.2-0.0 5
G0.5-0.5 5-4-7 5-4-5
(0.46) 2.1 0.0 7 G1.4-0.0 7
G0.5-0.5 11-0-0 5-9-13 VT1-0.1
G0.6-0.6 0-4-14 13-9-5 VT1-0.1
(0.56) 2.1 0.0 7 G1.7-0.0 7
G0.6-0.6 14-4-0 5-9-13 VT1-0.1
G0.5-0.5 0-0-11 13-10-5 VT1-0.1
(0.36) 2.1 0.0 7 G1.1-0.0 7

第 1 层混凝土构件配筋及钢构件应力比简图（单位：cm×cm）

图 3-24　首层配筋简图

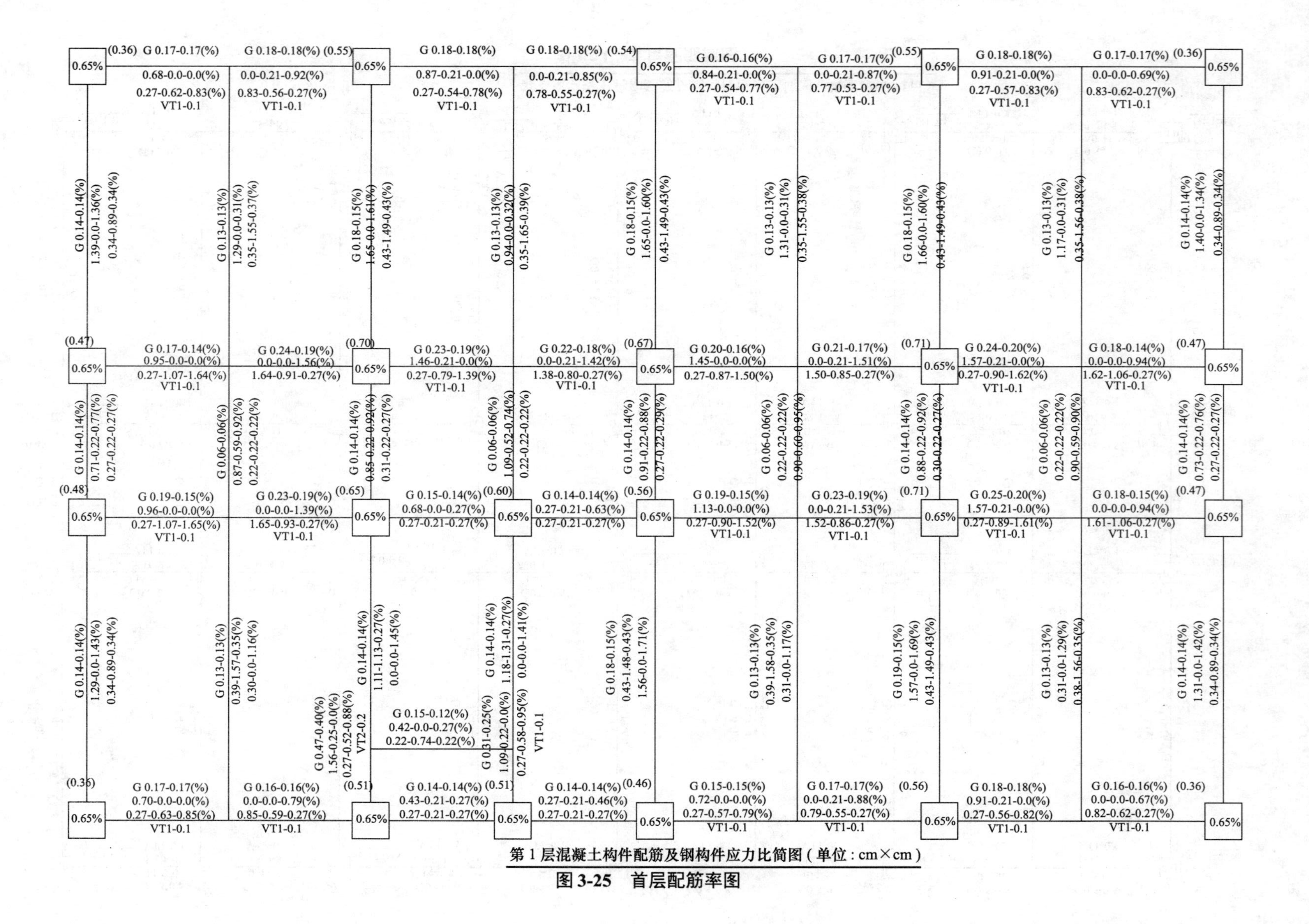

第 1 层混凝土构件配筋及钢构件应力比简图（单位：cm×cm）

图 3-25　首层配筋率图

$V_x=37.1$ $V_y=-43.4$ $N=-1\,624.6$ $M_x=72.0$ $M_y=57.0$

$V_x=-3.9$ $V_y=-51.3$ $N=-2\,591.3$ $M_x=83.8$ $M_y=-7.3$

$V_x=-1.1$ $V_y=-51.1$ $N=-2\,526.7$ $M_x=83.0$ $M_y=-3.0$

$V_x=2.8$ $V_y=-50.7$ $N=-2\,578.8$ $M_x=81.9$ $M_y=3.2$

$V_x=-38.3$ $V_y=-42.7$ $N=-1\,627.0$ $M_x=68.8$ $M_y=-61.2$

$V_x=47.3$ $V_y=25.4$ $N=-2\,169.1$ $M_x=-36.0$ $M_y=73.6$

$V_x=-7.7$ $V_y=32.7$ $N=-3\,275.1$ $M_x=-48.0$ $M_y=-12.8$

$V_x=2.0$ $V_y=34.0$ $N=-3\,146.4$ $M_x=-50.5$ $M_y=2.5$

$V_x=3.8$ $V_y=32.6$ $N=-3\,329.6$ $M_x=-48.9$ $M_y=5.4$

$V_x=-47.2$ $V_y=26.7$ $N=-2\,157.9$ $M_x=-40.2$ $M_y=-74.7$

$V_x=49.4$ $V_y=-30.4$ $N=-2\,169.8$ $M_x=51.6$ $M_y=77.1$

$V_x=-24.6$ $V_y=-33.3$ $N=-3\,001.5$ $M_x=55.6$ $M_y=-38.9$

$V_x=-2.1$ $V_y=-13.7$ $N=-1\,519.9$ $M_x=22.5$ $M_y=-3.4$

$V_x=24.2$ $V_y=-34.6$ $N=-2\,609.4$ $M_x=57.1$ $M_y=37.6$

(16.06,9.89)
($N=-51\,464.6$)

$V_x=2.3$ $V_y=-36.1$ $N=-3\,342.8$ $M_x=59.0$ $M_y=-3.3$

$V_x=-46.8$ $V_y=-29.1$ $N=-2\,146.2$ $M_x=47.4$ $M_y=-73.8$

$V_x=40.2$ $V=40.6$ $N=-1\,638.7$ $M_x=-59.9$ $M_y=63.3$

$V_x=-21.5$ $V_y=55.9$ $N=-2\,395.9$ $M_x=-84.4$ $M_y=-33.6$

$V_x=0.1$ $V_y=31.1$ $N=-1\,282.8$ $M_x=-48.3$ $M_y=0.2$

$V_x=19.7$ $V_y=47.0$ $N=-2\,119.5$ $M_x=-71.0$ $M_y=31.2$

$V_x=1.6$ $V_y=48.8$ $N=-2\,596.7$ $M_x=-74.2$ $M_y=2.7$

$V_x=-37.3$ $V_y=41.3$ $N=-1\,613.9$ $M_x=-63.0$ $M_y=-58.4$

图 3-26　底层柱最大组合内力简图

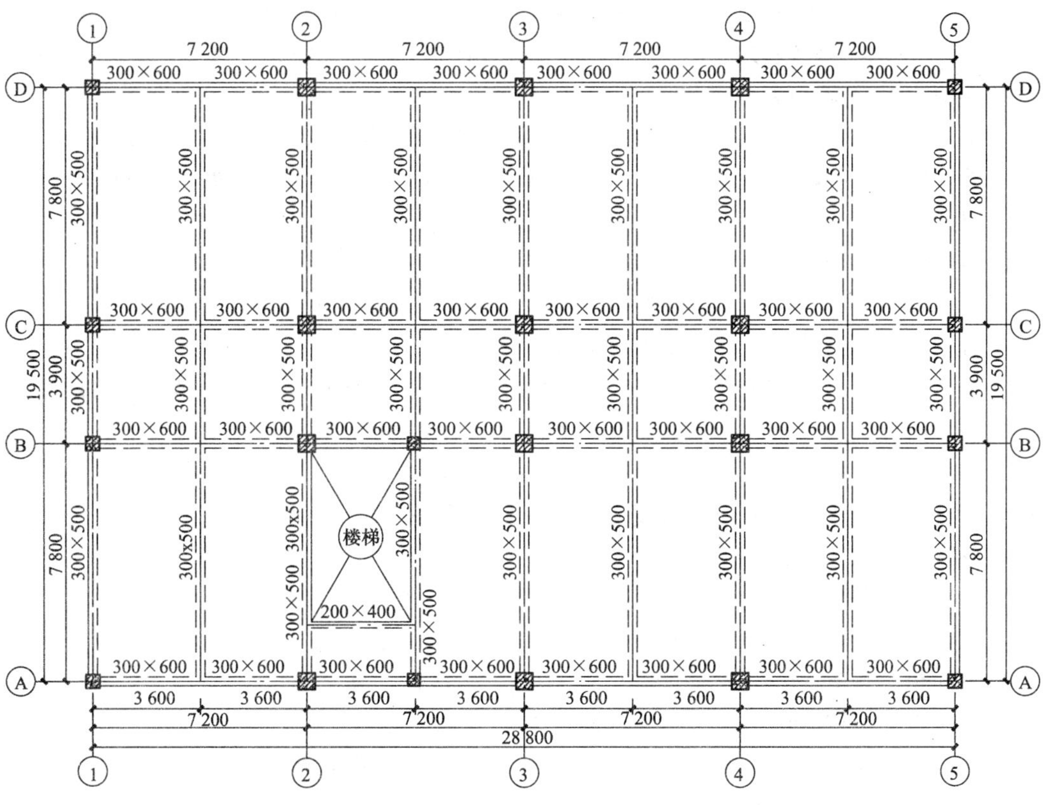

图 3-27　梁布置方案二

Y 方向最大位移与层平均位移的比值为 1.14，满足要求。

Y 方向最大层间位移与平均层间位移的比值为 1.14，满足要求。

X、Y 方向本层塔侧移刚度与上一层相应塔侧移刚度 70%的比值或上三层平均侧移刚度 80%的比值中之较小者结果如下：

一层：Ratx1＝1.682 2，Raty1＝1.783 3，薄弱层地震剪力放大系数＝1.00；

二层：Ratx1＝1.265 3，Raty1＝1.283 9，薄弱层地震剪力放大系数＝1.00；

三层：Ratx1＝1.418 4，Raty1＝1.421 2，薄弱层地震剪力放大系数＝1.00；

四层：Ratx1＝1.430 5，Raty1＝1.438 4，薄弱层地震剪力放大系数＝1.00；

五层：Ratx1＝1.000 0，Raty1＝1.000 0，薄弱层地震剪力放大系数＝1.00。

X 方向最小刚度比：1.000 0；Y 方向最小刚度比：1.000 0。

方案二中主梁最大配筋率为 1.44%，次梁最大配筋率为 1.16%，均在经济配筋率范围内。方案二的首层配筋简图、配筋率图及底层柱最大组合内力简图如图 3-28、附图 20 和图 3-29 所示。

取Ⓒ轴线上的一榀框架为例，其施工图如附图 21 所示。

（3）梁布置方案三。梁布置方案三平面布置图如图 3-30 所示，此方案下结构主要计算结果如下：

最大层间位移角：X 向为 1/1 560，Y 向为 1/1 431，满足要求。

X 方向最大位移与层平均位移的比值为 1.10，满足要求。

X 方向最大层间位移与平均层间位移的比值为 1.10，满足要求。

Y 方向最大位移与层平均位移的比值为 1.14，满足要求。

Y 方向最大层间位移与平均层间位移的比值为 1.14，满足要求。

X、Y 方向本层塔侧移刚度与上一层相应塔侧移刚度 70%的比值或上三层平均侧移刚度 80%的比值中之较小者结果如下：

一层：Ratx1＝1.628 9，Raty1＝1.709 3，薄弱层地震剪力放大系数＝1.00；

二层：Ratx1＝1.264 7，Raty1＝1.280 3，薄弱层地震剪力放大系数＝1.00；

三层：Ratx1＝1.422 2，Raty1＝1.425 4，薄弱层地震剪力放大系数＝1.00；

四层：Ratx1＝1.433 8，Raty1＝1.441 5，薄弱层地震剪力放大系数＝1.00；

五层：Ratx1＝1.000 0，Raty1＝1.000 0，薄弱层地震剪力放大系数＝1.00。

X 方向最小刚度比：1.000 0；Y 方向最小刚度比：1.000 0。

方案三中主梁最大配筋率为 1.21%，次梁最大配筋率为 1.08%。方案三的首层配筋简图、配筋率图及底层柱最大组合内力简图如图 3-31、附图 22 和图 3-32 所示。

取Ⓒ轴线上一榀框架为例，其施工图如附图 23 所示。

（4）梁布置方案四。梁布置方案四平面布置图如图 3-33 所示。

此方案下结构主要计算结果如下：

最大层间位移角：X 向为 1/1 653，Y 向为 1/1 448，满足要求。

X 方向最大位移与层平均位移的比值为 1.10，满足要求。

X 方向最大层间位移与平均层间位移的比值为 1.10，满足要求。

Y 方向最大位移与层平均位移的比值为 1.17，满足要求。

Y 方向最大层间位移与平均层间位移的比值为 1.17，满足要求。

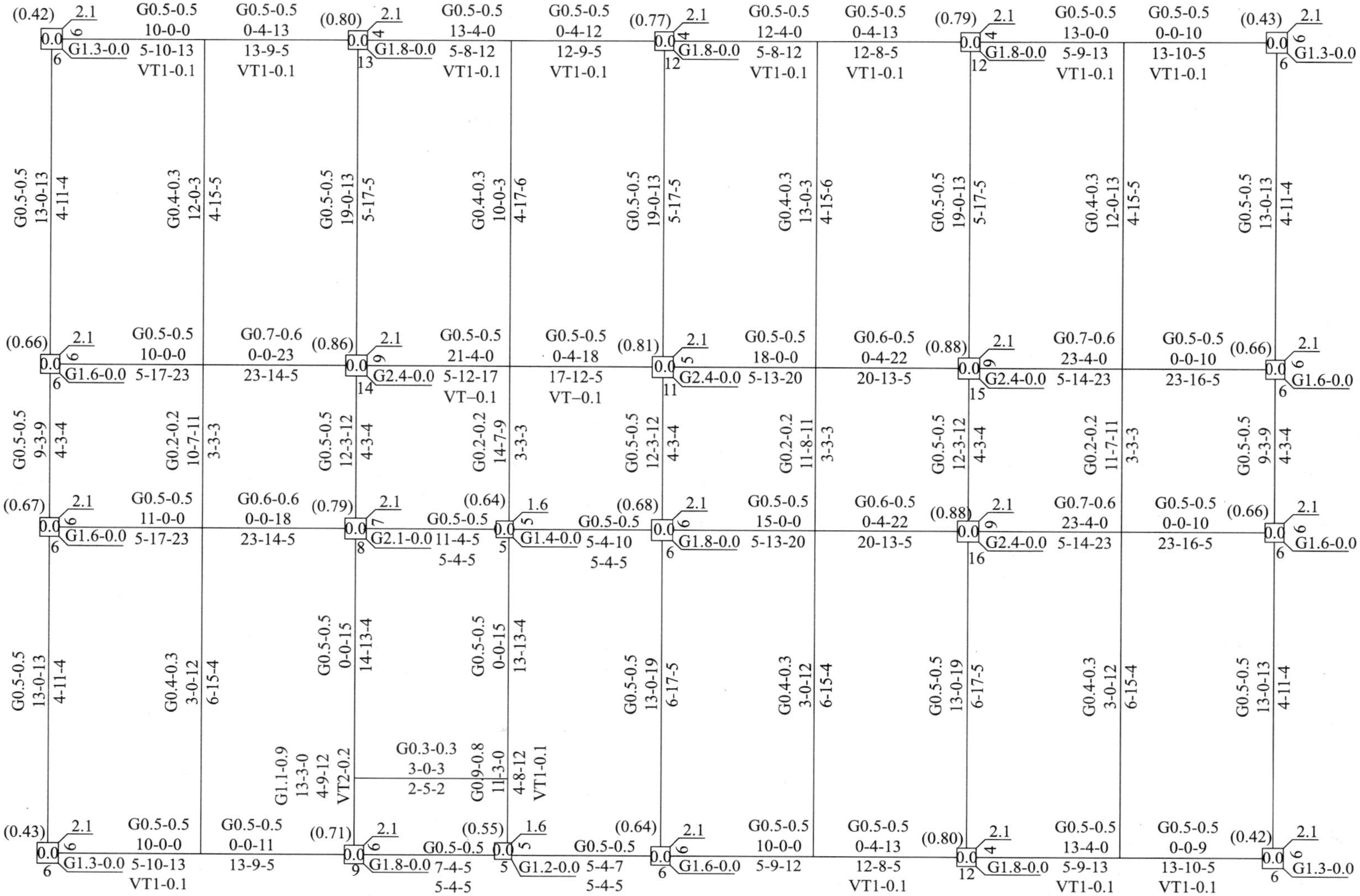

(0.42) 2.1 6 0.0 G1.3-0.0 6
G0.5-0.5 10-0-0 5-10-13 VT1-0.1
G0.5-0.5 0-4-13 13-9-5 VT1-0.1
(0.80) 2.1 4 0.0 G1.8-0.0 13
G0.5-0.5 13-4-0 5-8-12 VT1-0.1
G0.5-0.5 0-4-12 12-9-5 VT1-0.1
(0.77) 2.1 4 0.0 G1.8-0.0 12
G0.5-0.5 12-4-0 5-8-12 VT1-0.1
G0.5-0.5 0-4-13 12-8-5 VT1-0.1
(0.79) 2.1 4 0.0 G1.8-0.0 12
G0.5-0.5 13-0-0 5-9-13 VT1-0.1
G0.5-0.5 0-0-10 13-10-5 VT1-0.1
(0.43) 2.1 6 0.0 G1.3-0.0 6

G0.5-0.5 13-0-13 4-11-4
G0.4-0.3 12-0-3 4-15-5
G0.5-0.5 19-0-13 5-17-5
G0.4-0.3 10-0-3 4-17-6
G0.5-0.5 19-0-13 5-17-5
G0.4-0.3 13-0-3 4-15-6
G0.5-0.5 19-0-13 5-17-5
G0.4-0.3 12-0-13 4-15-5
G0.5-0.5 13-0-13 4-11-4

(0.66) 2.1 6 0.0 G1.6-0.0 6
G0.5-0.5 10-0-0 5-17-23
G0.7-0.6 0-0-23 23-14-5
(0.86) 2.1 9 0.0 G2.4-0.0 14
G0.5-0.5 21-4-0 5-12-17 VT–0.1
G0.5-0.5 0-4-18 17-12-5 VT–0.1
(0.81) 2.1 5 0.0 G2.4-0.0 11
G0.5-0.5 18-0-0 5-13-20
G0.6-0.5 0-4-22 20-13-5
(0.88) 2.1 9 0.0 G2.4-0.0 15
G0.7-0.6 23-4-0 5-14-23
G0.5-0.5 0-0-10 23-16-5
(0.66) 2.1 6 0.0 G1.6-0.0 6

G0.5-0.5 9-3-9 4-3-4
G0.2-0.2 10-7-11 3-3-3
G0.5-0.5 12-3-12 4-3-4
G0.2-0.2 14-7-9 3-3-3
G0.5-0.5 12-3-12 4-3-4
G0.2-0.2 11-8-11 3-3-3
G0.5-0.5 12-3-12 4-3-4
G0.2-0.2 11-7-11 3-3-3
G0.5-0.5 9-3-9 4-3-4

(0.67) 2.1 6 0.0 G1.6-0.0 6
G0.5-0.5 11-0-0 5-17-23
G0.6-0.6 0-0-18 23-14-5
(0.79) 2.1 7 0.0 G2.1-0.0 8
G0.5-0.5 11-4-5 5-4-5
(0.64) 1.6 5 0.0 G1.4-0.0 5
G0.5-0.5 5-4-10 5-4-5
(0.68) 2.1 6 0.0 G1.8-0.0 6
G0.5-0.5 15-0-0 5-13-20
G0.6-0.5 0-4-22 20-13-5
(0.88) 2.1 9 0.0 G2.4-0.0 16
G0.7-0.6 23-4-0 5-14-23
G0.5-0.5 0-0-10 23-16-5
(0.66) 2.1 6 0.0 G1.6-0.0 6

G0.5-0.5 13-0-13 4-11-4
G0.4-0.3 3-0-12 6-15-4
G0.5-0.5 0-0-15 14-13-4
G0.5-0.5 0-0-15 13-13-4
G0.5-0.5 13-0-19 6-17-5
G0.4-0.3 3-0-12 6-15-4
G0.5-0.5 13-0-19 6-17-5
G0.4-0.3 3-0-12 6-15-4
G0.5-0.5 13-0-13 4-11-4
G1.1-0.9 13-3-0 4-9-12 VT2-0.2
G0.3-0.3 3-0-3 2-5-2
G0.9-0.8 11-3-0 4-8-12 VT1-0.1

(0.43) 2.1 6 0.0 G1.3-0.0 6
G0.5-0.5 10-0-0 5-10-13 VT1-0.1
G0.5-0.5 0-0-11 13-9-5
(0.71) 2.1 6 0.0 G1.8-0.0 9
G0.5-0.5 7-4-5 5-4-5
(0.55) 1.6 5 0.0 G1.2-0.0 5
G0.5-0.5 5-4-7 5-4-5
(0.64) 2.1 6 0.0 G1.6-0.0 6
G0.5-0.5 10-0-0 5-9-12
G0.5-0.5 0-4-13 12-8-5 VT1-0.1
(0.80) 2.1 4 0.0 G1.8-0.0 12
G0.5-0.5 13-4-0 5-9-13 VT1-0.1
G0.5-0.5 0-0-9 13-10-5 VT1-0.1
(0.42) 2.1 6 0.0 G1.3-0.0 6

第 1 层混凝土构件配筋及钢构件应力比简图（单位：cm×cm）

图 3-28　首层配筋简图

$V_x = 37.1$, $V_y = -43.4$, $N = -1\,624.6$, $M_x = 72.0$, $M_y = 57.0$

$V_x = -3.9$, $V_y = -51.3$, $N = -2\,591.3$, $M_x = 83.8$, $M_y = -7.3$

$V_x = -1.1$, $V_y = -51.1$, $N = -2\,526.7$, $M_x = 83.0$, $M_y = -3.0$

$V_x = 2.8$, $V_y = -50.7$, $N = -2\,578.8$, $M_x = 81.9$, $M_y = 3.2$

$V_x = -38.3$, $V_y = -42.7$, $N = -1\,627.0$, $M_x = 68.8$, $M_y = -61.2$

$V_x = 47.3$, $V_y = 25.4$, $N = -2\,169.1$, $M_x = -36.0$, $M_y = 73.6$

$V_x = -7.7$, $V_y = 32.7$, $N = -3\,275.1$, $M_x = -48.0$, $M_y = -12.8$

$V_x = 2.0$, $V_y = 34.0$, $N = -3\,146.4$, $M_x = -50.5$, $M_y = 2.5$

$V_x = 3.8$, $V_y = 32.6$, $N = -3\,329.6$, $M_x = -48.9$, $M_y = 5.4$

$V_x = -47.2$, $V_y = 26.7$, $N = -2\,157.9$, $M_x = -40.2$, $M_y = -74.7$

$V_x = 49.4$, $V_y = -30.4$, $N = -2\,169.8$, $M_x = 51.6$, $M_y = 77.1$

$V_x = -24.6$, $V_y = -33.3$, $N = -3\,001.5$, $M_x = 55.6$, $M_y = -38.9$

$V_x = -2.1$, $V_y = -13.7$, $N = -1\,519.9$, $M_x = 22.5$, $M_y = -3.4$

$V_x = 24.2$, $V_y = -34.6$, $N = -2\,609.4$, $M_x = 57.1$, $M_y = 37.6$

(16.06,9.89) ($N = -51\,464.6$)

$V_x = 2.3$, $V_y = -36.1$, $N = -3\,342.8$, $M_x = 59.0$, $M_y = -3.3$

$V_x = -46.8$, $V_y = -29.1$, $N = -2\,146.2$, $M_x = 47.4$, $M_y = -73.8$

$V_x = 40.2$, $V = 40.6$, $N = -1\,638.7$, $M_x = -59.9$, $M_y = 63.3$

$V_x = -21.5$, $V_y = 55.9$, $N = -2\,395.9$, $M_x = -84.4$, $M_y = -33.6$

$V_x = 0.1$, $V_y = 31.1$, $N = -1\,282.8$, $M_x = -48.3$, $M_y = 0.2$

$V_x = 19.7$, $V_y = 47.0$, $N = -2\,119.5$, $M_x = -71.0$, $M_y = 31.2$

$V_x = 1.6$, $V_y = 48.8$, $N = -2\,596.7$, $M_x = -74.2$, $M_y = 2.7$

$V_x = -37.3$, $V_y = 41.3$, $N = -1\,613.9$, $M_x = -63.0$, $M_y = -58.4$

图 3-29 底层柱最大内力简图

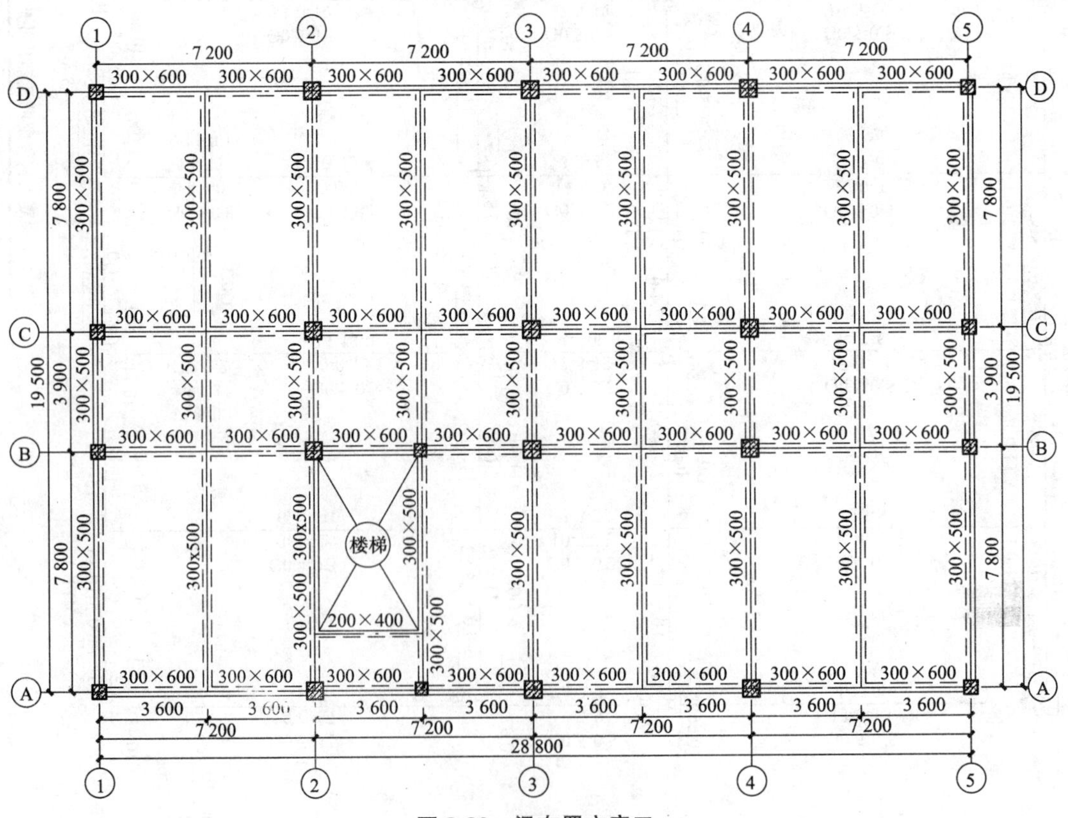

图 3-30 梁布置方案三

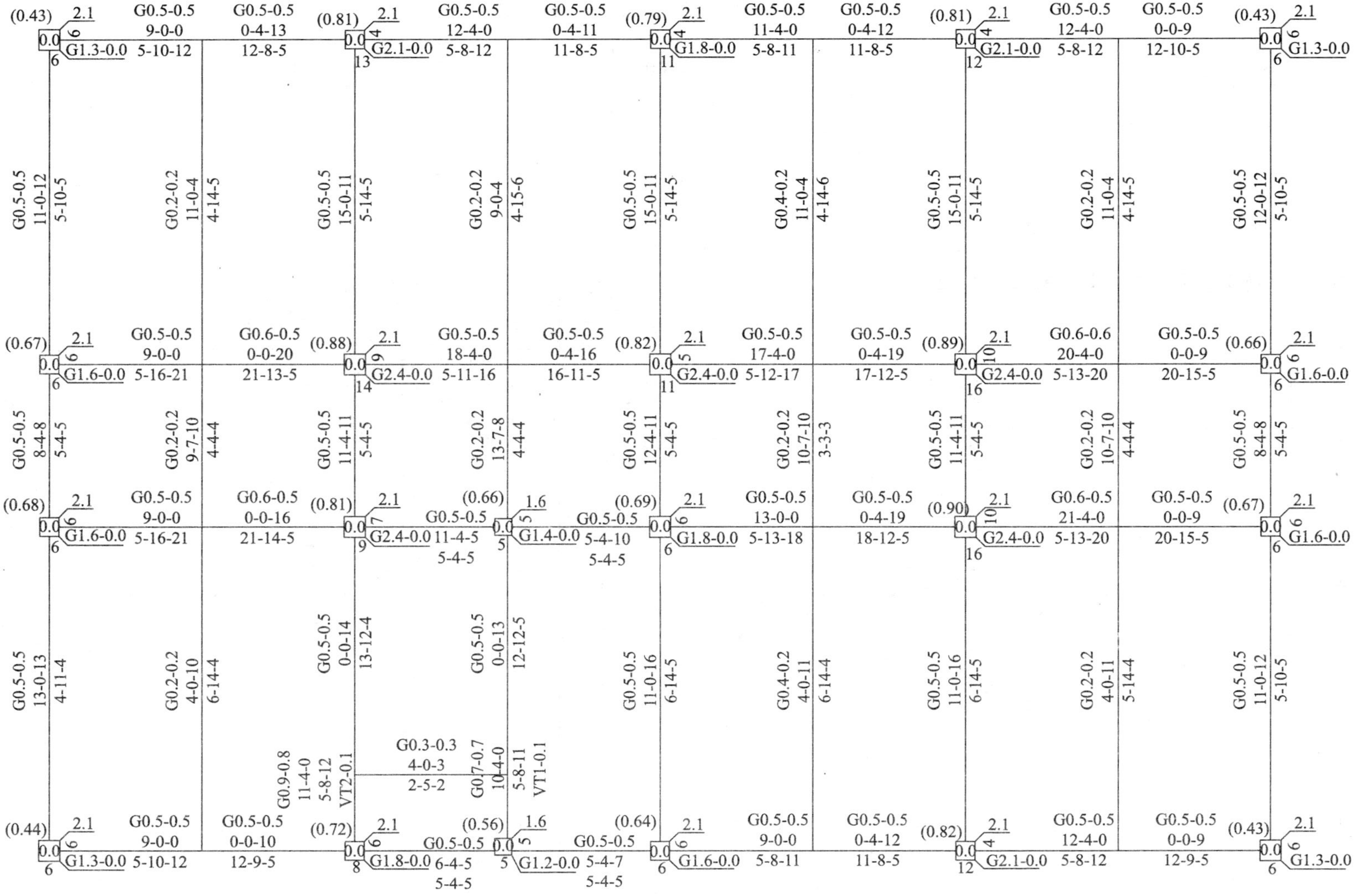

第 1 层混凝土构件配筋及钢构件应力比简图（单位：cm×cm）

图 3-31　首层配筋简图

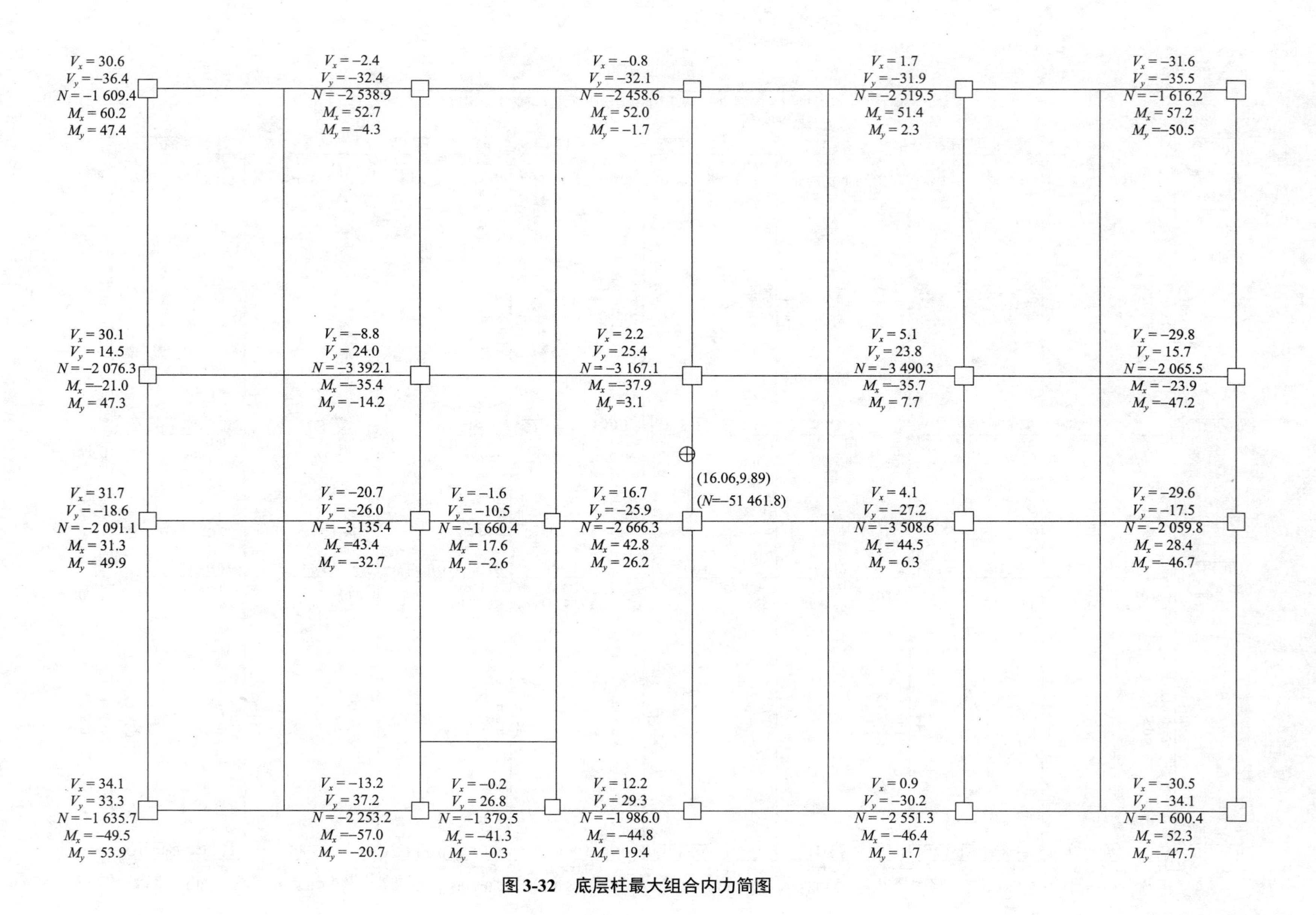
$V_x = 30.6$
$V_y = -36.4$
$N = -1\,609.4$
$M_x = 60.2$
$M_y = 47.4$
$V_x = -2.4$
$V_y = -32.4$
$N = -2\,538.9$
$M_x = 52.7$
$M_y = -4.3$
$V_x = -0.8$
$V_y = -32.1$
$N = -2\,458.6$
$M_x = 52.0$
$M_y = -1.7$
$V_x = 1.7$
$V_y = -31.9$
$N = -2\,519.5$
$M_x = 51.4$
$M_y = 2.3$
$V_x = -31.6$
$V_y = -35.5$
$N = -1\,616.2$
$M_x = 57.2$
$M_y = -50.5$
$V_x = 30.1$
$V_y = 14.5$
$N = -2\,076.3$
$M_x = -21.0$
$M_y = 47.3$
$V_x = -8.8$
$V_y = 24.0$
$N = -3\,392.1$
$M_x = -35.4$
$M_y = -14.2$
$V_x = 2.2$
$V_y = 25.4$
$N = -3\,167.1$
$M_x = -37.9$
$M_y = 3.1$
$V_x = 5.1$
$V_y = 23.8$
$N = -3\,490.3$
$M_x = -35.7$
$M_y = 7.7$
$V_x = -29.8$
$V_y = 15.7$
$N = -2\,065.5$
$M_x = -23.9$
$M_y = -47.2$
(16.06,9.89)
(N=–51 461.8)
$V_x = 31.7$
$V_y = -18.6$
$N = -2\,091.1$
$M_x = 31.3$
$M_y = 49.9$
$V_x = -20.7$
$V_y = -26.0$
$N = -3\,135.4$
$M_x = 43.4$
$M_y = -32.7$
$V_x = -1.6$
$V_y = -10.5$
$N = -1\,660.4$
$M_x = 17.6$
$M_y = -2.6$
$V_x = 16.7$
$V_y = -25.9$
$N = -2\,666.3$
$M_x = 42.8$
$M_y = 26.2$
$V_x = 4.1$
$V_y = -27.2$
$N = -3\,508.6$
$M_x = 44.5$
$M_y = 6.3$
$V_x = -29.6$
$V_y = -17.5$
$N = -2\,059.8$
$M_x = 28.4$
$M_y = -46.7$
$V_x = 34.1$
$V_y = 33.3$
$N = -1\,635.7$
$M_x = -49.5$
$M_y = 53.9$
$V_x = -13.2$
$V_y = 37.2$
$N = -2\,253.2$
$M_x = -57.0$
$M_y = -20.7$
$V_x = -0.2$
$V_y = 26.8$
$N = -1\,379.5$
$M_x = -41.3$
$M_y = -0.3$
$V_x = 12.2$
$V_y = 29.3$
$N = -1\,986.0$
$M_x = -44.8$
$M_y = 19.4$
$V_x = 0.9$
$V_y = -30.2$
$N = -2\,551.3$
$M_x = -46.4$
$M_y = 1.7$
$V_x = -30.5$
$V_y = -34.1$
$N = -1\,600.4$
$M_x = 52.3$
$M_y = -47.7$

图 3-32　底层柱最大组合内力简图

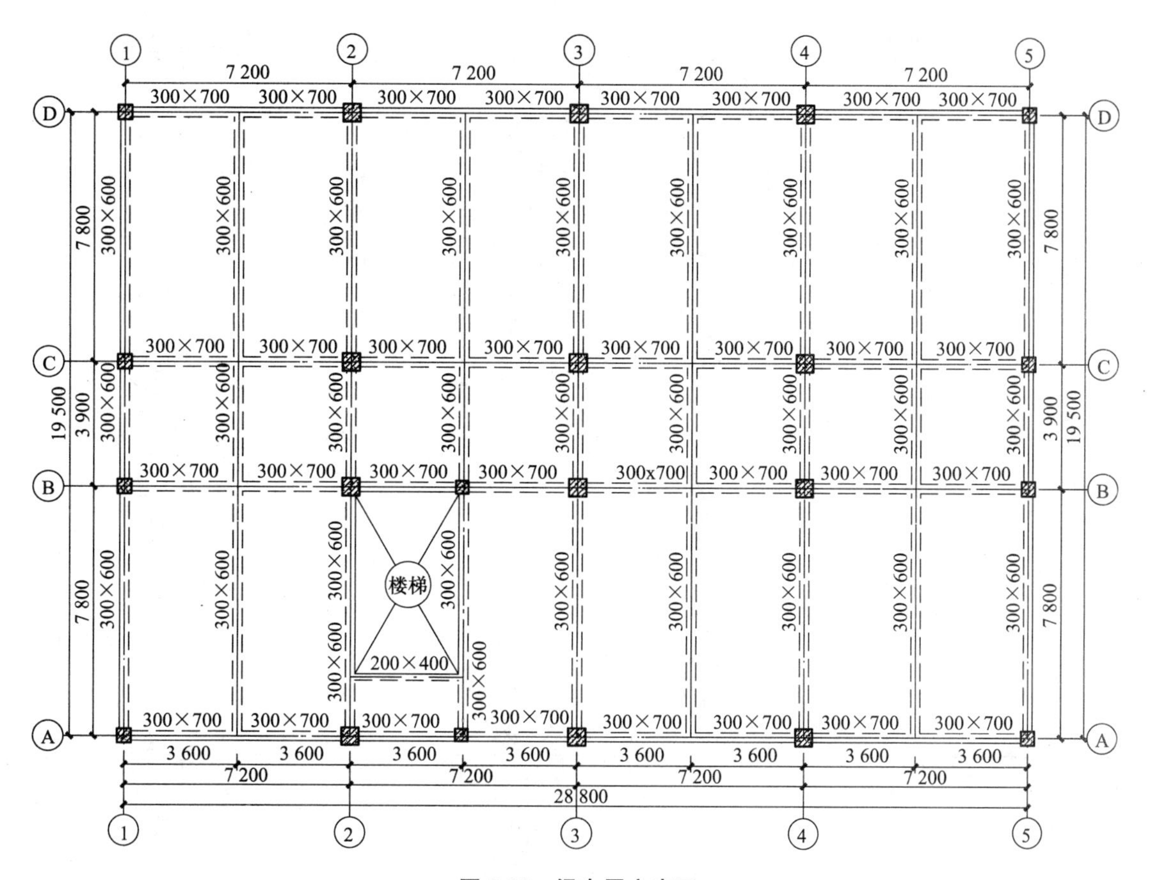

图 3-33 梁布置方案四

X、Y 方向本层塔侧移刚度与上一层相应塔侧移刚度 70%的比值或上三层平均侧移刚度 80%的比值中之较小者结果如下：

一层：Ratx1＝1.597 0，Raty1＝1.661 5，薄弱层地震剪力放大系数＝1.00；

二层：Ratx1＝1.266 5，Raty1＝1.282 7，薄弱层地震剪力放大系数＝1.00；

三层：Ratx1＝1.425 4，Raty1＝1.430 6，薄弱层地震剪力放大系数＝1.00；

四层：Ratx1＝1.437 5，Raty1＝1.447 5，薄弱层地震剪力放大系数＝1.00；

五层：Ratx1＝1.000 0，Raty1＝1.000 0，薄弱层地震剪力放大系数＝1.00。

X 方向最小刚度比：1.000 0；Y 方向最小刚度比：1.000 0。

方案四中主梁最大配筋率为 0.94%，次梁最大配筋率为 0.88%。方案四的首层配筋简图、配筋率图及底层柱最大组合内力简图如图 3-34、附图 24 和图 3-35 所示。

取Ⓒ轴线上的一榀框架为例，其施工图如附图 25 所示。

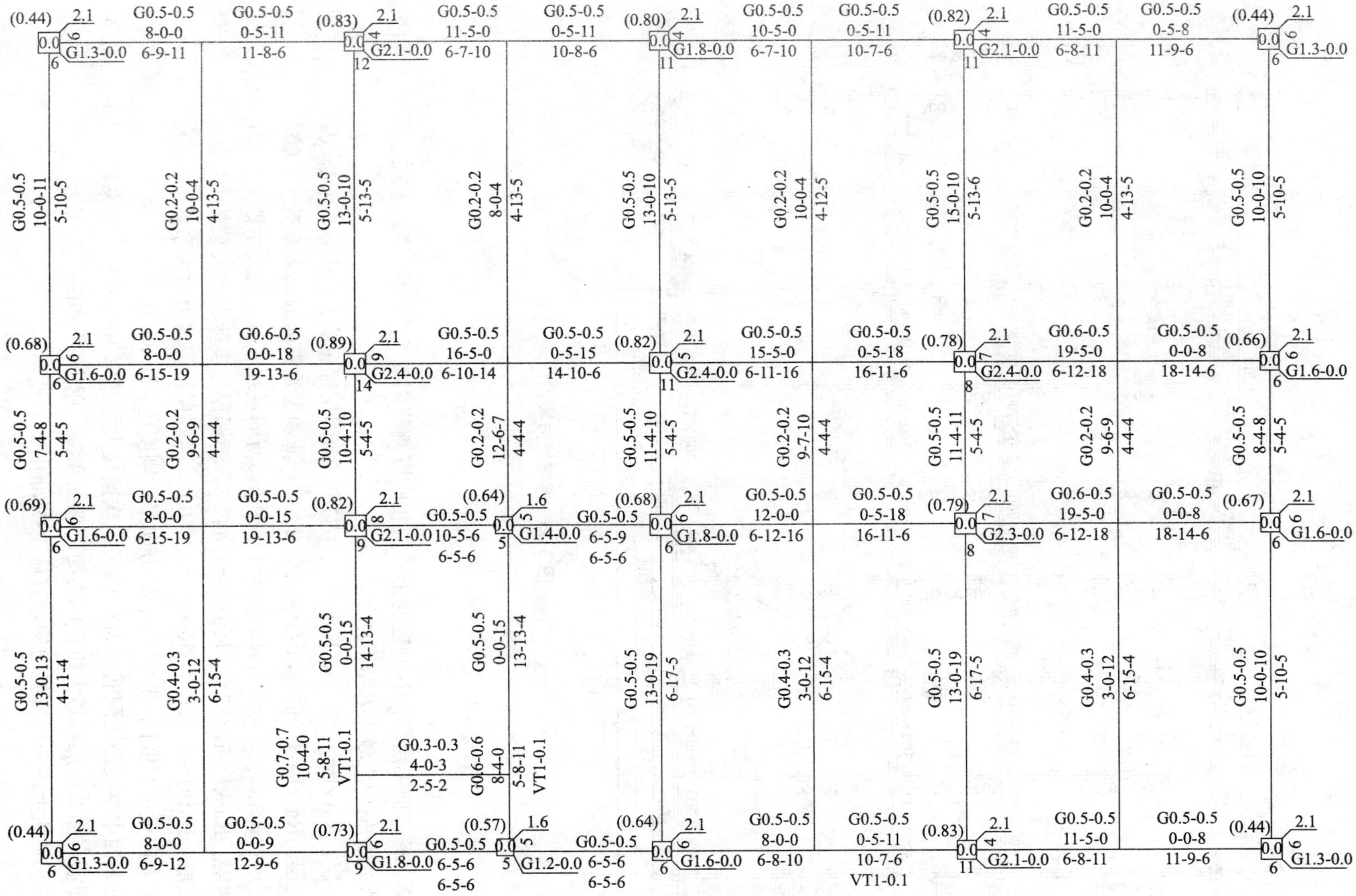

(0.44) 2.1 0.0 6 G1.3-0.0 6
G0.5-0.5 8-0-0 6-9-11
G0.5-0.5 0-5-11 11-8-6
(0.83) 2.1 0.0 4 G2.1-0.0 12
G0.5-0.5 11-5-0 6-7-10
G0.5-0.5 0-5-11 10-8-6
(0.80) 2.1 0.0 4 G1.8-0.0 11
G0.5-0.5 10-5-0 6-7-10
G0.5-0.5 0-5-11 10-7-6
(0.82) 2.1 0.0 4 G2.1-0.0 11
G0.5-0.5 11-5-0 6-8-11
G0.5-0.5 0-5-8 11-9-6
(0.44) 2.1 0.0 6 G1.3-0.0 6

G0.5-0.5 10-0-11 5-10-5
G0.2-0.2 10-0-4 4-13-5
G0.5-0.5 13-0-10 5-13-5
G0.2-0.2 8-0-4 4-13-5
G0.5-0.5 13-0-10 5-13-5
G0.2-0.2 10-0-4 4-12-5
G0.5-0.5 15-0-10 5-13-6
G0.2-0.2 10-0-4 4-13-5
G0.5-0.5 10-0-10 5-10-5

(0.68) 2.1 0.0 6 G1.6-0.0 6
G0.5-0.5 8-0-0 6-15-19
G0.6-0.5 0-0-18 19-13-6
(0.89) 2.1 0.0 9 G2.4-0.0 14
G0.5-0.5 16-5-0 6-10-14
G0.5-0.5 0-5-15 14-10-6
(0.82) 2.1 0.0 5 G2.4-0.0 11
G0.5-0.5 15-5-0 6-11-16
G0.5-0.5 0-5-18 16-11-6
(0.78) 2.1 0.0 7 G2.4-0.0 8
G0.6-0.5 19-5-0 6-12-18
G0.5-0.5 0-0-8 18-14-6
(0.66) 2.1 0.0 6 G1.6-0.0 6

G0.5-0.5 7-4-8 5-4-5
G0.2-0.2 9-6-9 4-4-4
G0.5-0.5 10-4-10 5-4-5
G0.2-0.2 12-6-7 4-4-4
G0.5-0.5 11-4-10 5-4-5
G0.2-0.2 9-7-10 4-4-4
G0.5-0.5 11-4-11 5-4-5
G0.2-0.2 9-6-9 4-4-4
G0.5-0.5 8-4-8 5-4-5

(0.69) 2.1 0.0 6 G1.6-0.0 6
G0.5-0.5 8-0-0 6-15-19
G0.5-0.5 0-0-15 19-13-6
(0.82) 2.1 0.0 8 G2.1-0.0 9
G0.5-0.5 10-5-6 6-5-6
(0.64) 1.6 0.0 5 G1.4-0.0 5
G0.5-0.5 6-5-9 6-5-6
(0.68) 2.1 0.0 6 G1.8-0.0 6
G0.5-0.5 12-0-0 6-12-16
G0.5-0.5 0-5-18 16-11-6
(0.79) 2.1 0.0 7 G2.3-0.0 8
G0.6-0.5 19-5-0 6-12-18
G0.5-0.5 0-0-8 18-14-6
(0.67) 2.1 0.0 6 G1.6-0.0 6

G0.5-0.5 13-0-13 4-11-4
G0.4-0.3 3-0-12 6-15-4
G0.5-0.5 0-0-15 14-13-4
G0.7-0.7 10-4-0 5-8-11 VT1-0.1
G0.3-0.3 4-0-3 2-5-2
G0.5-0.5 0-0-15 13-13-4
G0.6-0.6 8-4-0 5-8-11 VT1-0.1
G0.5-0.5 13-0-19 6-17-5
G0.4-0.3 3-0-12 6-15-4
G0.5-0.5 13-0-19 6-17-5
G0.4-0.3 3-0-12 6-15-4
G0.5-0.5 10-0-10 5-10-5

(0.44) 2.1 0.0 6 G1.3-0.0 6
G0.5-0.5 8-0-0 6-9-12
G0.5-0.5 0-0-9 12-9-6
(0.73) 2.1 0.0 6 G1.8-0.0 9
G0.5-0.5 6-5-6 6-5-6
(0.57) 1.6 0.0 5 G1.2-0.0 5
G0.5-0.5 6-5-6 6-5-6
(0.64) 2.1 0.0 6 G1.6-0.0 6
G0.5-0.5 8-0-0 6-8-10
G0.5-0.5 0-5-11 10-7-6 VT1-0.1
(0.83) 2.1 0.0 4 G2.1-0.0 11
G0.5-0.5 11-5-0 6-8-11
G0.5-0.5 0-0-8 11-9-6
(0.44) 2.1 0.0 6 G1.3-0.0 6

第 1 层混凝土构件配筋及钢构件应力比简图（单位：cm×cm）

图 3-34　首层配筋简图

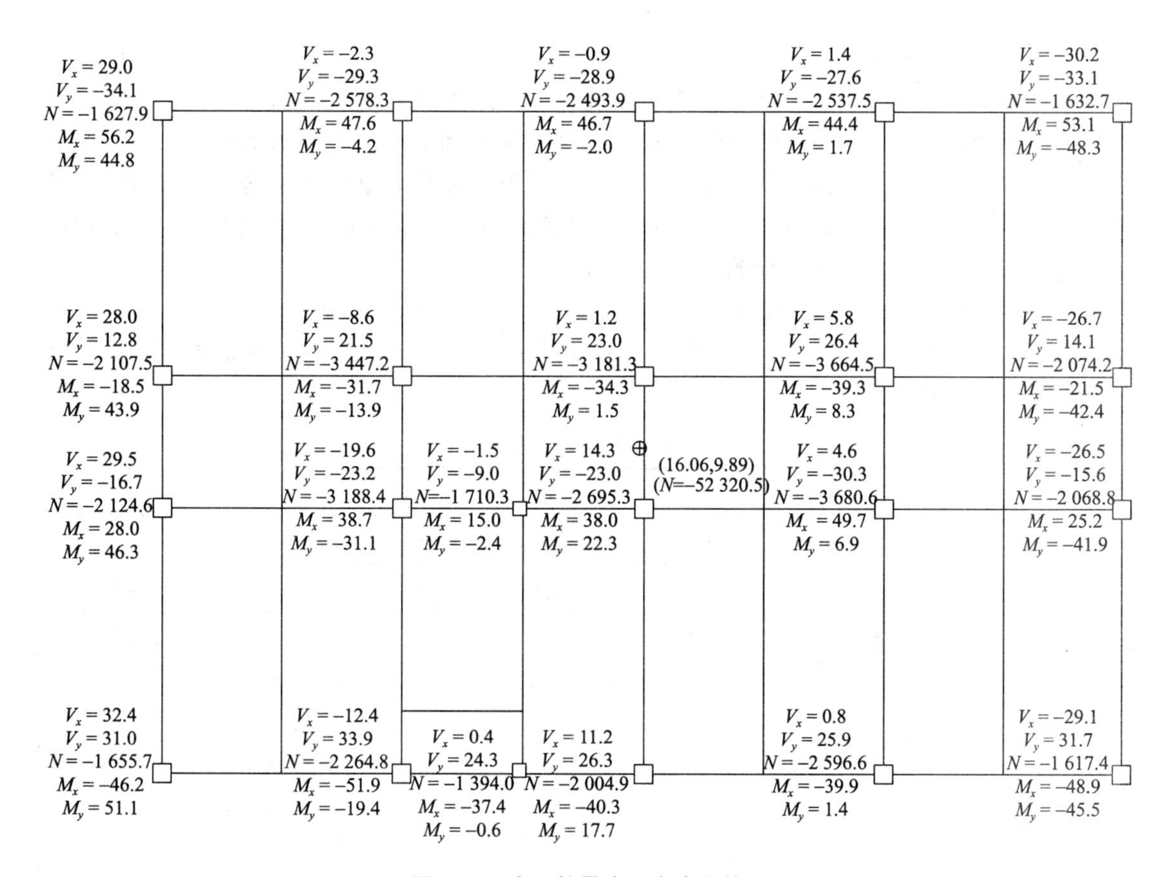

图 3-35　底层柱最大组合内力简图

对 4 种梁布置方案建模计算比较后，得出钢筋用量及混凝土用量，详见表 3-4。

表 3-4　4 种梁布置方案的比较

方案		一	二	三	四
主梁	X 向截面/（mm×mm）	300×550	300×600	300×650	300×700
	X 向最大配筋率/%	1.65	1.44	1.21	0.94
	Y 向截面/（mm×mm）	300×450	300×500	300×550	300×600
	Y 向最大配筋率/%	1.71	1.46	1.08	0.88
次梁	截面/（mm×mm）	300×450	300×500	300×550	300×600
	最大配筋率/%	1.58	1.14	0.88	0.74
梁钢筋用量/（kg·m^{-2}）		15.83	14.51	13.50	14.01
全部钢筋用量/（kg·m^{-2}）		23.75	22.43	21.42	21.93
全楼混凝土用量/（m^3·m^{-2}）		0.20	0.21	0.22	0.22
注：4 种方案中柱子断面尺寸均为 450 mm×450 mm 和 500 mm×500 mm，梁、板、柱混凝土强度等级均为 C30。					

4 种方案中梁的截面尺寸均在合理范围内，方案一的截面尺寸较小，其最大配筋率接近合理配筋率的上限，配筋率较大。方案三的配筋率较小，但是因其截面尺寸较大，务必增加腰筋设置，构造方面的用钢量则会增加。截面过小相应可能增加抗扭钢筋，因此选择截面时因综合考虑各方面因素。方案四由于柱截面尺寸加大，结构自重增加，造成原本轴压

比满足的柱子截面偏小。

工程中往往需要结合工程实际情况具体分析，采取不同的优化措施，从各方面降低工程造价。例如，规范中相关计算系数已经考虑了各种不利情况，配筋本来偏于保守，因此框架梁在配筋时可以考虑取消增大系数，也有利于形成强柱弱梁；如果梁顶上建筑填充墙高度在 200 mm 以内，可以考虑将梁高做成和建筑允许的梁高一样，否则会在梁上做过梁，过梁上放填充墙，这样既不方便施工也不经济。

2016 年 3 月，主要城市 C20 混凝土均价为 264.8 元/m³，C30 混凝土均价为 287.32 元/m³，C40 混凝土均价为 319.8 元/m³。钢筋的平均价格在 2 200 元/t 左右。按照此价格统计出 4 种不同方案下的造价，见表 3-5。

表 3-5　4 种方案的造价

主材汇总		梁方案			
		一	二	三	四
钢筋/kg	HPB300 级钢筋	1 843	1 726	2 259	2 404
	HRB335 级钢筋	7 483	7 174	6 574	6 501
	小计	9 326	8 900	8 833	8 905
混凝土/m³	柱	27.72	27.72	27.72	28.98
	梁	22.151	24.164	26.178	28.141
	小计	49.871	51.884	53.898	57.121
造价/万元		2 053.153	1 959.491	1 944.809	1 960.741

3.3　剪力墙变量优化设计

剪力墙结构整体性能好、侧向刚度大、承载力大，通过合理的设计能有良好的抗震性能。其缺点是空间使用灵活性差，材料消耗大，整个建筑结构自重较大。墙厚过大时宜形成短肢墙，其配筋量将增加许多。剪力墙的长度和厚度是影响材料用量的主要因素，在保证不严重削弱结构刚度的情况下对墙体厚度进行优化是比较有效可行的办法。在满足稳定性的前提下减小墙厚，可降低造价。

3.3.1　设计变量

剪力墙结构中抵抗水平荷载作用下结构侧向变形的主要抗侧移构件是剪力墙。结构在荷载作用下的侧移要求小于规范要求，则可以对剪力墙的截面厚度和高度进行优化。然而，在工程实际中剪力墙的高度往往受建筑使用功能的限制，一般不能改变，所以把剪力墙的厚度作为设计变量。墙厚要满足墙体稳定性要求，同时还应满足抗剪和抗压承载力要求及轴压比限值要求。

剪力墙变量设计时确定目标函数：

$$G_{1\text{剪力墙钢筋用量}} = F_1(x_{\text{剪力墙厚度}})$$

$$G_{2\text{剪力墙混凝土用量}} = F_2(x_{\text{剪力墙厚度}})$$

剪力墙优化设计流程如图 3-36 所示。

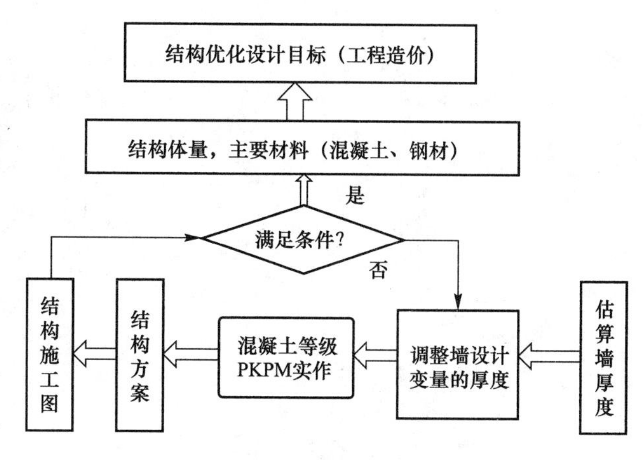

图 3-36　剪力墙优化设计流程

3.3.2　剪力墙的截面尺寸及布置原则

根据《高层建筑混凝土结构技术规程》（JGJ 3—2010）的规定，带边框剪力墙的截面厚度为：抗震设计时，一、二级剪力墙的底部加强部位的厚度不应小于 200 mm；其他情况下不应小于 160 mm。剪力墙厚度的合理确定有利于保证结构的安全，另外，墙体的厚度对墙体稳定性的影响也是不可忽略的。

在保证墙体稳定性的前提下，尽量不要把剪力墙做得太厚。工程中，剪力墙厚度一般取 200 mm 为宜。

剪力墙在结构底部所承担的地震弯矩值应不小于总地震弯矩值的 50%，沿结构单元两个主轴方向，按地震作用计算出的结构弹性层间位移角应满足相关规范要求；剪力墙的布置不宜过分集中，原则上应尽量做到分散、均匀、周边和对称，剪力墙的数量还应考虑抗震设防烈度、场地土、结构侧移限值等因素。

3.3.3　剪力墙结构设计优化实例

1. 工程概况

本工程为高层住宅楼，属于丙类建筑，抗震设计烈度为 6 度，地震分组为第一组，特征周期为 0.35 s，建筑场地类别为Ⅱ类，地面粗糙度为 B 类，基本风压 W_0=0.30 kN/m²，设计时按基本风压的 1.1 倍取 0.35。结构抗震等级剪力墙为三级。本高层住宅楼所在工程项目方案图如图 3-37 所示。

主体结构为地上 32 层，结构总高 994.100 m，首层高为 4.2 m，其余层高均为2.9 m，电梯机房凸出屋面，无地下室。建筑平面图如附图 26 所示，结构标准层平面图如附图 27 所示。

建筑主体结构设计使用年限为 50 年，结构设计的依据为相关现行国家标准、规范等。根据地质勘察报告，本工程基础持力层为较完整的中风化灰岩，饱和单轴抗压强度标准值为33.68 MPa，地基承载力特征值为 4 000 kPa。

本工程采用中国建筑科学研究院 PKPMCAD 工程部编制的结构分析程序——多层及高层建筑结构空间有限元分析与设计软件 SATWE 进行结构分析。

图 3-37　住宅楼所在项目方案图

2. 结构荷载条件

楼面找平层和二次装修恒载标准值：屋面为 5.0 kN/m²；住宅一般楼面为 1.5 kN/m²；露台为 3.0 kN/m²，卫生间为 8.0 kN/m²。

活荷载标准值：上人屋面为 2.0 kN/m²；不上人屋面为 0.5 kN/m²；卫生间为 2.5 kN/m²；门厅为 2.0 kN/m²；住宅为 2.0 kN/m²；阳台为 2.5 kN/m²；厨房为 2.0 kN/m²；电梯机房为 7.0 kN/m²；

基本风压为 0.30 kN/m²，地面粗糙度为 B 类。

3. 材料强度等级及各构件抗震等级

上部主体结构混凝土强度等级详见表 3-6。

表 3-6　主体结构混凝土强度等级

剪力墙	标高：基顶～12.900 m	C50	标高：12.900～24.500 m	C45
	标高：24.500～36.100 m	C45	标高：36.100～47.700 m	C45
	标高：47.700 m 及以上	C30		
连梁	同相邻剪力墙混凝土强度			
梁板	C30			
围护	C20			

受力钢筋采用 HRB400 级，箍筋采用 HPB300 和 HRB400 级。

各构件的材料强度及抗震等级详见图 3-38。

根据《建筑抗震设计规范（2016 年版）》（GB 50011—2010）第 6.4.1 条的规定，按三、四级抗震等级设计的剪力墙的截面厚度，底部加强部位不应小于层高或剪力墙无肢长度的 1/20，且不应小于 160 mm，其他部位不应小于层高或剪力墙无肢长度的

电梯机房屋面97.600

层号	标高H/m	层高H/m	框架柱、剪力墙混凝土
屋面	92.800	4.800	C30
32	89.900	2.900	C30
31	87.000	2.900	C30
30	84.100	2.900	C30
29	81.200	2.900	C30
28	78.300	2.900	C30
27	75.400	2.900	C30
26	72.500	2.900	C30
25	69.600	2.900	C30
24	66.700	2.900	C30
23	63.800	2.900	C30
22	60.900	2.900	C30
21	58.000	2.900	C30
20	55.100	2.900	C30
19	52.200	2.900	C30
18	49.300	2.900	C30
17	46.400	2.900	C30
16	43.500	2.900	C35
15	40.600	2.900	C35
14	37.700	2.900	C35
13	34.800	2.900	C35
12	31.900	2.900	C40
11	29.000	2.900	C40
10	26.100	2.900	C40
9	23.200	2.900	C40
8	20.300	2.900	C45
7	17.400	2.900	C45
6	14.500	2.900	C45
5	11.600	2.900	C45
4	8.700	2.900	C50
3	5.800	2.900	C50
2	2.900	2.900	C50
1	±0.000	2.900	C50

框架柱、剪力墙混凝土

(注：剪力墙连梁混凝土同剪力墙一致)

电梯机房屋面97.600 C30

层号	标高H/m	层高H/m	梁、板混凝土
屋面	92.800	4.800	C30
32	89.900	2.900	C30
31	87.000	2.900	C30
30	84.100	2.900	C30
29	81.200	2.900	C30
28	78.300	2.900	C30
27	75.400	2.900	C30
26	72.500	2.900	C30
25	69.600	2.900	C30
24	66.700	2.900	C30
23	63.800	2.900	C30
22	60.900	2.900	C30
21	58.000	2.900	C30
20	55.100	2.900	C30
19	52.200	2.900	C30
18	49.300	2.900	C30
17	46.400	2.900	C30
16	43.500	2.900	C30
15	40.600	2.900	C30
14	37.700	2.900	C30
13	34.800	2.900	C30
12	31.900	2.900	C30
11	29.000	2.900	C30
10	26.100	2.900	C30
9	23.200	2.900	C30
8	20.300	2.900	C30
7	17.400	2.900	C30
6	14.500	2.900	C30
5	11.600	2.900	C30
4	8.700	2.900	C30
3	5.800	2.900	C30
2	2.900	2.900	C30
1	±0.000	2.900	C30

梁、板混凝土

电梯机房屋面97.600

层号	标高H/m	层高H/m	框架柱、框架梁、剪力墙抗震等级
屋面	92.800	4.800	均为三级
32	89.900	2.900	均为三级
31	87.000	2.900	均为三级
30	84.100	2.900	均为三级
29	81.200	2.900	均为三级
28	78.300	2.900	均为三级
27	75.400	2.900	均为三级
26	72.500	2.900	均为三级
25	69.600	2.900	均为三级
24	66.700	2.900	均为三级
23	63.800	2.900	均为三级
22	60.900	2.900	均为三级
21	58.000	2.900	均为三级
20	55.100	2.900	均为三级
19	52.200	2.900	均为三级
18	49.300	2.900	均为三级
17	46.400	2.900	均为三级
16	43.500	2.900	均为三级
15	40.600	2.900	均为三级
14	37.700	2.900	均为三级
13	34.800	2.900	均为三级
12	31.900	2.900	均为三级
11	29.000	2.900	均为三级
10	26.100	2.900	均为三级
9	23.200	2.900	均为三级
8	20.300	2.900	均为三级
7	17.400	2.900	均为三级
6	14.500	2.900	均为三级
5	11.600	2.900	均为三级
4	8.700	2.900	剪力墙底部加强部位高度 三级
3	5.800	2.900	剪力墙底部加强部位高度 三级
2	2.900	2.900	剪力墙底部加强部位高度 三级
1	±0.000	2.900	剪力墙底部加强部位高度 三级

框架柱、框架梁、剪力墙抗震等级

图 3-38　材料强度及抗震等级

1/25，且不应小于 140 mm。本例中，剪力墙抗震等级为三级，底部加强部位取 5 层，首层结构高度为 4.2 m，按照规定剪力墙厚度应取 235 mm 以上，取 240 mm 厚，其余各层取 200 mm 厚。

4. 结构设计及优化

本例主要对剪力墙厚度进行变化，通过 3 个方案计算得出不同厚度下结构的变形及用钢量等经济性指标。各方案的剪力墙厚度详见表 3-7。

表 3-7　各方案的剪力墙厚度

层数	剪力墙厚度/mm		
	方案一	方案二	方案三
首层	240	260	280
2 层及以上楼层	200	220	240

对 3 种不同方案进行建模计算分析得出以下结果：

（1）方案前三个振型的自振周期比较（表 3-8）。

表 3-8　振型表

方案	第一振型	第二振型	第三振型
方案一	3.241 2	3.030 1	2.656 7
方案二	3.176 0	2.966 7	2.622 7
方案三	3.120 8	2.913 0	2.594 3

计算结果数据显示，方案一的结构自振周期最大，随着剪力墙厚度的增加，结构的自振周期逐渐减小。

（2）结构地震作用。各方案在地震作用下的楼层剪力图如图 3-39～图 3-41 所示。

当地震剪力偏小而层间位移角又偏大时，宜适当加大墙柱截面，提高刚度；当地震剪力偏大而层间位移角偏小时，结构过刚，宜适当减小墙、柱截面，降低刚度；当地震剪力偏小而层间侧移角又恰当时，可以通过放大全楼地震作用来满足剪重比要求。

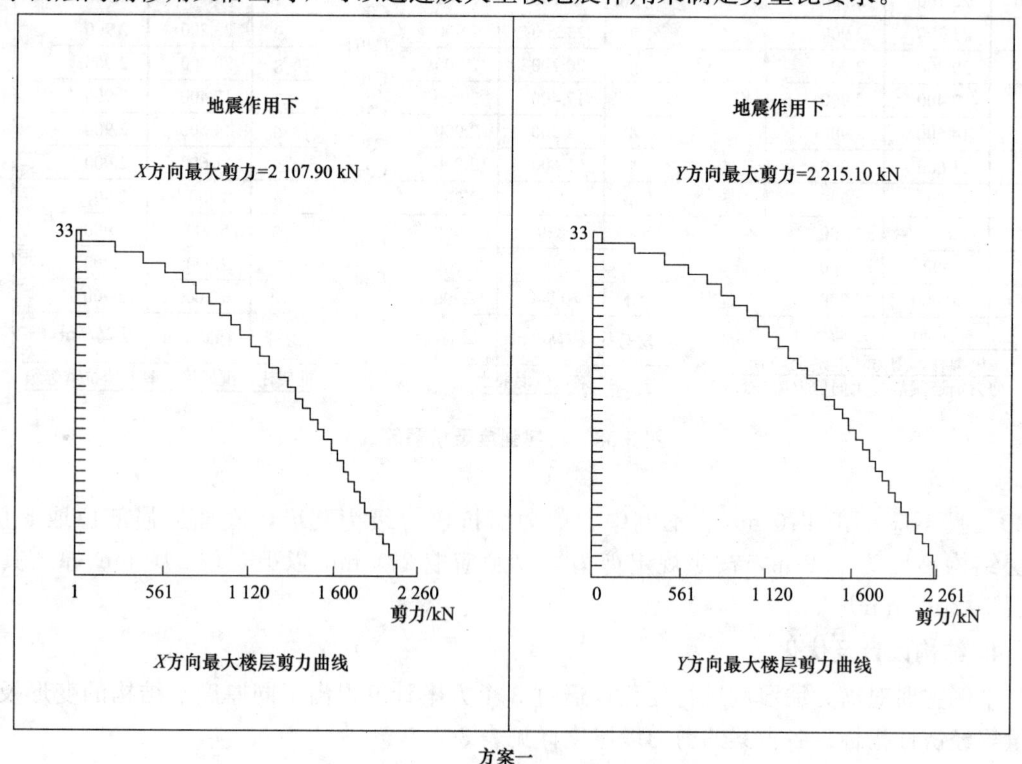

图 3-39　方案一地震作用下楼层剪力分布图

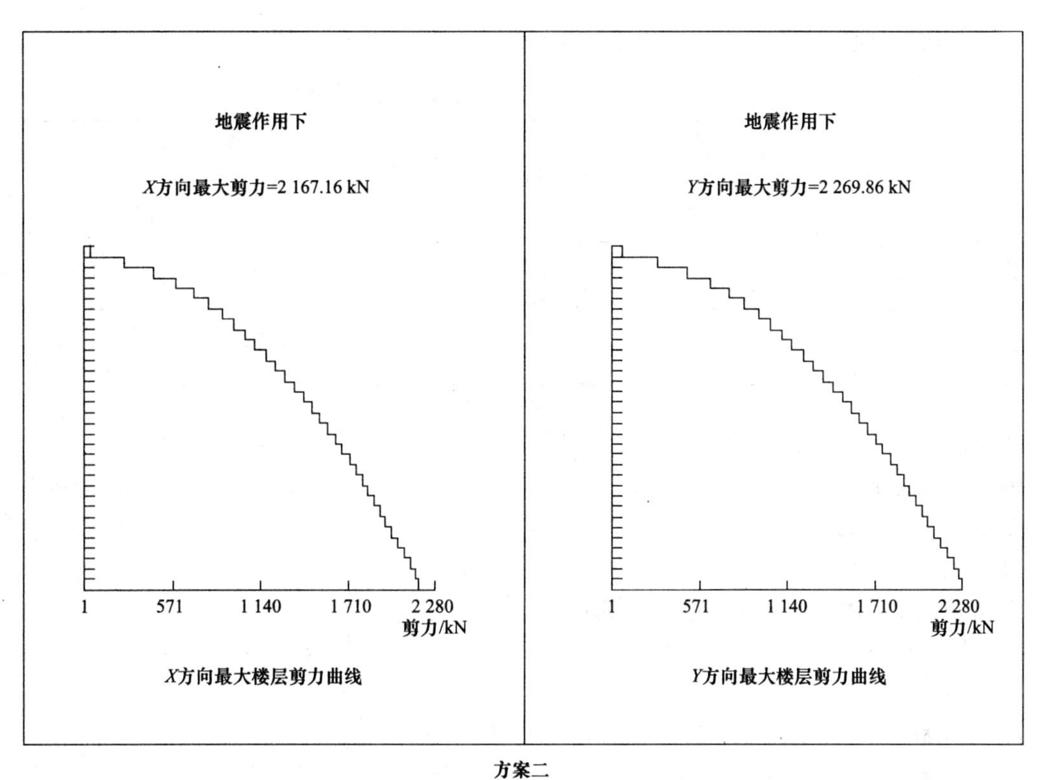

方案二

图 3-40　方案二地震作用下楼层剪力分布图

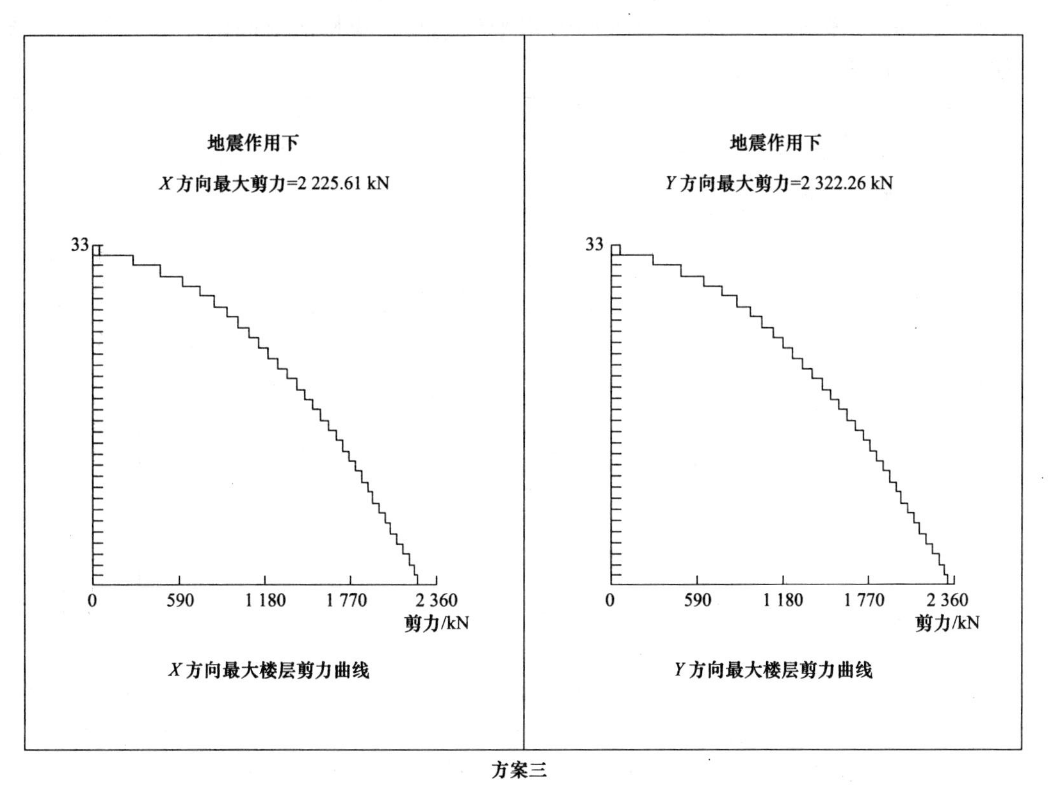

方案三

图 3-41　方案三地震作用下楼层剪力分布图

各方案底层地震剪力、剪重比以及底层地震弯矩值见表 3-9。

表 3-9　底层地震剪力、剪重比以及底层地震弯矩值

方案		底层地震剪力/kN	剪重比/%	底层地震弯矩/（kN·m）
方案一	X 方向	2 107.90	0.62	120 919.74
	Y 方向	2 215.10	0.65	126 870.55
方案二	X 方向	2 167.16	0.63	124 026.62
	Y 方向	2 269.86	0.66	129 672.62
方案三	X 方向	2 225.61	0.63	127 095.34
	Y 方向	2 322.26	0.66	132 340.19

计算结果数据显示，当剪力墙厚度增加后，结构抗侧刚度增加，地震作用明显增加。虽然剪力墙能够大大吸收地震作用，但一味增加墙体厚度并不一定对结构有利。各方案中首层剪重比均不满足规范要求，因此，按规范对地震作用进行了放大计算，已按规范要求进行调整。

（3）结构侧移。地震作用下各方案的最大层间位移角和最大位移与层平均位移的比值见表 3-10。

表 3-10　比值表

方案		最大层间位移角 max−D/h	最大位移与层平均位移的比值
方案一	X 方向	1/1 584	1.30
	Y 方向	1/1 894	1.34
方案二	X 方向	1/1 662	1.30
	Y 方向	1/1 964	1.34
方案三	X 方向	1/1 736	1.30
	Y 方向	1/2 025	1.34

层间位移角反映的是建筑物侧向刚度的大小，对其进行控制可以保证结构必要的抗侧刚度。弹性层间位移角为楼层层间最大弹性水平位移与对应楼层层高的比值。各方案结构侧移如图 3-42 和图 3-43 所示。

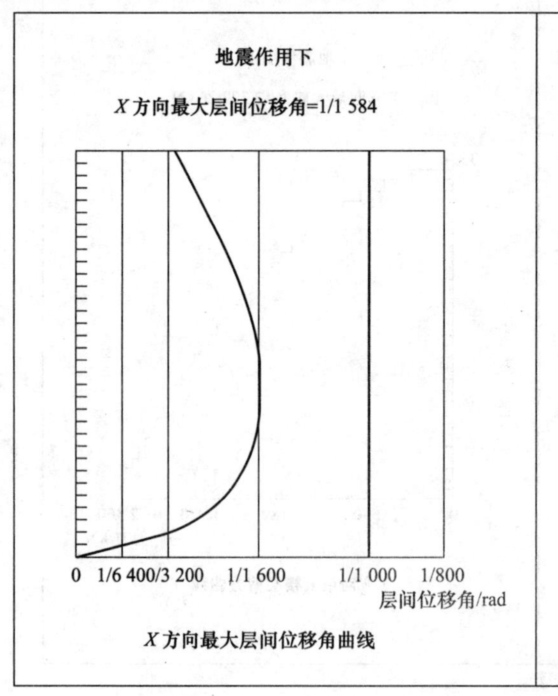

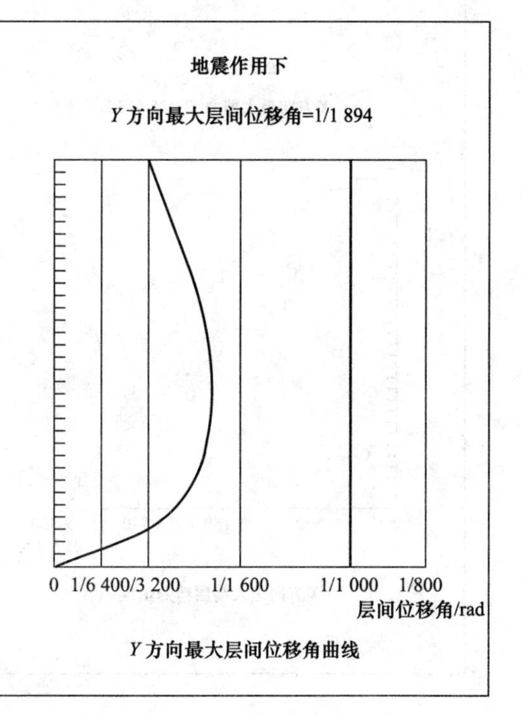

方案一

图 3-42　层间位移角沿结构高度的分布图

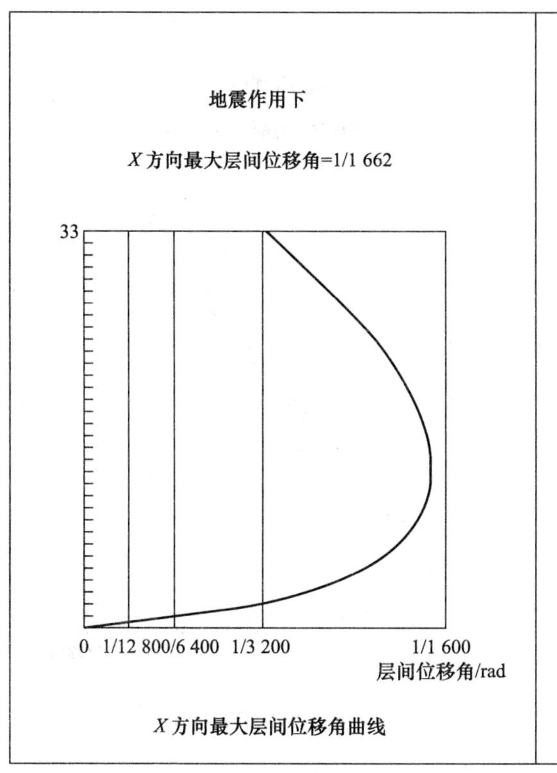

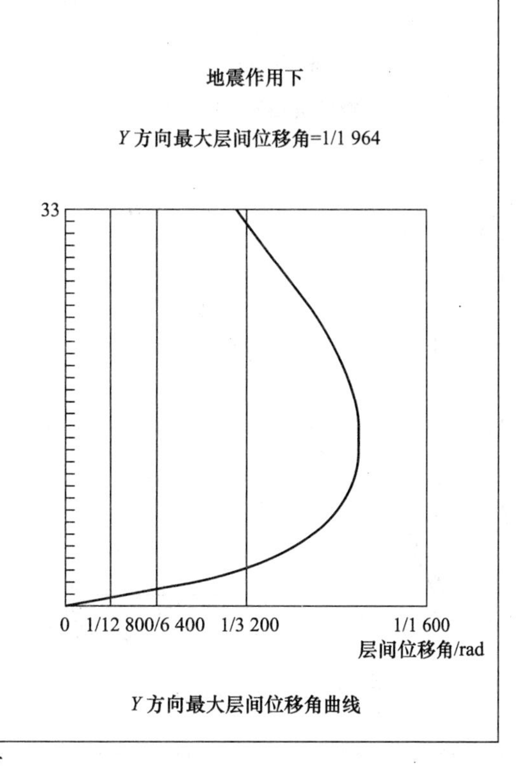

方案二

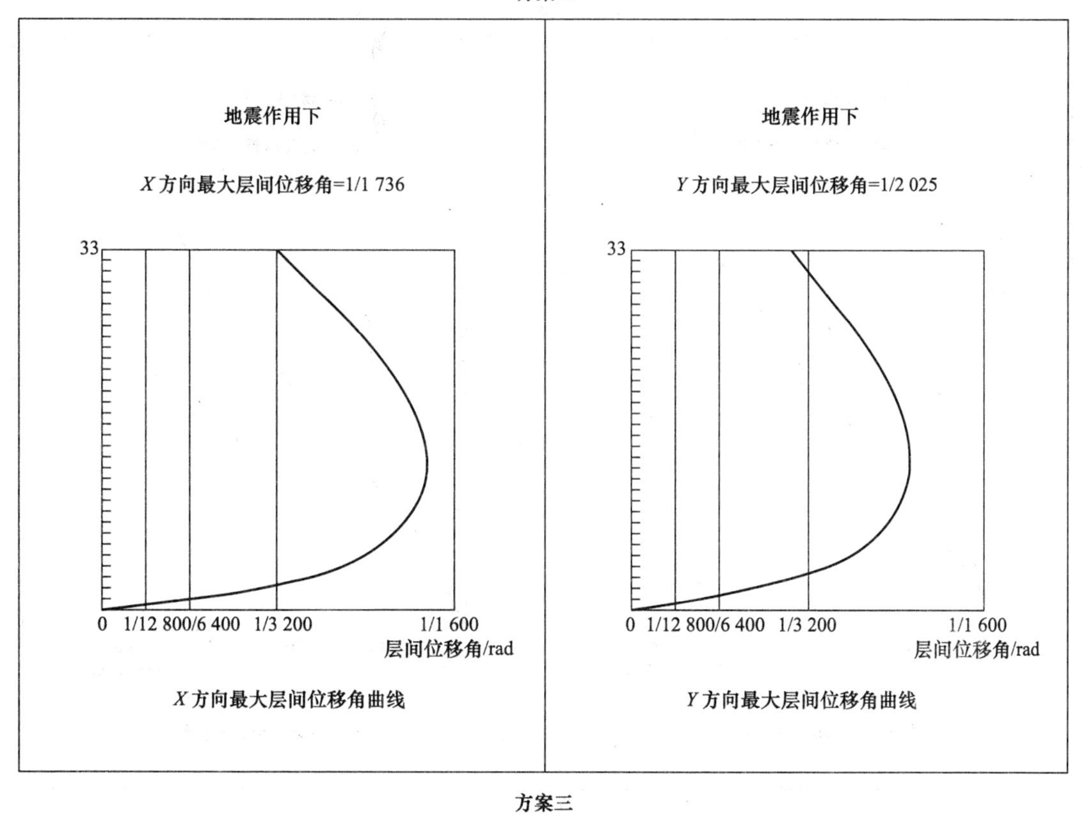

方案三

图 3-42　层间位移角沿结构高度的分布图（续）

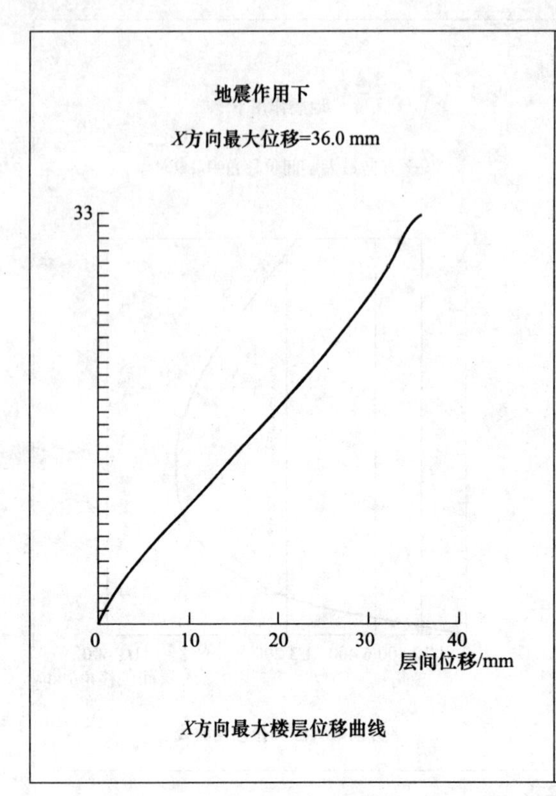

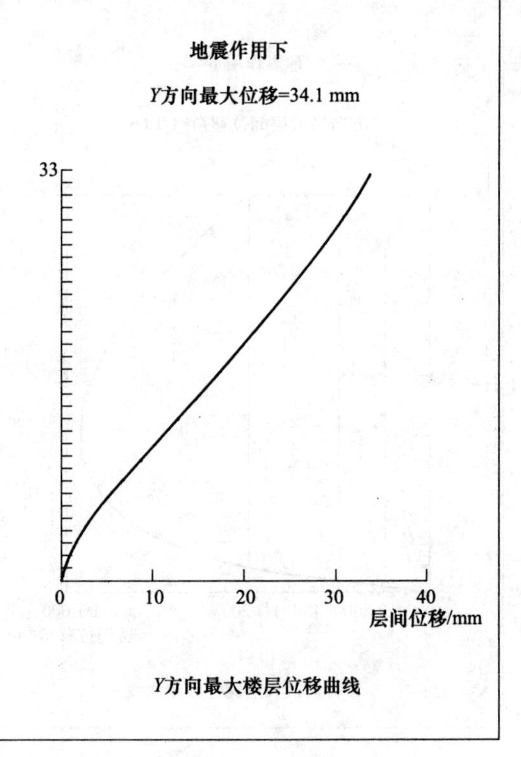

方案一

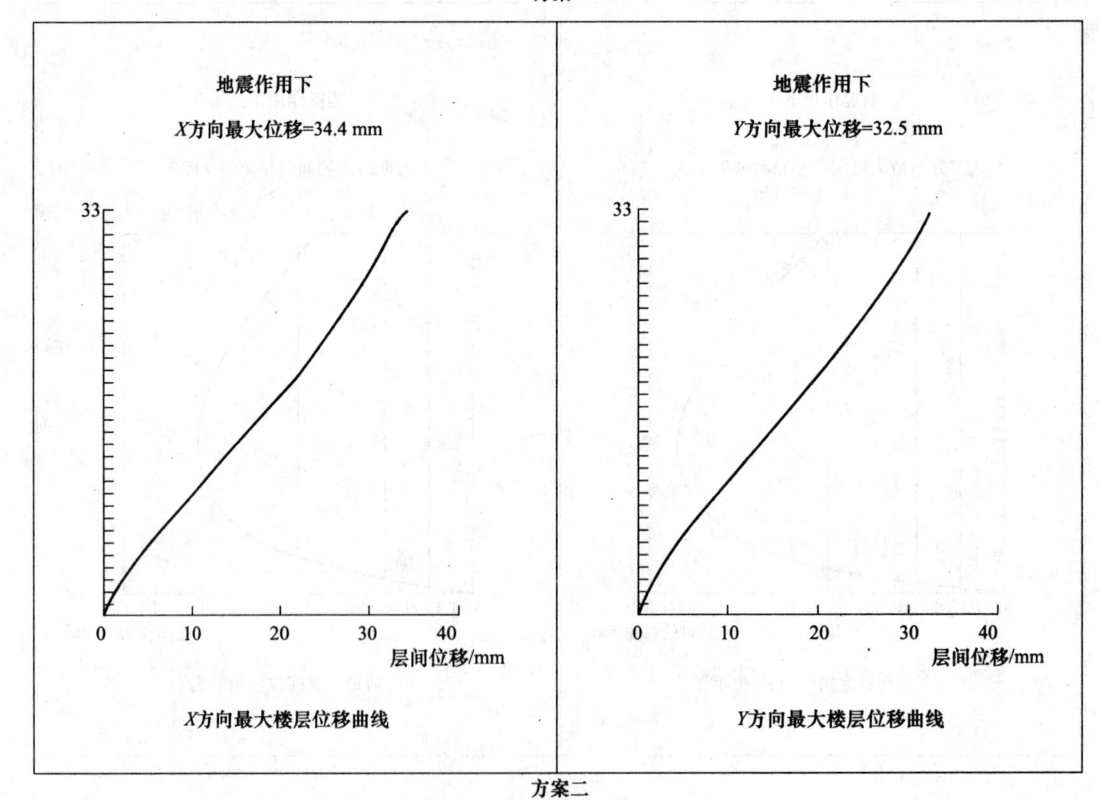

方案二

图 3-43　最大楼层位移曲线

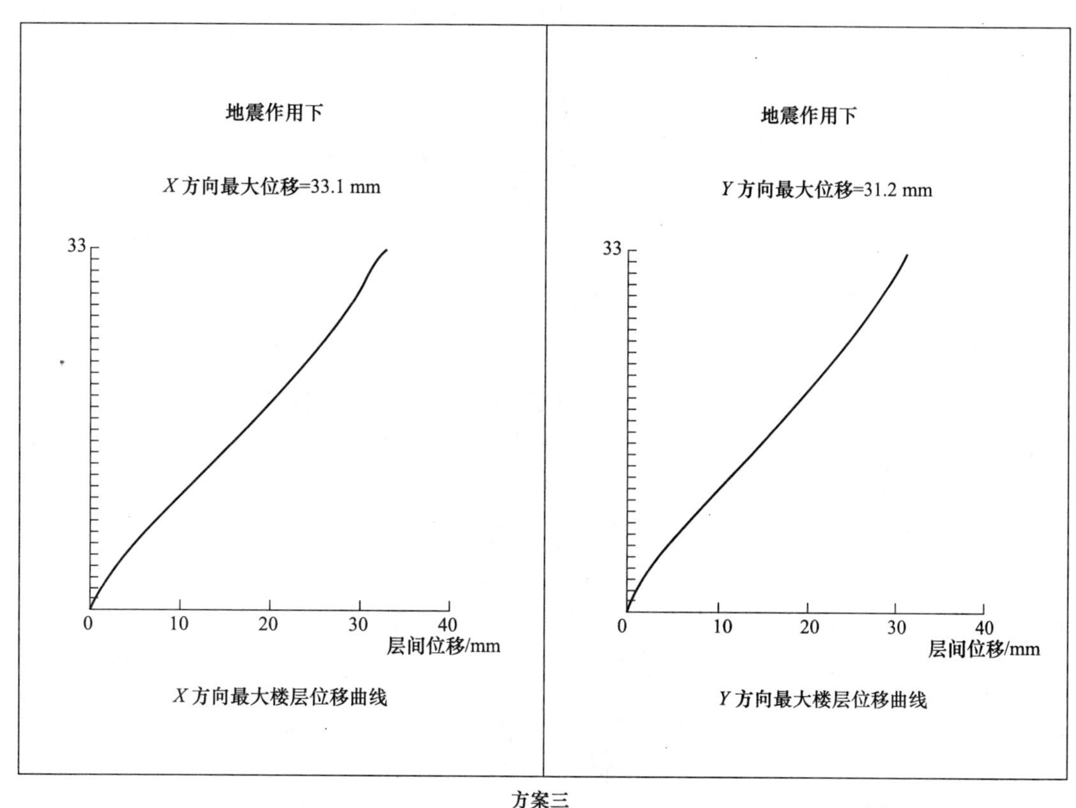

方案三

图 3-43 最大楼层位移曲线（续）

数据显示结构最大层间位移角随着墙体厚度的增加而减小，均小于 1/1 000，满足《高层建筑混凝土结构技术规程》(JGJ 3—2010) 的相关规定。由此数据可看出，层间位移角与规范限值相比还有一定的优化空间，此结构还可以在剪力墙数量及布置方面作进一步的优化。

(4) 刚重比。结构的侧向刚度与重力荷载设计值之比称为刚重比。高层建筑在风荷载或水平地震作用下，若重力二阶效应过大则会引起结构的失稳倒塌，刚重比是影响重力二阶效应的主要参数，故控制好结构的刚重比，则可以控制结构不失去稳定。

对于剪切型的框架结构，刚重比大于 10 时，结构重力二阶效应可控制在 20%以内；当刚重比大于 20 时，重力二阶效应对结构的影响已经很小，故规范规定此时可以不考虑重力二阶效应。

对于弯剪型的剪力墙结构、框架-剪力墙结构、筒体结构，当刚重比大于 1.4 时，结构能够保持整体稳定；当刚重比大于 2.7 时，重力二阶效应导致的内力和位移增量很小，故规范规定此时可以不考虑重力二阶效应。

各方案刚重比见表 3-11。

表 3-11 各方案刚重比

刚重比	方案一	方案二	方案三
X 方向	3.18	3.33	3.47
Y 方向	3.36	3.52	3.67

数据显示，3 种方案中结构刚重比均大于 1.4，能够通过整体稳定性推算；同时，结构刚重比也均大于 2.7，可以不考虑重力二阶效应。

（5）各方案的剪力墙混凝土用量及钢筋用量见表 3-12。

表 3-12　各方案的剪力墙混凝土用量及钢筋用量

混凝土用量及钢筋用量	方案一	方案二	方案三
混凝土用量/m³	2 495.53	2 739.76	2 983.69
钢筋用量/kg	374 819.82	414 835.08	437 268.79

3 种方案下梁板混凝土用量相差无几，而剪力墙混凝土用量则相差比较大，随着剪力墙厚度的增加，其受力钢筋也随之增加。另外，由于结构自重不同，各方案桩的数量及桩径等也是不同的，这对于整个工程的造价影响相当大。

（6）各方案首层剪力墙配筋计算结果如图 3-44～图 3-46 所示。

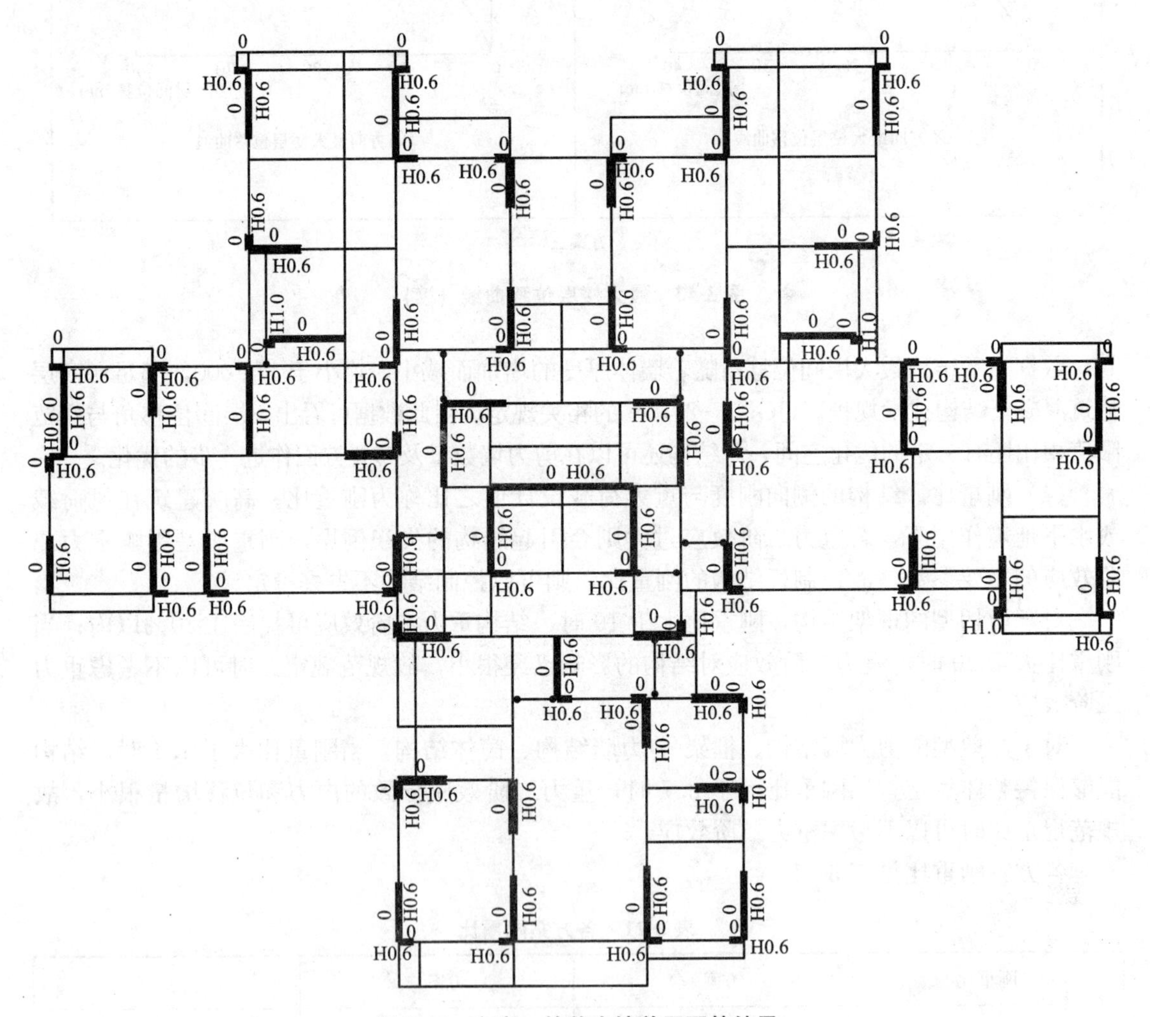

图 3-44　方案一的剪力墙首层配筋结果

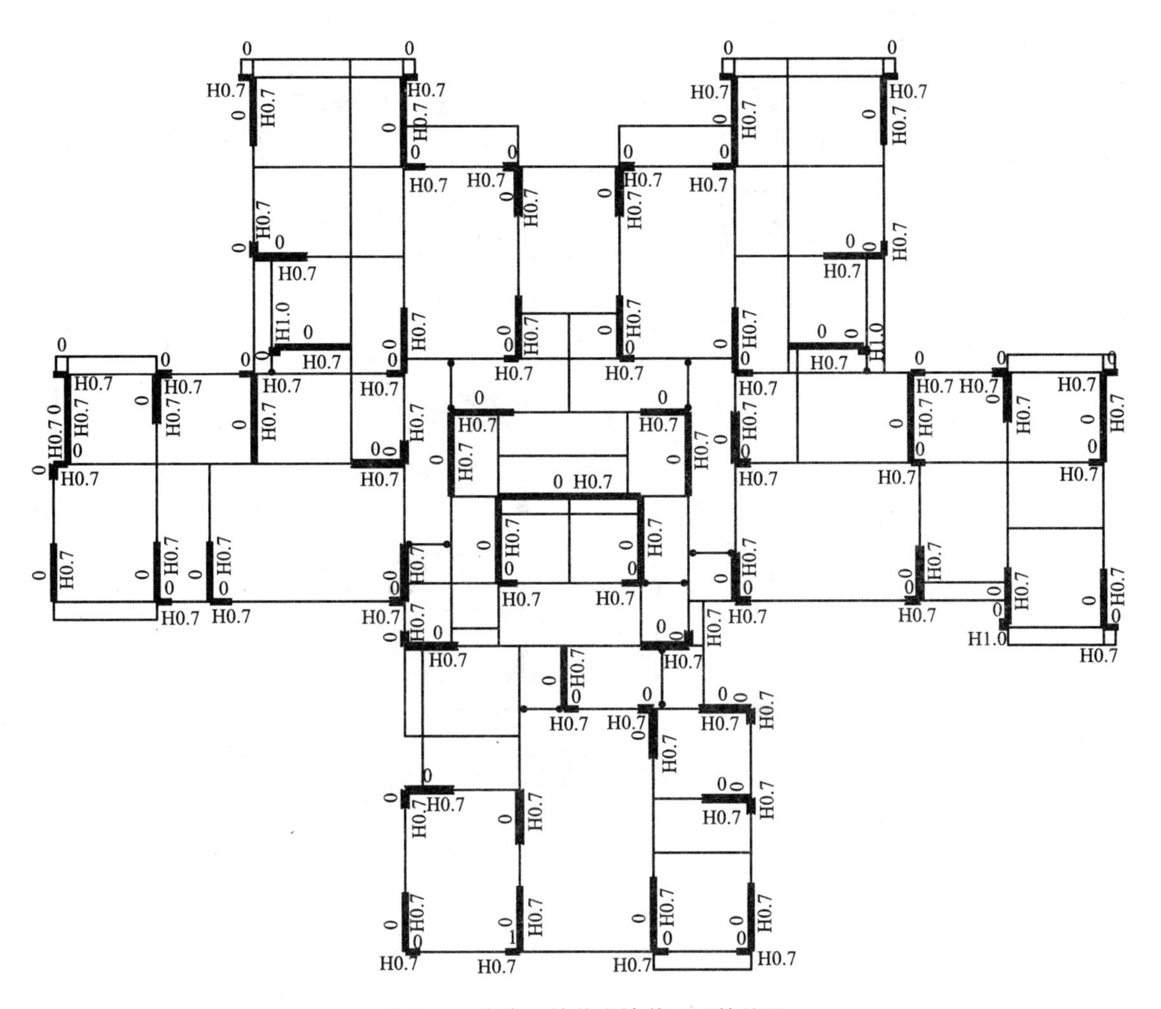

图 3-45　方案二的剪力墙首层配筋结果

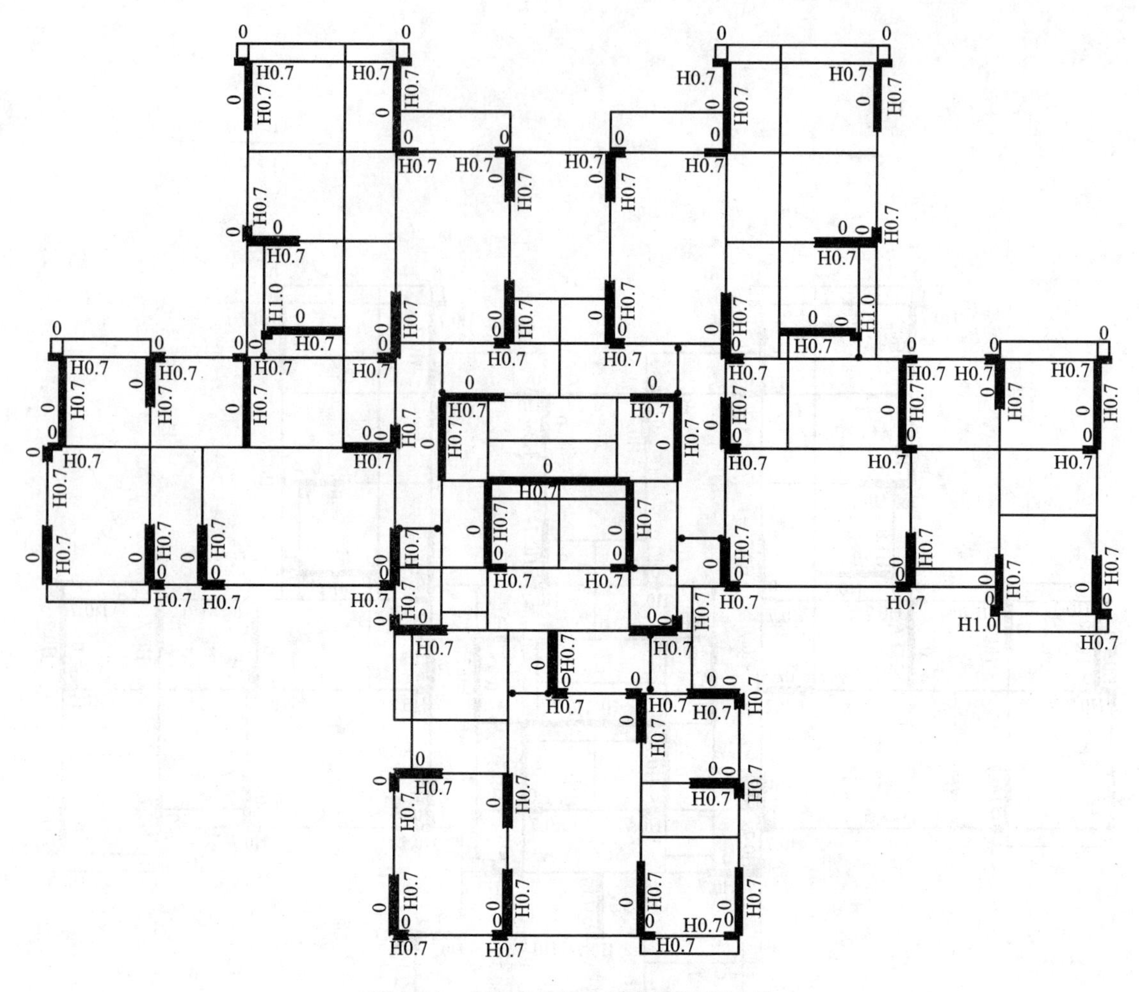

图 3-46　方案三的剪力墙首层配筋结果

3 种方案的剪力墙墙身配筋见表 3-13。

表 3-13　3 种方案的剪力墙墙身配筋

剪力墙身表				
方案	墙厚/mm	水平分布筋	垂直分布筋	拉筋
方案一	200	Φ8@200	Φ8@200	φ6@400
方案二	220	Φ10@250	Φ10@250	φ6@500
	220	Φ8@150	Φ10@250	φ6@600
方案三	240	Φ10@200	Φ8@150	φ6@600

3.4　基础变量优化设计

基础的造价在整个工程造价中所占的比例是比较高的，特别是对于地质条件比较复杂的地基，对基础方案进行比较分析和选择显得尤为重要。

基础设计时考虑经济性也是工程设计的重点。设计时结合岩土工程勘察报告及工程项目的实际情况，选择能够满足上部结构、地基基础要求，同时符合使用要求的基础方案。

同一工程一般可以有多种基础方案选择。一般情况下，天然地基的结构成本最低，其次是地基处理，最后是桩基础。所以在设计时，天然地基承载力及地基沉降满足要求时首选天然地基，其次考虑进行地基处理。基础选型由建筑体型、高度、结构形式、荷载情况及施工条件等多种因素整体把控。

对于桩基础，要求桩和承台有足够的刚度、强度及耐久性。另外，地基要有足够的强度，并且不产生过大的变形。桩基础设计要从桩型选择、桩形状、桩截面尺寸及桩长几个方面考虑。按施工方法，可以把桩基分为灌注桩和预制桩。常用的桩型有以下主要特点：

（1）泥浆护壁灌注桩：可以穿透硬夹层进入持力层，桩径、桩长可变范围大；现场泥浆池占地大，外运渣土量大，施工对环境影响大；浆液稠度、相对密度控制失当，容易产生塌孔、夹泥、沉渣等质量问题。

（2）旋挖成孔灌注桩：成孔效率高，泥浆量少，可重复循环利用，施工对环境影响小。成桩直径一般为 800～1 200 mm，深度为 60 m，但极软土成孔容易塌孔。

（3）人工挖孔灌注桩：桩径为 1～ 5 m，桩长不宜超过 30 m。其适用于地面狭小的低水位非软土场地，可直观查验土层，孔底可清理干净，质量容易控制；其不足是容易发生安全事故，应尽量避免采用。

（4）冲击成孔灌注桩：操作人员少，工效低，适用于含碎石土层、岩溶地层。

（5）混凝土预制桩：工艺比较简单，桩身结构承载力可调范围大；在松散土层、液化土层中应用多。设计中应考虑沉桩挤土效应，通过合理设计可以起到消除湿陷、液化的效果。

（6）预应力混凝土管桩：混凝土强度可达到 C60、C80，抗裂性能好，在松散及液化土层中沉桩可起到提高土体密实度的效果。可根据地层条件采用敞口桩，减小挤土效应。

（7）沉管内夯灌注桩：工艺简单，不排浆排渣，成桩速度快，造价低，挤土效应的影响严重，宜限于墙下单排布桩应用。由于沉管挤土，拔管桩周土回缩，导致桩身缩颈、断裂、上涌等现象，在各种桩型中质量事故最多。

3.4.1 工程概况

本工程位于贵州省习水县，拟建建筑物地上最高为 32 层住宅建筑，地下部分考虑周边其他楼栋、车库及幼儿园等的地势情况，局部有三层架空层，建筑物工程重要性等级为一级。结构嵌固层以上层数为 35 层，嵌固层以上高度为 106.5 m，结构安全等级为二级，设计使用年限为 50 年，地震设防烈度为 6 度，基础设计等级为甲级。基础部分是整个工程的核心部分，在投资中所占比例较大。

3.4.2 工程地质情况

本工程所在场地不良地质作用强烈发育，地形、地貌复杂，以溶蚀沟槽为主，场地复杂程度为一级；场地基岩面起伏较大，岩土种类较多且分布不均匀，性质变化较大，地基等级为二级，根据《岩土工程勘察规范（2009 年版）》（GB 50021—2001）第 3.1 条的有关规定，综合建筑物重要性等级和场地及地基等级，确定该工程勘察等级为甲级。

拟建场地属于中山、岩溶地貌区，后因规划建设，人类活动较剧烈，原始地形改变较大，现场地较平整。岩溶是影响地基基础稳定性的最主要因素，场地岩体受构造应力的影响，岩石的节理裂隙较发育，为地下水溶蚀岩体提供了基本条件，使场地岩体中发育出不同程度的岩溶地质现象，场地基岩面起伏较大。

场地内土层有素填土、硬塑红黏土，其分布范围、结构特点、建筑性能等都有较大差异。

（1）素填土：勘察范围内分布较广，结构不均匀，为近期施工单位平场回填，呈松散状态，不宜作为拟建构筑物地基持力层。

（2）可塑红黏土：分布较广，虽然具有压缩性较高、承载力较高的特点，但因其分布及厚度不均匀，不宜作为拟建建筑物地基持力层。

岩石地基及其结构特点：中风化灰岩为较硬岩，勘探范围内岩体呈较破碎状，岩体基本质量等级为中风化Ⅳ级，工程性能较好，可作为天然地基持力层。

3.4.3 基础方案

根据工程地质剖面图，结合拟建建筑物的特征和施工条件，考虑以较完整的中风化灰岩作为基础持力层，采用机械钻孔桩基础，桩基础嵌岩深度不小于0.5 m。中风化灰岩承载力特征值 f_a 取4 000 kPa，饱和单轴抗压强度标准值为33.68 MPa。设计时主要执行的规范有《混凝土结构设计规范（2015年版）》（GB 50010—2010）、《建筑结构荷载规范》（GB 50009—2012）、《建筑地基基础设计规范》（GB 50007—2011）、《高层建筑混凝土结构技术规程》（JGJ 3—2010）、《建筑桩基技术规范》（JGJ 94—2008）、《建筑抗震设计规范（2016年版）》（GB 50011—2010）等。

基础设计时优先选用纯桩基础，能满足要求时不必采用桩筏基础，尽量柱下布桩及墙下布桩。高层剪力墙住宅的剪力墙较多，本工程拟采用桩基础加承台及地梁的方式。

原始设计所采用的桩直径种类较多，有1 000 mm、1 100 mm、1 200 mm、1 300 mm和1 500 mm几种。桩类型及配筋详表见表3-14，利用PKPM软件计算得出底层墙柱最大组合内力简图，如附图28所示，基础平面布置图如附图29所示。

表3-14 桩类型及配筋详表

桩表										
桩基编号	混凝土强度等级	桩尺寸/mm		桩配筋				单桩竖向承载力特征值/kN	桩身强度标准值/kN	上部结构最大轴向力 N（标准值）/kN
		D	H_r（嵌岩深度）	①纵筋	②螺旋箍	③加劲箍	④梁旋箍			
ZH1	C30	1 300	1 300	20ⲫ14	ϕ8@200	ϕ8@100	ⲫ12@2 000	18 096	13 659	12 000
ZH2	C30	1 200	1 200	18ⲫ14	ϕ8@200	ϕ1@200	ⲫ12@2 000	15 419	11 638	10 000
ZH3	C30	1 100	1 000	14ⲫ14	ϕ8@200	ϕ8@100	ⲫ12@2 000	12 956	9 779	8 000
ZH4	C30	1 000	1 000	12ⲫ14	ϕ8@200	ϕ8@100	ⲫ12@2 000	10 707	8 052	6 500
ZH6	C30	1 500	750	20ⲫ14	ϕ8@200	ϕ8@100	ⲫ12@2 000	24 092	18 185	16 000
备注	1. 桩端持力层中风化灰岩饱和单轴抗压强度标准值为≥33.68 MPa。 2. 主筋沿周边均匀布置。									

根据质地勘察报告，本工程所处地块溶洞较多，所以桩长变化较大。

3.4.4 基础优化

原设计中桩类型比较多，从表 3-14 中可以看到桩基的嵌岩深度均为一倍桩径。经统计，直径为 1 000 mm 的桩有 8 根；直径为 1 100 mm 的桩有 7 根；直径为 1 200 mm 的桩有 49 根；直径为 1 300 mm 的桩有 9 根；直径为 1 500 mm 的桩有 2 根。原设计中在桩位置不变的情况下，存在一定的优化空间，例如，通过调整嵌岩深度来尽量减小桩径，从而减小桩身配筋，降低造价。对原设计进行优化时可以考虑：一是尽量使桩类型减少，这样有利于施工，静载试验与检测也相对容易；二是增加嵌岩深度，调整桩长、混凝土强度等级、桩径来提高单桩承载力和桩身强度，从而减小桩身配筋。

对本工程基础优化后，桩基选用见表 3-15，优化后对应的基础平面布置图如图 3-47 所示。

表 3-15 桩基选用表

桩表										
桩基编号	混凝土强度等级	桩尺寸/mm		桩配筋				单桩竖向承载力特征值/kN	桩身强度标准值/kN	上部结构最大轴向力 N（标准值）/kN
		D	H_r（嵌岩深度）	① 纵筋	② 螺旋箍	③ 梁旋箍	④ 加劲箍			
ZH1	C35	1 000	1 000	12Φ14	Φ8@200	Φ8@100	Φ12@2 000	10 707	9 438	8 000
ZH2	C35	1 100	1 100	14Φ14	Φ8@200	Φ1@100	Φ12@2 000	12 956	11 421	10 000
ZH3	C35	1 200	1 200	18Φ14	Φ8@200	Φ8@100	Φ12@2 000	15 419	13 591	12 000
ZH4	C35	900	900	11Φ14	Φ8@200	Φ8@100	Φ12@2 000	8 673	7 645	6 500
ZH5	C30	1 500	750	20Φ14	Φ8@200	Φ8@100	Φ12@2 000	24 092	18 185	16 000
备注	1. 桩端持力层中风化灰岩饱和单轴抗压强度标准值为≥33.68 MPa。 2. 主筋沿周边均匀布置。									

本工程为剪力墙下及柱下布置桩，并且桩的布置是不均匀的，按桩基础设计时不考虑土的作用。柱下或墙下桩之间采用承台连接，受力明确。桩端为坚硬岩石的嵌岩桩，桩承载力由桩身混凝土强度控制而非桩端阻力控制。

优化后几乎所有的桩径在原设计的基础上均可减小，而只提高了桩身混凝土强度等级。混凝土从 C30 提高到 C35，造价影响较小，而桩身直径的减小对钢材用量的影响是相当大的。经统计，直径为 900 mm 的桩有 16 根；直径为 1 000 mm 的桩有 41 根；直径为 1 100 mm 的桩有 13 根；直径为 1 200 mm 的桩有 3 根；直径为 1 500 mm 的桩有 2 根。

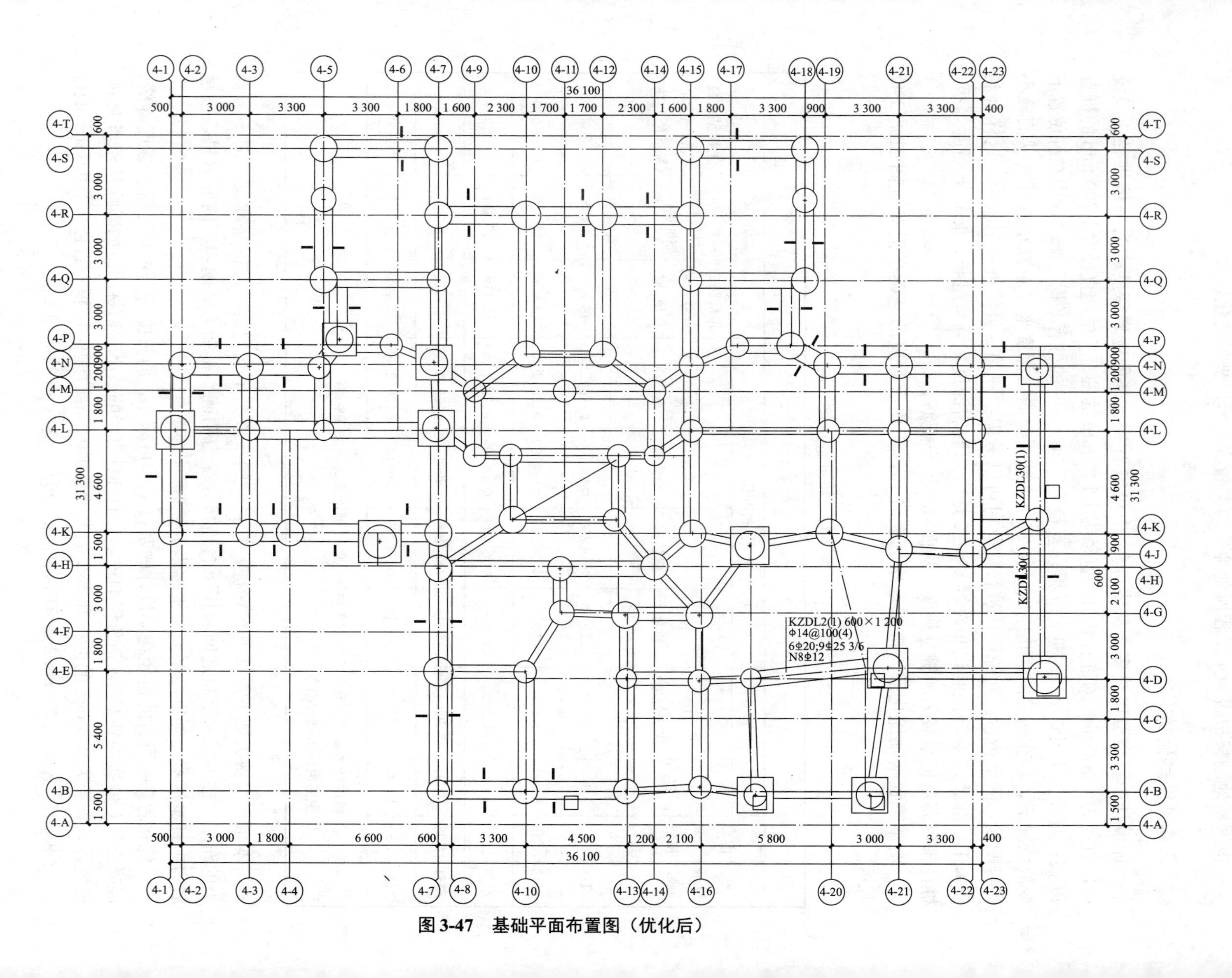

图 3-47 基础平面布置图（优化后）

3.4.5 基础优化前后经济效益比较

按桩长为 20 m 计算，基础进行优化前，桩基的混凝土总量为 1 776.70 m^3，所用的纵向受力钢筋统计为 1 296 根 Φ14 钢筋。对基础进行优化后，桩基的混凝土总量为 1 296.70 m^3，所用的纵向受力钢筋统计为 944 根 Φ14 钢筋。优化前后可节约混凝土用量 480 m^3，节约 Φ14 钢筋 352 根。

从本工程基础优化中可以看出，工程设计时对基础进行优化对工程造价的控制是很有效的。桩基设计时应满足相关的桩基构造要求，同时也应考虑负摩阻力的影响。在满足承载力要求及桩身强度要求时应尽量减小桩直径，从而减少桩身配筋，达到节约的目的。目前工程中也有许多新技术、新工艺的运用，新型桩基形式的出现也给施工和设计带来便利。优化时应结合工程实际情况，多方面考虑选用合适的优化方法进行优化。

本工程为三层办公楼，建筑用地面积为 357.3 m^2，建筑面积为 1 043.3 m^2，结构类型为框架结构，本工程室内外高差为 0.45 m，建筑高度为 12.45 m。

结构安全等级为二级，设计使用年限为 50 年，结构耐火等级为二级，建筑抗震设防类别为丙类，地震设防烈度为 6 度，地震分组为第一组，设计基本地震加速度值为 0.05g。拟建场地上覆主要土层为红黏土，厚度为 0～8.80 m，平均厚度为 7.01 m，为硬塑状，承载力 f_{ak}=160.00 kPa，根据《建筑抗震设计规范（2016 年版）》（GB 50011—2010），拟建场地为中硬场地土，场地类别为 II 类。

建筑各层平面布置图、剖面图及立面图如图 3-48～图 3-54 所示。

本工程所在地地质情况如下：

地层岩性根据地面地质调绘及钻探揭露，自上而下为：

(1) 素填土：以碎块状石灰岩为主，含有部分黏土，结构松散。

(2) 黏土：褐黄色，可塑状，土质细腻。

(3) 石灰岩：深灰色，岩芯呈长柱状及块状，中厚层状，节理、裂隙较发育，隐晶质结构，中风化。

建议黏土地基承载力取值为：f_a=160 kPa。

建议石灰岩地基承载力取值为：f_a=4 600 kPa。

根据拟建筑物场地地基条件，场地选择中风化石灰岩岩层作地基持力层，场地内基岩埋深浅，并且局部有岩溶较发育，因而可采用机械成孔，桩基础需穿越岩溶洞隙，置于连续、稳定的中风化岩体上。

(1) 根据以上工程概况确定合理的结构形式及结构平面布置。

(2) 根据建筑使用功能确定设计相关荷载取值，并利用 PKPM 软件进行建模计算。

(3) 依据模型计算结果确定结构构件变量，优化设计目标函数。

(4) 分别对柱变量及梁变量进行优化设计，找出相对合理的结构构件尺寸。

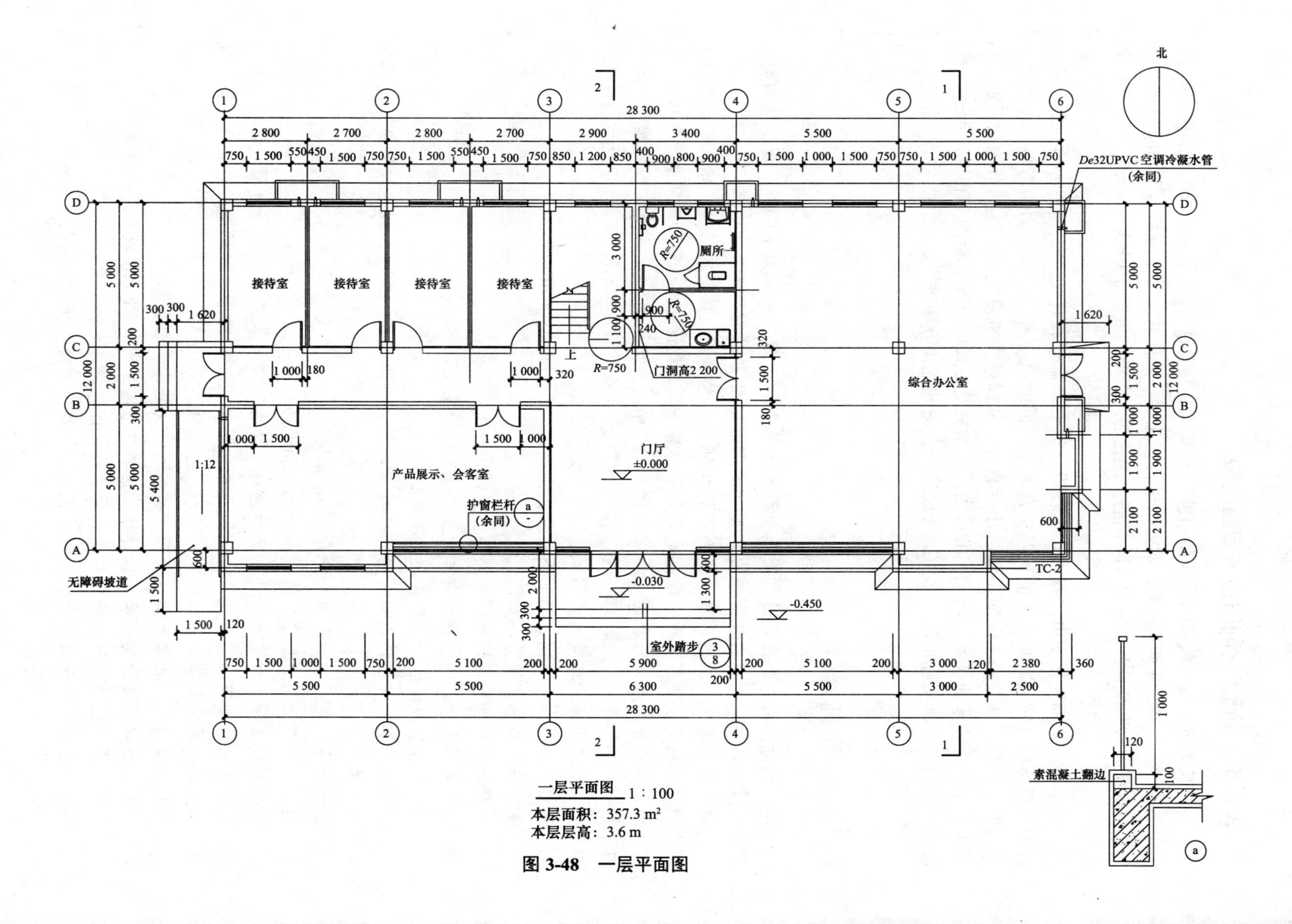
北
De32UPVC空调冷凝水管
(余同)
接待室
接待室
接待室
接待室
厕所
R=750
门洞高2 200
上
综合办公室
门厅
±0.000
产品展示、会客室
护窗栏杆
(余同)
无障碍坡道
1:12
-0.030
-0.450
室外踏步
TC-2
28 300
素混凝土翻边
一层平面图 1：100
本层面积：357.3 m²
本层层高：3.6 m

图 3-48 一层平面图

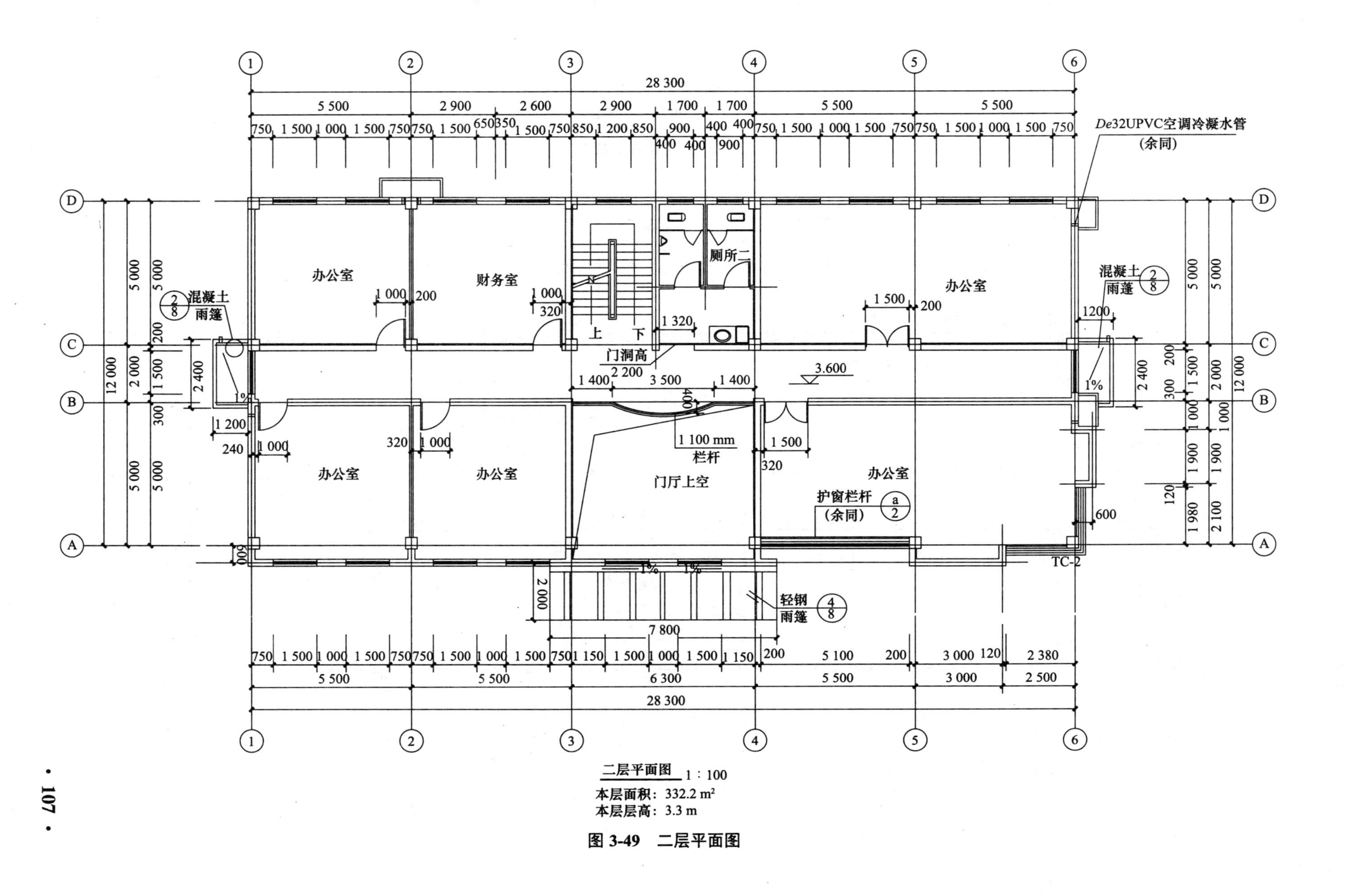
De32UPVC空调冷凝水管
(余同)
混凝土
雨篷
办公室
财务室
厕所二
办公室
混凝土
雨篷
上
下
门洞高
2 200
3.600
1 100 mm
栏杆
办公室
办公室
门厅上空
办公室
护窗栏杆
(余同)
TC-2
轻钢
雨篷
二层平面图 1：100
本层面积：332.2 m²
本层层高：3.3 m

图 3-49 二层平面图

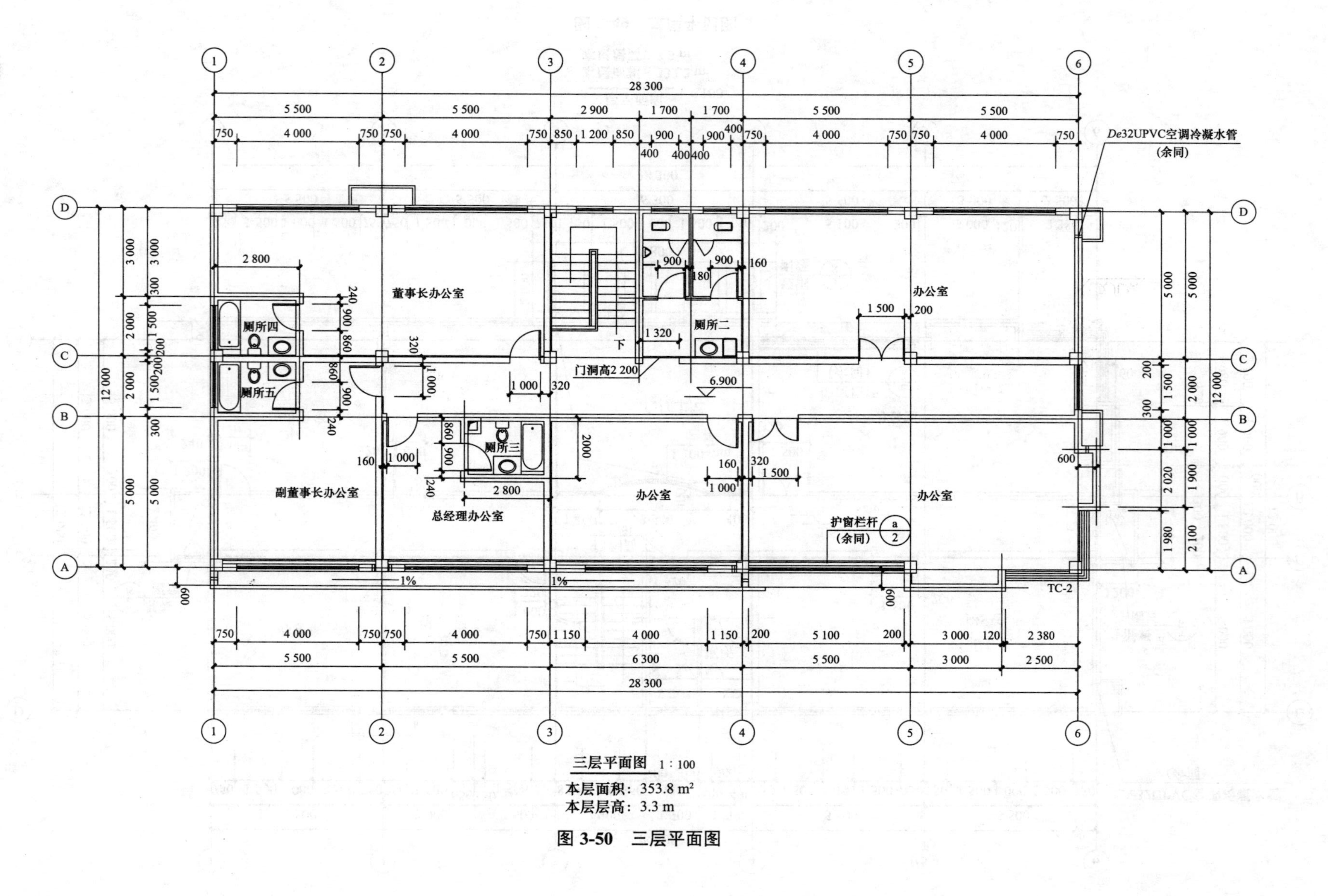
De32UPVC空调冷凝水管
(余同)
董事长办公室
厕所四
厕所五
厕所二
厕所三
办公室
副董事长办公室
总经理办公室
门洞高2 200
护窗栏杆
(余同)
TC-2
三层平面图 1∶100
本层面积：353.8 m²
本层层高：3.3 m

图 3-50　三层平面图

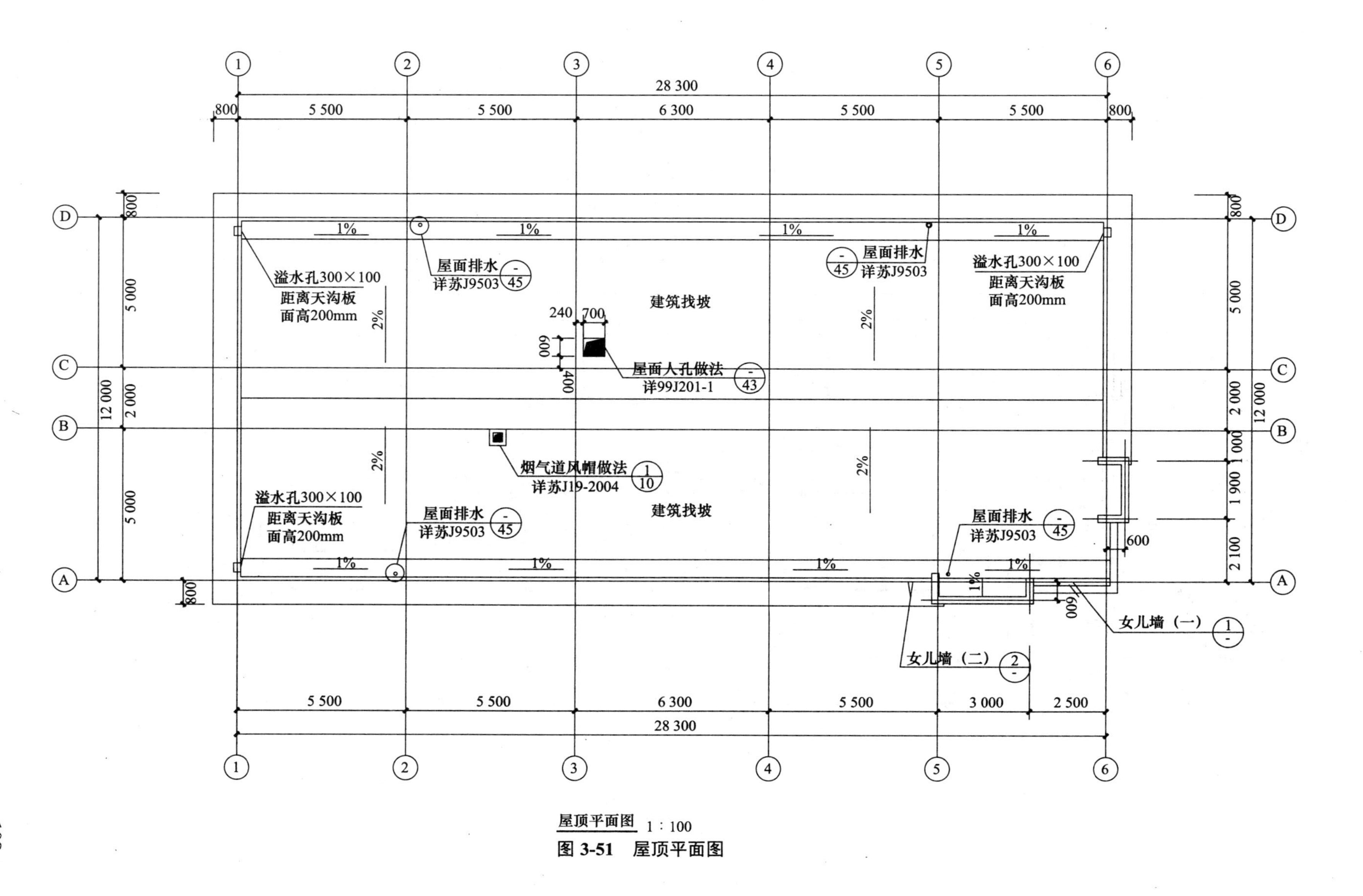

屋顶平面图 1：100

图 3-51 屋顶平面图

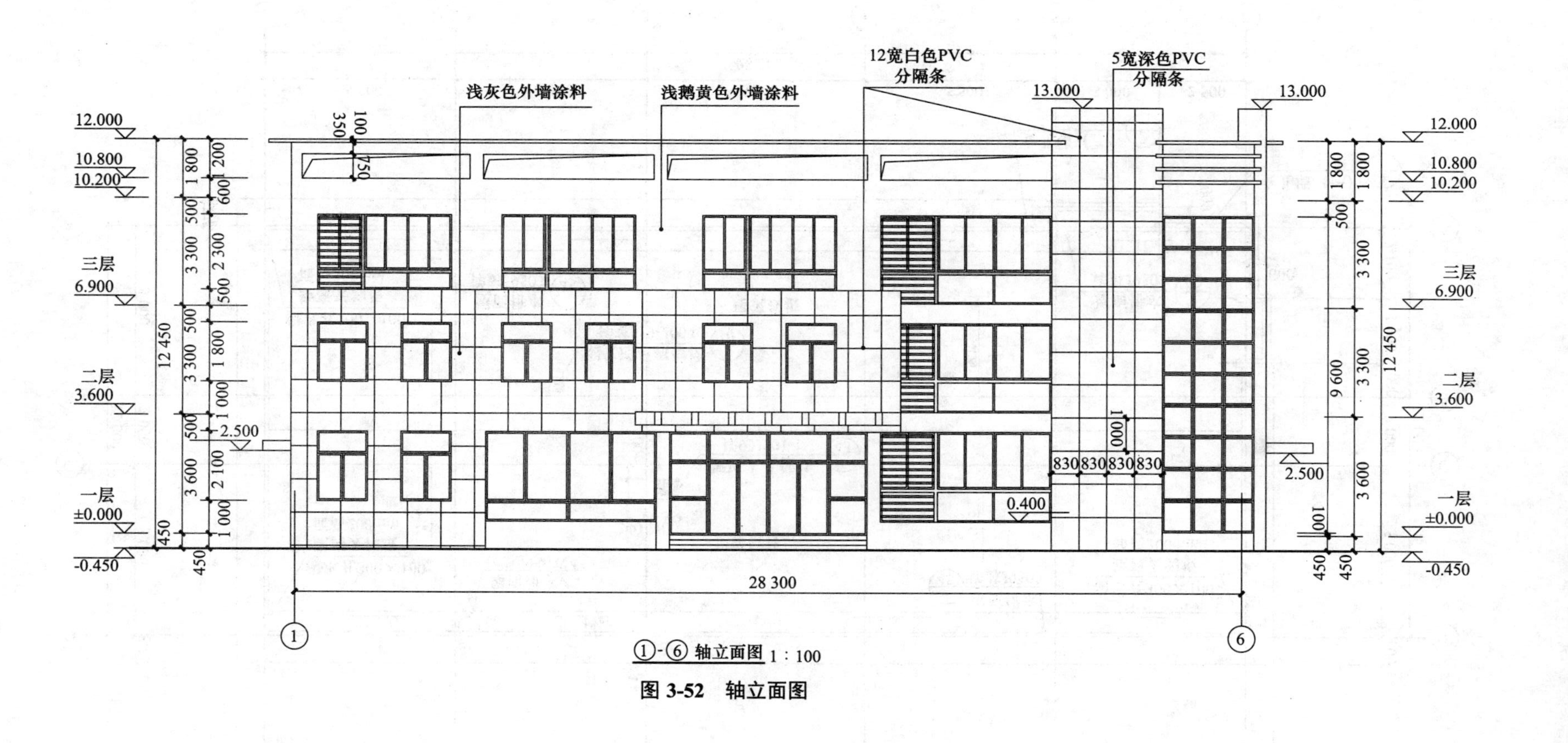

①-⑥轴立面图 1∶100

图 3-52 轴立面图

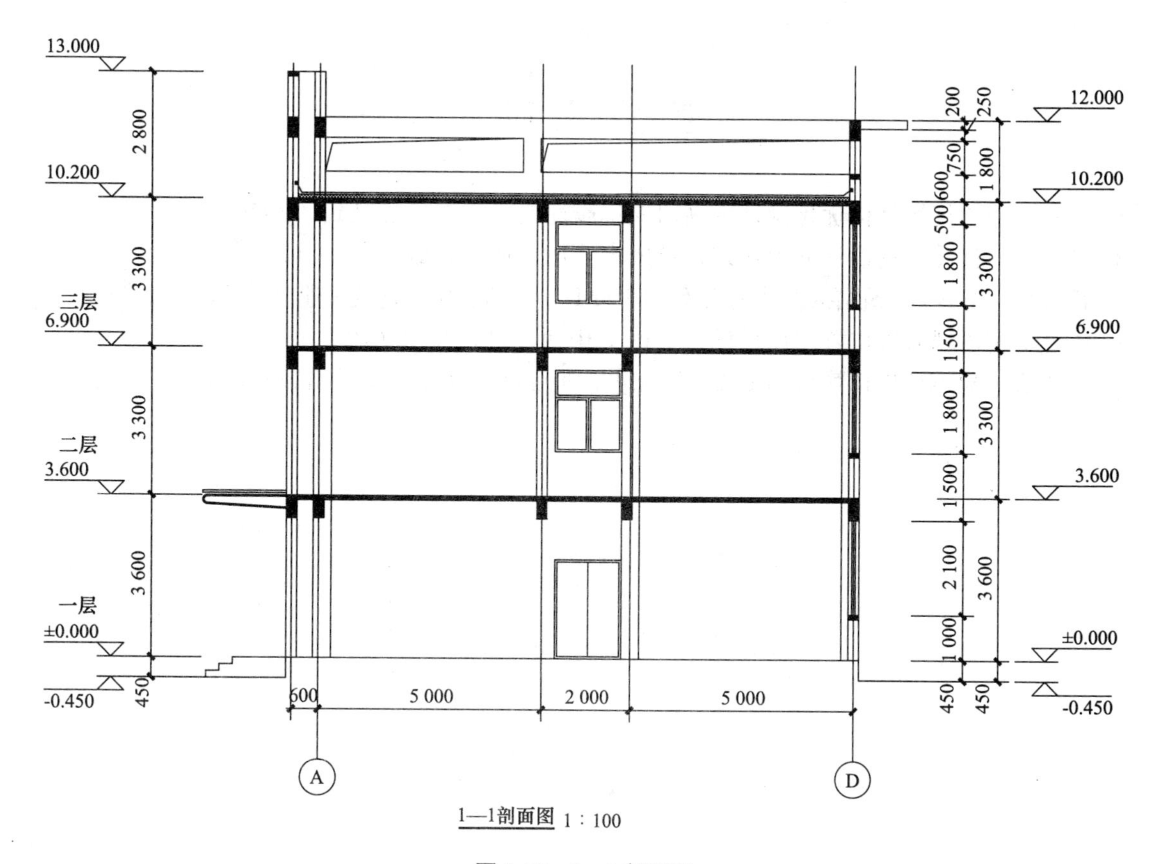

图 3-53　1—1 剖面图

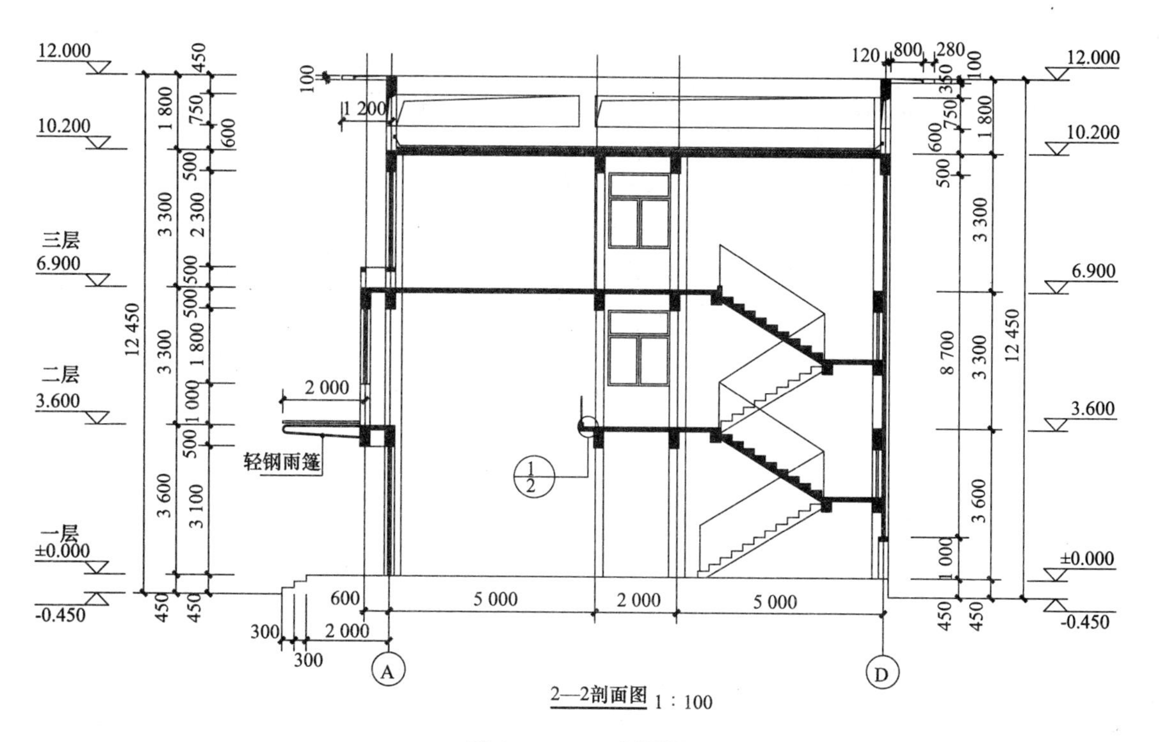

图 3-54　2—2 剖面图

参考文献

[1] 肖伟．通过房屋结构优化设计提高房屋抗震性能［J］．福建建筑，2009（1）．
[2] 张红友．优化结构设计减少建筑投资成本［J］．陕西建筑，2008（11）．
[3] 徐传亮，光军．建筑结构设计优化及实例［M］．北京：中国建筑工业出版社，2012.
[4] 宋瑛．剪力墙布置位置的设计优化［J］．山西建筑，2012（10）．
[5] 范幸义．建筑结构计算机辅助设计［M］．北京：北京理工大学出版社，2016.

《建筑结构优化设计实务》配套图册

主　编　范幸义　刘培莉
副主编　徐海英　邵浙渝
参　编　尹飞云　任　栗

北京理工大学出版社
BEIJING INSTITUTE OF TECHNOLOGY PRESS

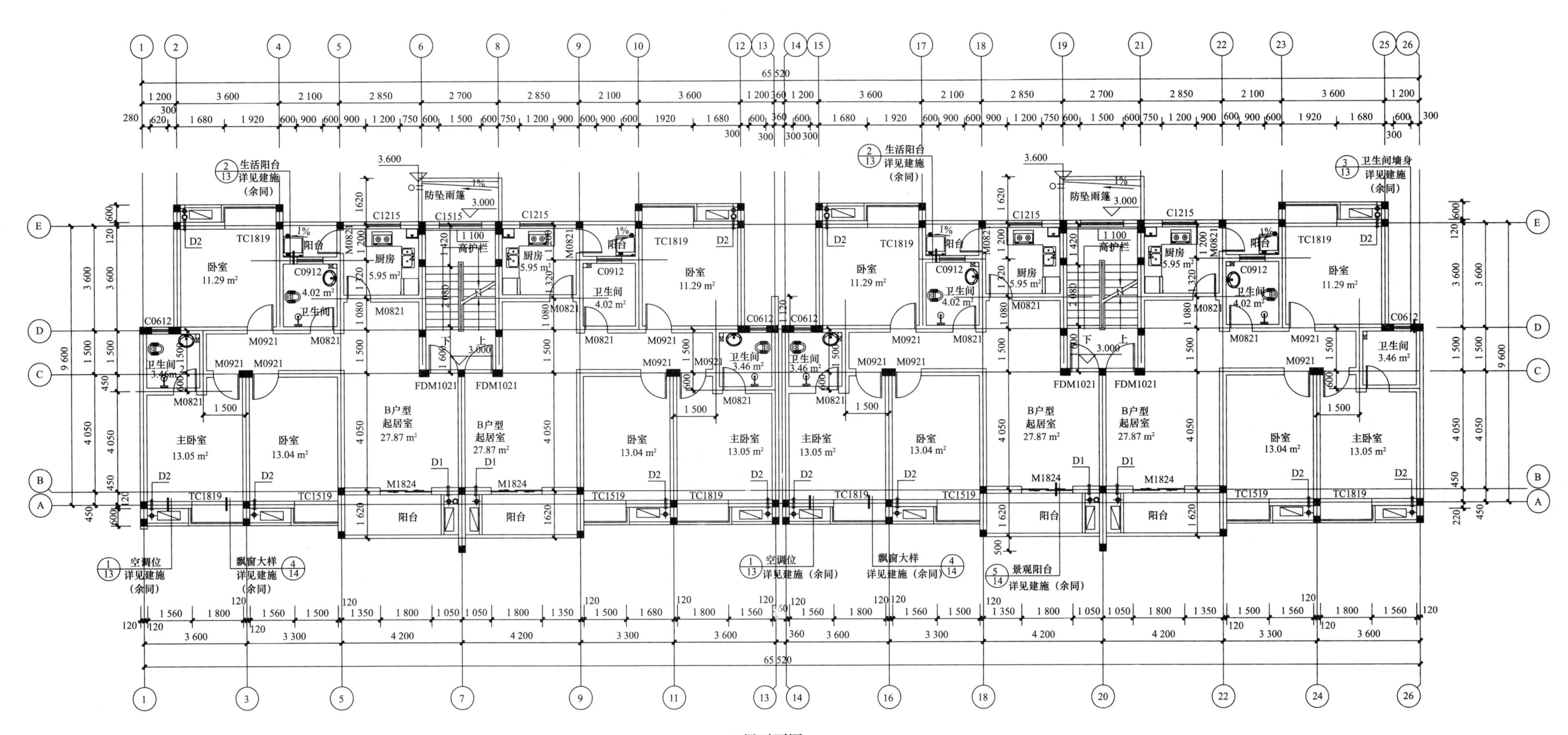

二层平面图 1：100

本层建筑面积：621.76 m²

附图1　住宅平面布置图

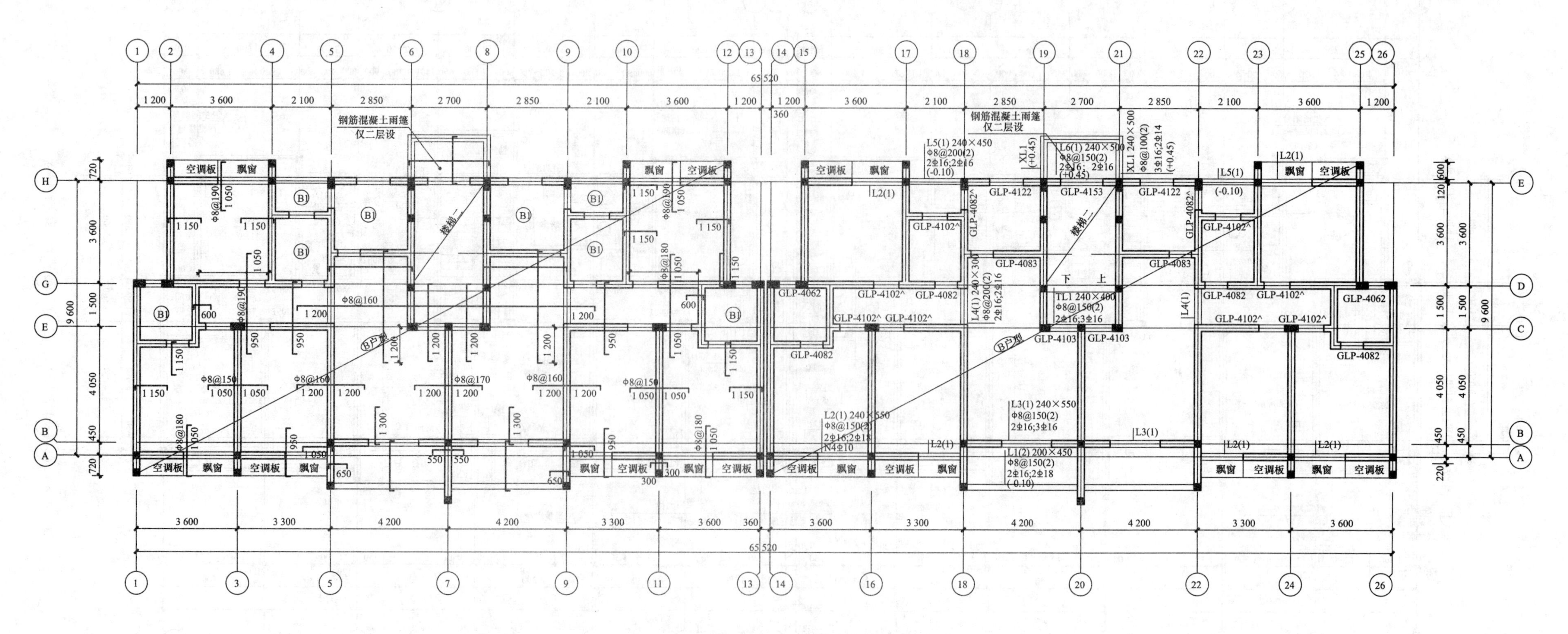

二层梁板配筋图 1∶100

附图2 住宅结构平面图

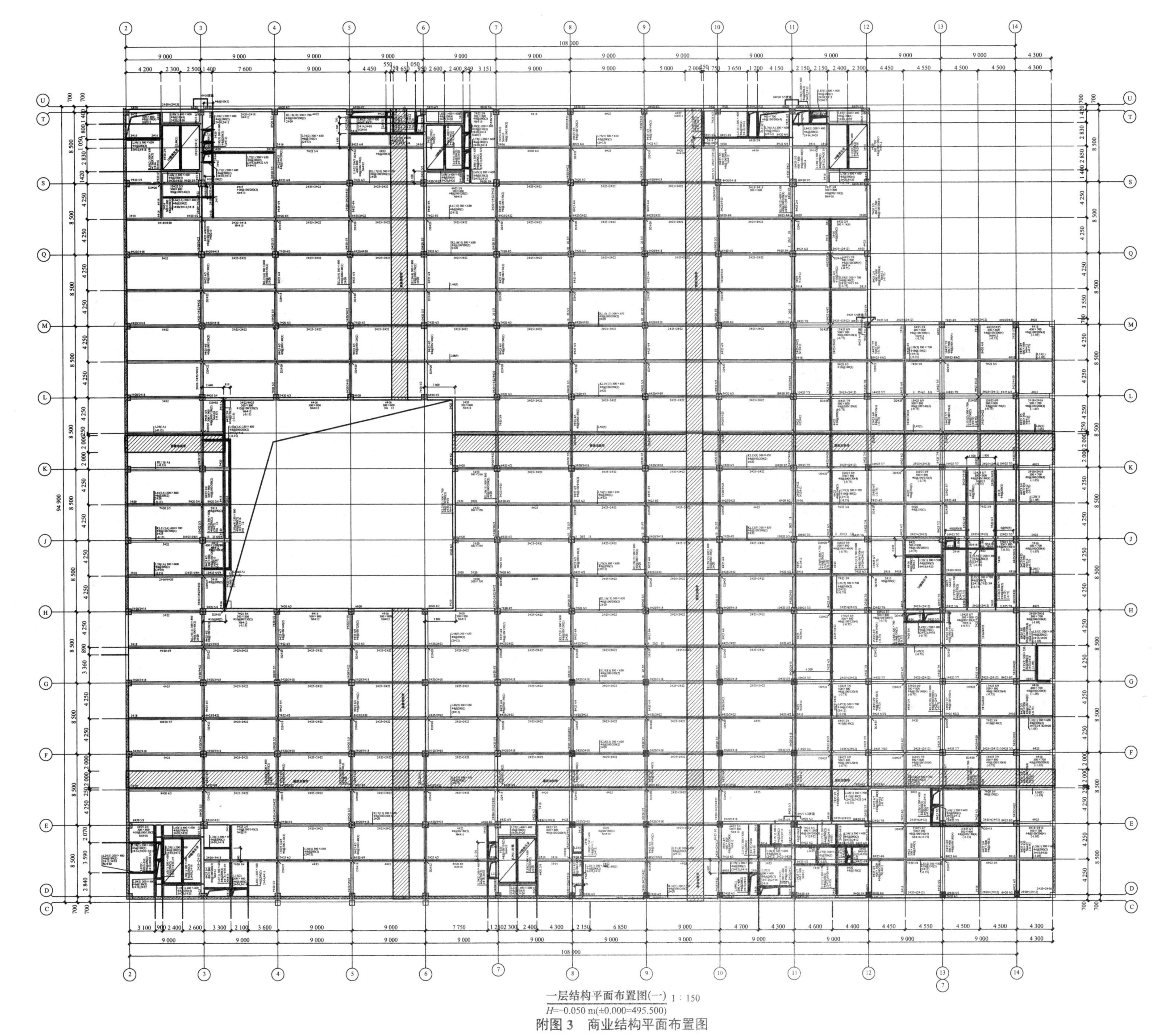

一层结构平面布置图(一) 1 : 150

H=−0.050 m(±0.000=495.500)

附图 3　商业结构平面布置图

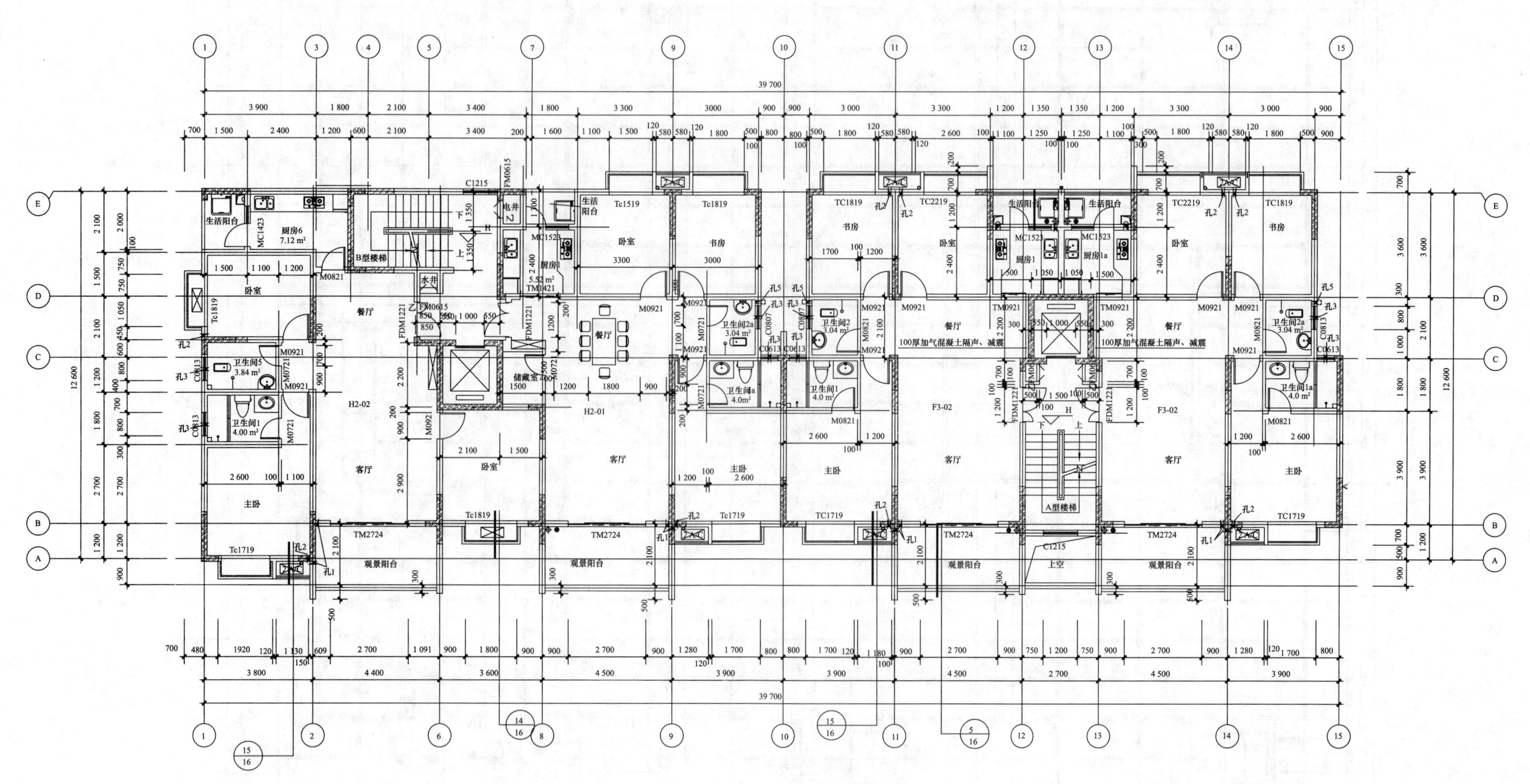

4~8层平面图 1：100

本层建筑面积：694.62 m²

附图4　建筑平面布置图

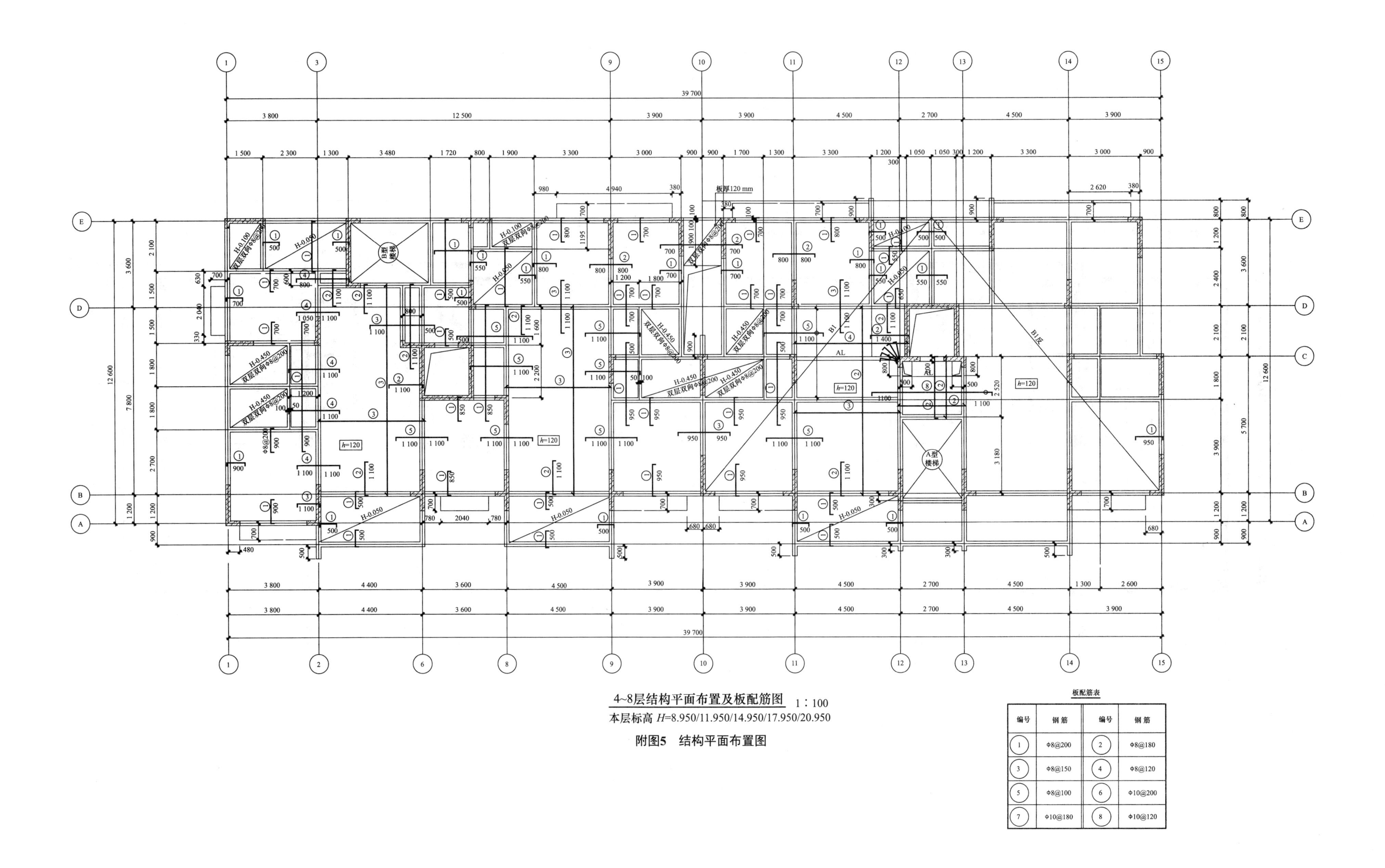

4~8层结构平面布置及板配筋图　1∶100

本层标高 H=8.950/11.950/14.950/17.950/20.950

附图5　结构平面布置图

板配筋表

编号	钢 筋	编号	钢 筋
1	Φ8@200	2	Φ8@180
3	Φ8@150	4	Φ8@120
5	Φ8@100	6	Φ10@200
7	Φ10@180	8	Φ10@120

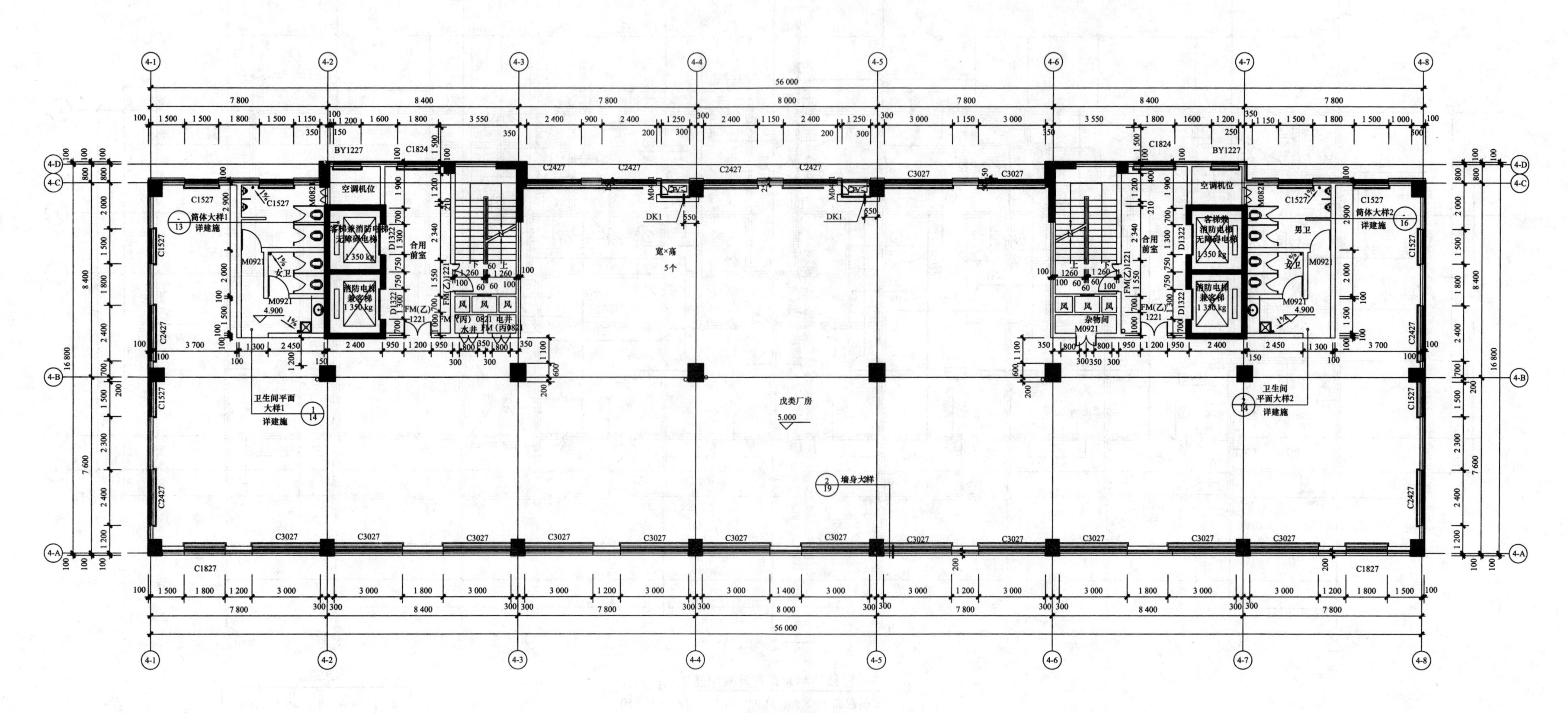

二层平面图 1：100

本层建筑面积：912.78 m²

本层为一个防火分区

附图6 建筑平面布置图

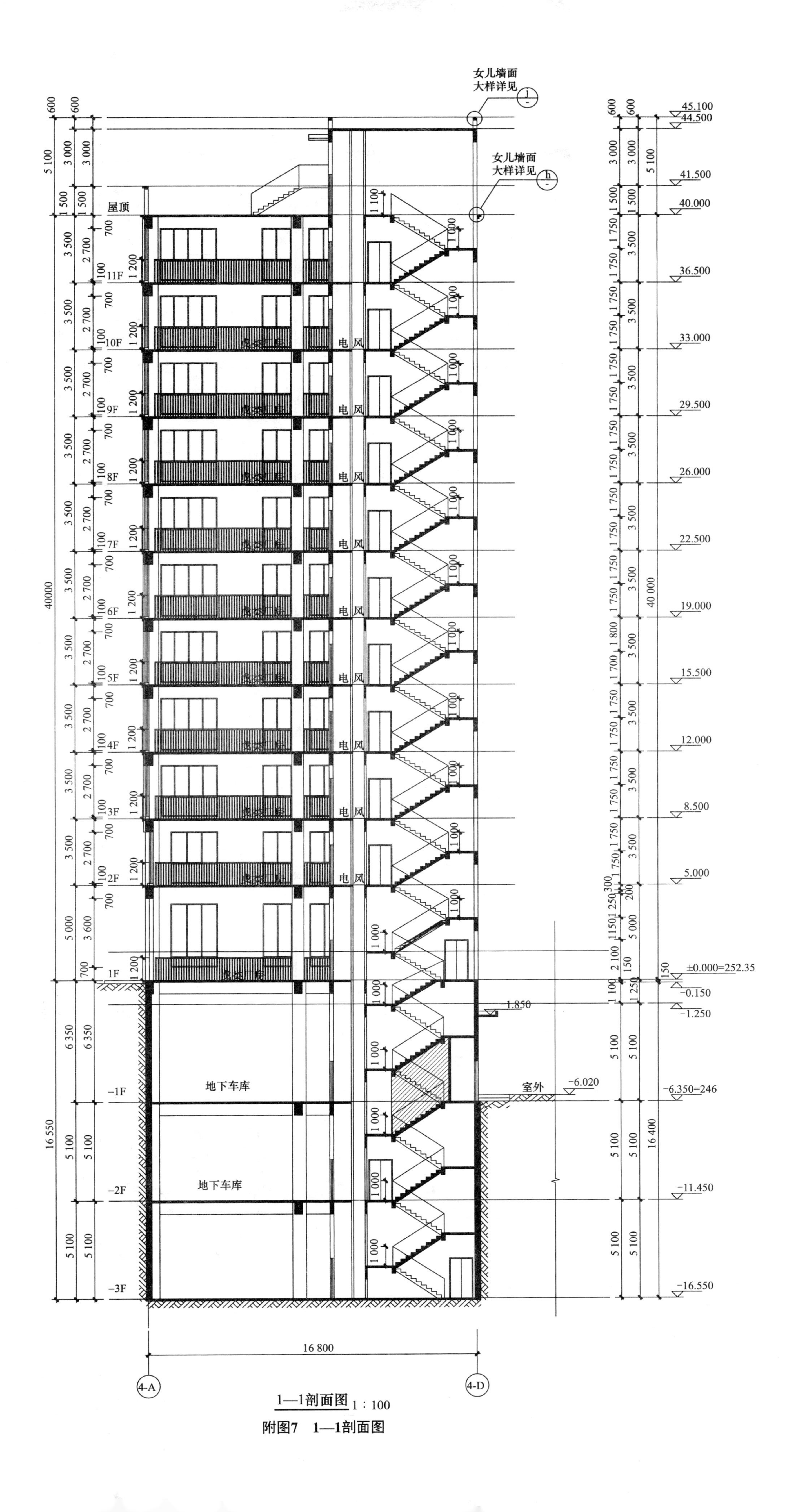

1—1剖面图 1：100

附图7 1—1剖面图

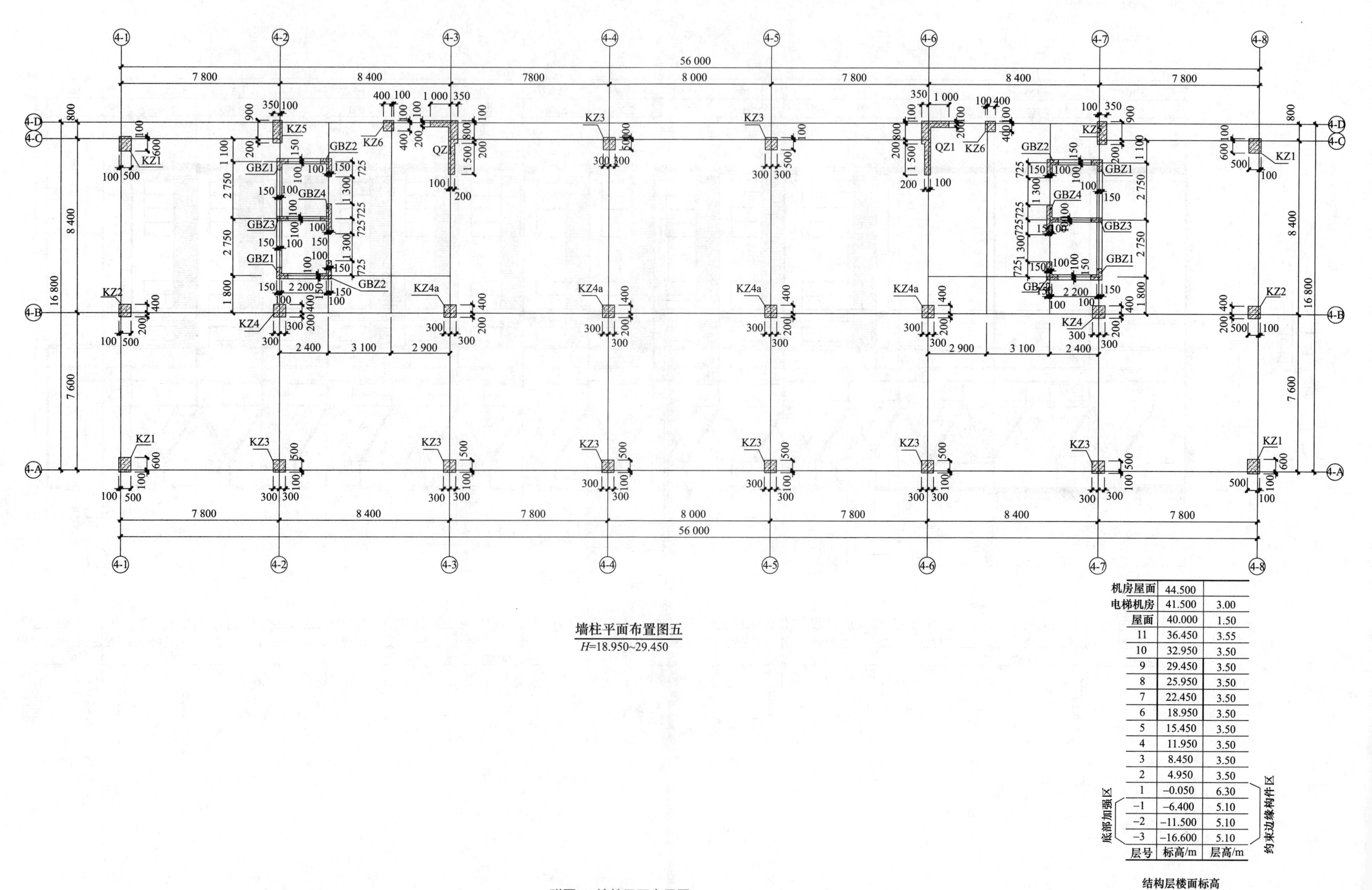

层号	标高/m	层高/m
机房屋面	44.500	
电梯机房	41.500	3.00
屋面	40.000	1.50
11	36.450	3.55
10	32.950	3.50
9	29.450	3.50
8	25.950	3.50
7	22.450	3.50
6	18.950	3.50
5	15.450	3.50
4	11.950	3.50
3	8.450	3.50
2	4.950	3.50
1	−0.050	6.30
−1	−6.400	5.10
−2	−11.500	5.10
−3	−16.600	5.10

底部加强区

约束边缘构件区

结构层楼面标高
结构层高

附图8 墙柱平面布置图

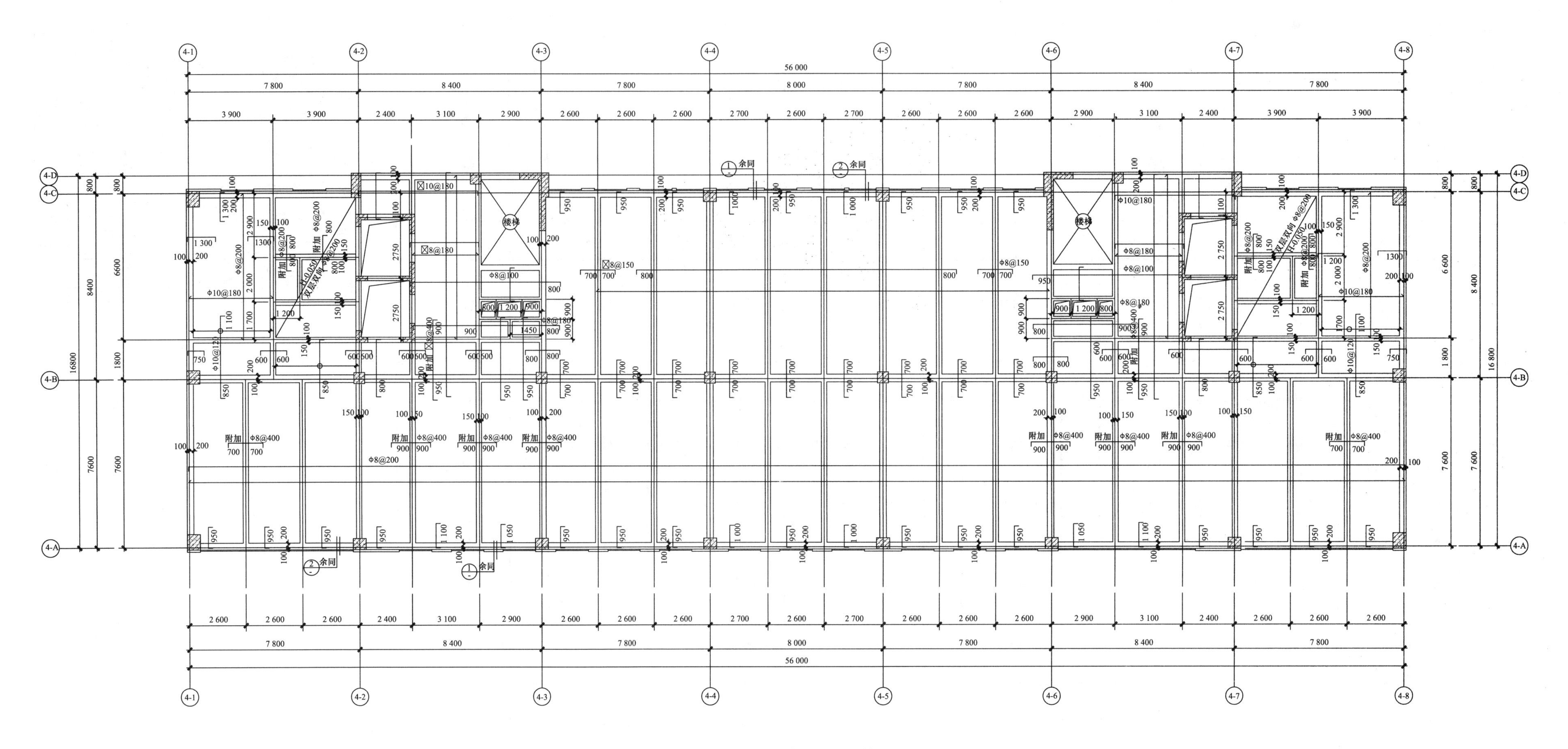

3~11层结构平面布置及板配筋图

未注明板筋为Φ8@200（通长筋）双层双向

附图9　结构平面布置图

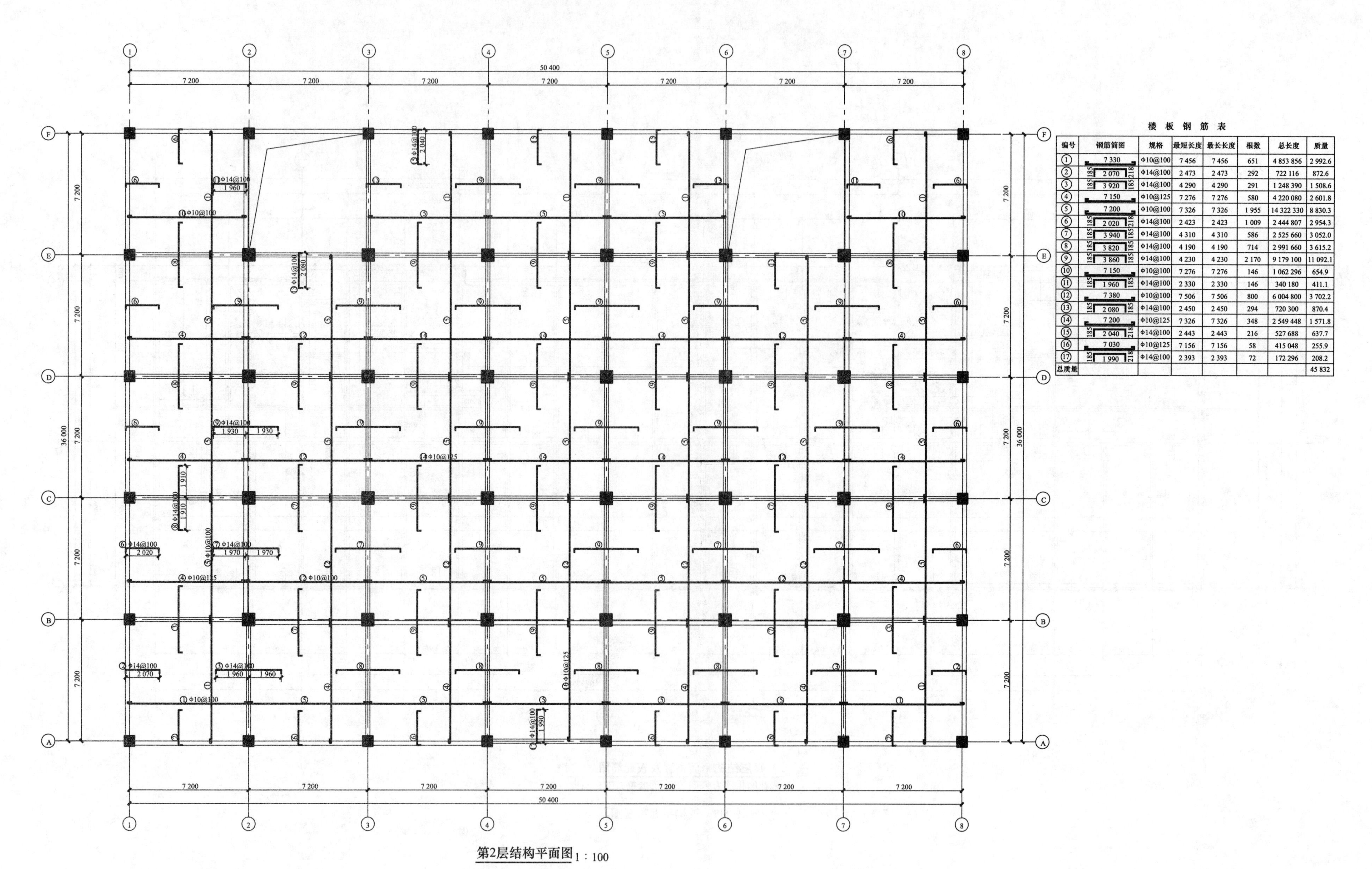

楼 板 钢 筋 表

编号	钢筋简图	规格	最短长度	最长长度	根数	总长度	质量
①	7 330	Φ10@100	7 456	7 456	651	4 853 856	2 992.6
②	185 2 070 218	Φ14@100	2 473	2 473	292	722 116	872.6
③	185 3 920 185	Φ14@100	4 290	4 290	291	1 248 390	1 508.6
④	7 150	Φ10@125	7 276	7 276	580	4 220 080	2 601.8
⑤	7 200	Φ10@100	7 326	7 326	1 955	14 322 330	8 830.3
⑥	185 2 020 218	Φ14@100	2 423	2 423	1 009	2 444 807	2 954.3
⑦	185 3 940 185	Φ14@100	4 310	4 310	586	2 525 660	3 052.0
⑧	185 3 820 185	Φ14@100	4 190	4 190	714	2 991 660	3 615.2
⑨	185 3 860 185	Φ14@100	4 230	4 230	2 170	9 179 100	11 092.1
⑩	7 150	Φ10@100	7 276	7 276	146	1 062 296	654.9
⑪	185 1 960 185	Φ14@100	2 330	2 330	146	340 180	411.1
⑫	7 380	Φ10@100	7 506	7 506	800	6 004 800	3 702.2
⑬	185 2 080 185	Φ14@100	2 450	2 450	294	720 300	870.4
⑭	7 200	Φ10@125	7 326	7 326	348	2 549 448	1 571.8
⑮	185 2 040 218	Φ14@100	2 443	2 443	216	527 688	637.7
⑯	7 030	Φ10@125	7 156	7 156	58	415 048	255.9
⑰	185 1 990 218	Φ14@100	2 393	2 393	72	172 296	208.2
总质量							45 832

附图 10　第2层楼板结构图

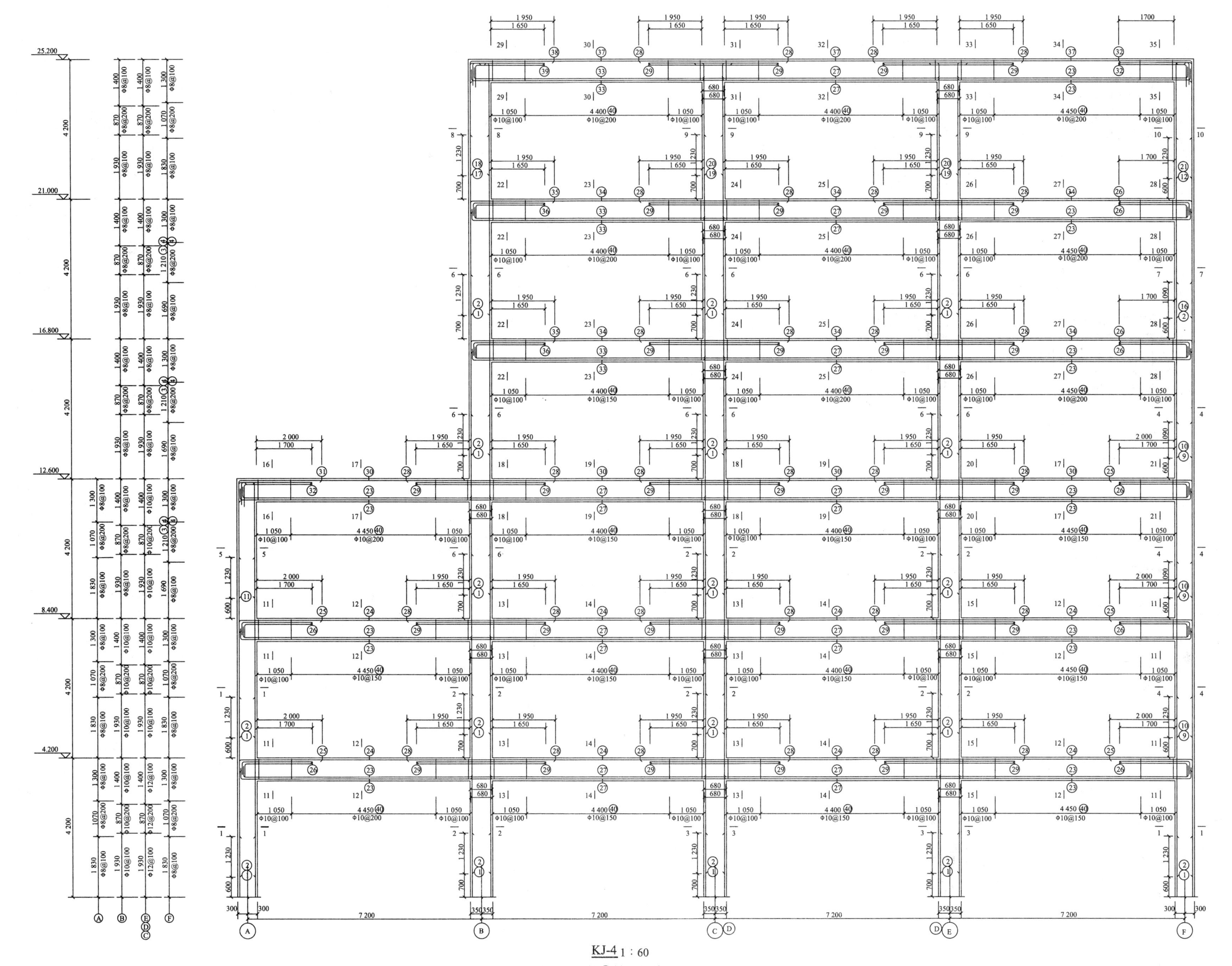

KJ-4 1 : 60

附图 11　第④轴框架施工图1

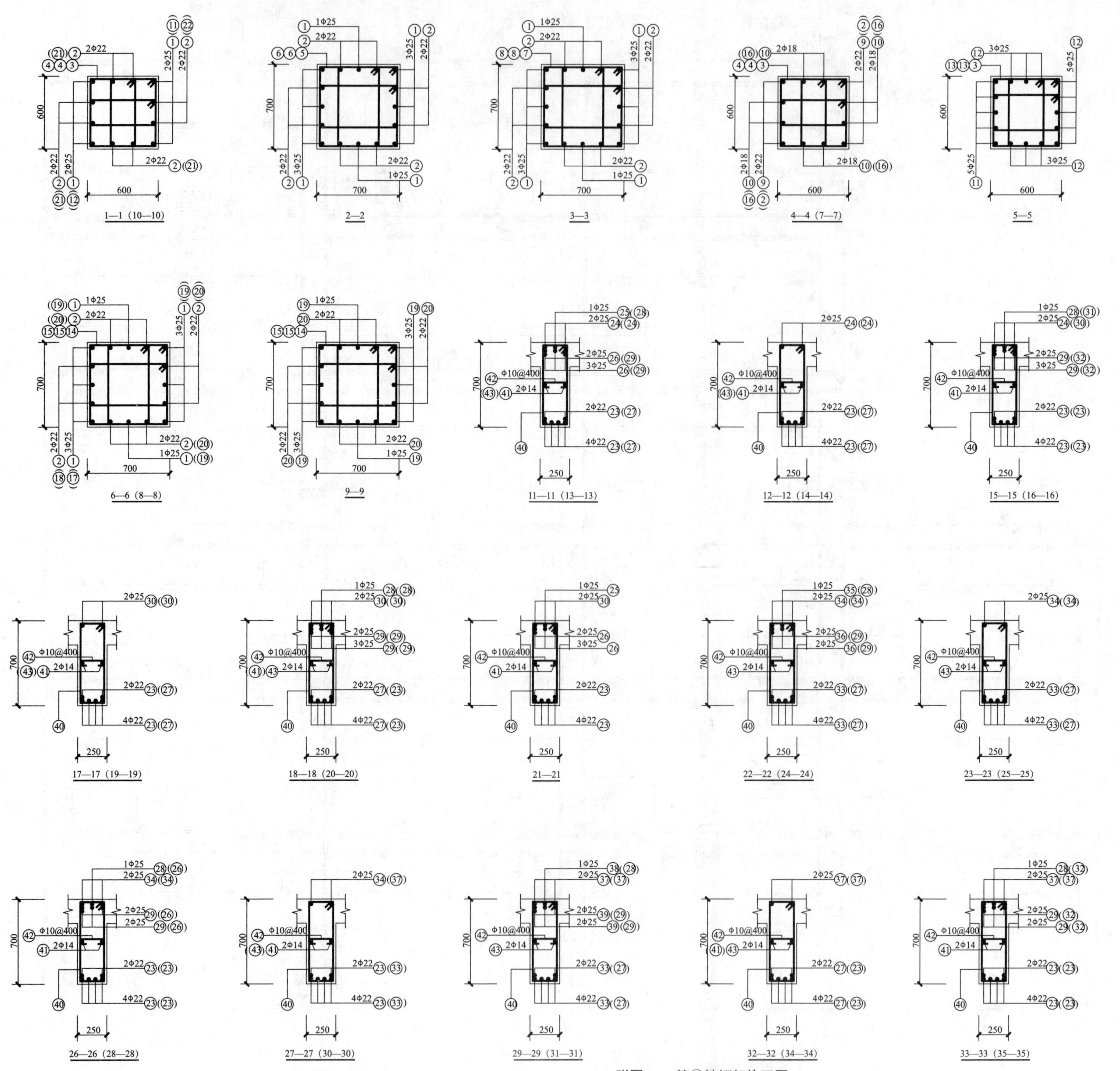

柱钢筋表

编号	钢筋简图	规格	长度	根数	质量
①	5 430	Φ25	5 430	172	3 599
②	5 430	Φ22	5 430	188	3 046
③	540 (540)	Φ8	2 400	330	313
④	540 (205)	Φ8	1 730	586	400
⑤	640 (640)	Φ10	2 800	304	525
⑥	640 (185)	Φ10	1 890	608	708
⑦	640 (640)	Φ12	2 840	114	287
⑧	640 (185)	Φ12	1 930	228	391
⑨	5 290	Φ22	5 290	12	189
⑩	5 290	Φ18	5 290	24	254
⑪	3 570 (490)	Φ25	4 060	7	110
⑫	3 570 (300)	Φ25	3 870	13	194
⑬	540 (160)	Φ8	1 640	74	48
⑭	640 (640)	Φ8	2 800	494	546
⑮	640 (185)	Φ8	1 890	988	737
⑯	5 430	Φ18	5 430	8	87
⑰	3 470 (490)	Φ25	3 960	3	46
⑱	3 470 (490)	Φ22	3 960	2	24
⑲	3 470 (300)	Φ25	3 770	29	421
⑳	3 470 (260)	Φ22	3 730	30	334
㉑	3 570 (260)	Φ22	3 830	6	69
㉒	3 570 (490)	Φ22	4 060	2	24
总质量					12 350

梁钢筋表

编号	钢筋简图	规格	长度	根数	质量
㉓	(330) 7 760	Φ22	8 090	54	1 304
㉔	(380) 36 540 (380)	Φ25	37 300	4	575
㉕	(380) 2 570	Φ25	2 950	5	57
㉖	(380) 2 270	Φ25	2 650	35	357
㉗	7 860	Φ22	7 860	90	2 111
㉘	4 600	Φ25	4 600	21	372
㉙	4 000	Φ25	4 000	96	1 480
㉚	(660) 36 540 (380)	Φ25	37 580	2	290
㉛	(660) 2 570	Φ25	3 230	1	12
㉜	(660) 2 270	Φ25	2 930	10	113
㉝	(330) 7 810	Φ22	8 140	18	437
㉞	(380) 29 390 (380)	Φ25	30 150	4	465
㉟	(380) 2 620	Φ25	3 000	2	23
㊱	(380) 2 320	Φ25	2 700	8	83
㊲	(660) 29 390 (660)	Φ25	30 710	2	237
㊳	(660) 2 620	Φ25	3 280	1	13
㊴	(660) 2 320	Φ25	2 980	4	46
㊵	(190) 640	Φ10	1 900	1 278	1 497
㊶	6 970	Φ14	6 970	18	152
㊷	190	Φ10	316	459	89
㊸	6 920	Φ14	6920	36	301
总质量					10013

主材表

钢筋/kg	Φ8	2 043	Φ14	452
	Φ10	2 819	Φ18	340
	Φ12	678	Φ22	7 537
			Φ25	8 491
	总质量	5 540	总质量	16 820
混凝土/m³	柱 62.999		梁 30.791	

附图 12 第④轴框架施工图2

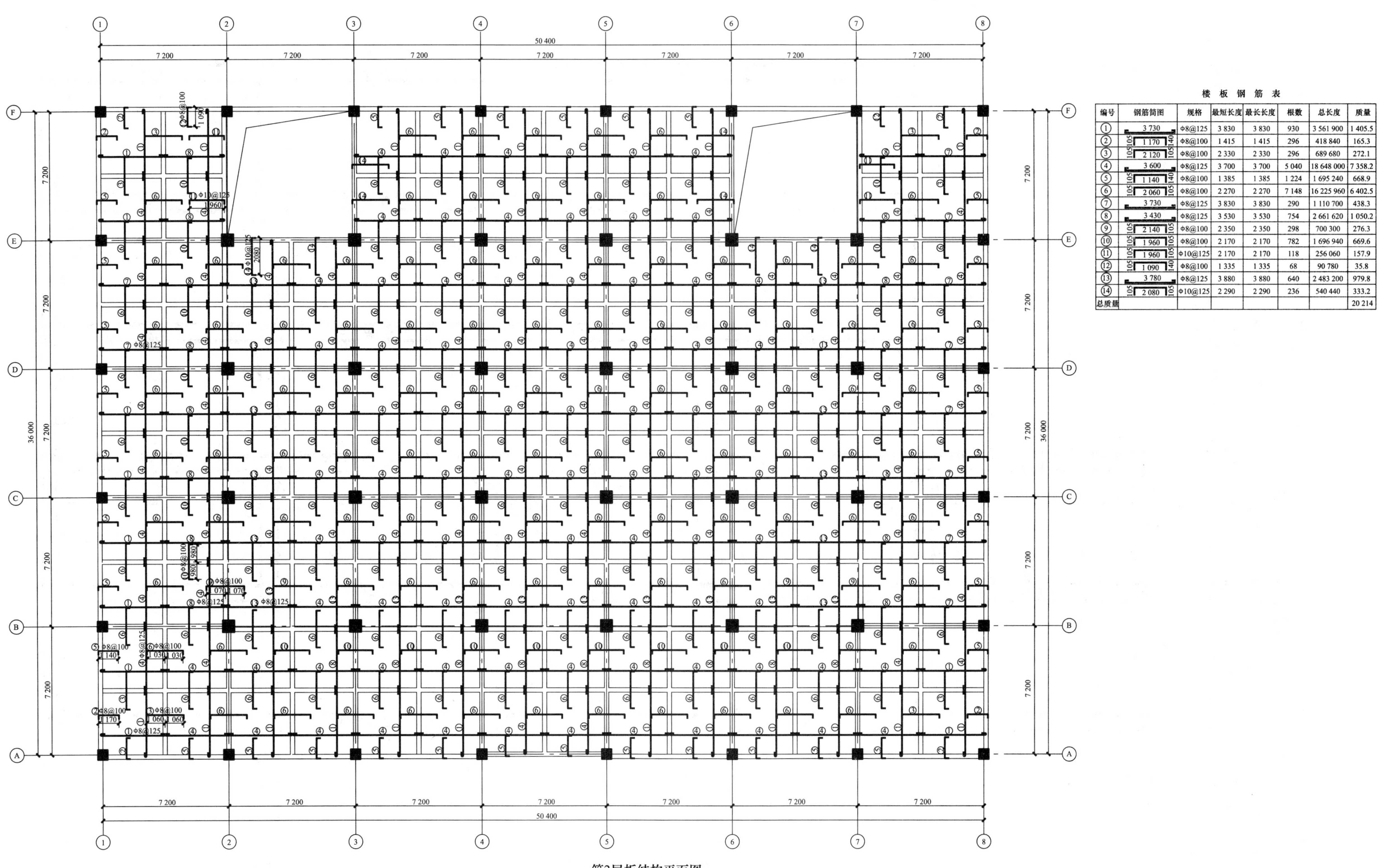

楼板钢筋表

编号	钢筋简图	规格	最短长度	最长长度	根数	总长度	质量
①	3 730	Φ8@125	3 830	3 830	930	3 561 900	1 405.5
②	105 1 170 140	Φ8@100	1 415	1 415	296	418 840	165.3
③	105 2 120 105	Φ8@100	2 330	2 330	296	689 680	272.1
④	3 600	Φ8@125	3 700	3 700	5 040	18 648 000	7 358.2
⑤	105 1 140 140	Φ8@100	1 385	1 385	1 224	1 695 240	668.9
⑥	105 2 060 105	Φ8@100	2 270	2 270	7 148	16 225 960	6 402.5
⑦	3 730	Φ8@125	3 830	3 830	290	1 110 700	438.3
⑧	3 430	Φ8@125	3 530	3 530	754	2 661 620	1 050.2
⑨	105 2 140 105	Φ8@100	2 350	2 350	298	700 300	276.3
⑩	105 1 960 105	Φ8@100	2 170	2 170	782	1 696 940	669.6
⑪	105 1 960 105	Φ10@125	2 170	2 170	118	256 060	157.9
⑫	105 1 090 140	Φ8@100	1 335	1 335	68	90 780	35.8
⑬	3 780	Φ8@125	3 880	3 880	640	2 483 200	979.8
⑭	105 2 080 105	Φ10@125	2 290	2 290	236	540 440	333.2
总质量							20 214

第2层板结构平面图 1 : 100

附图 13　第2层楼板结构图

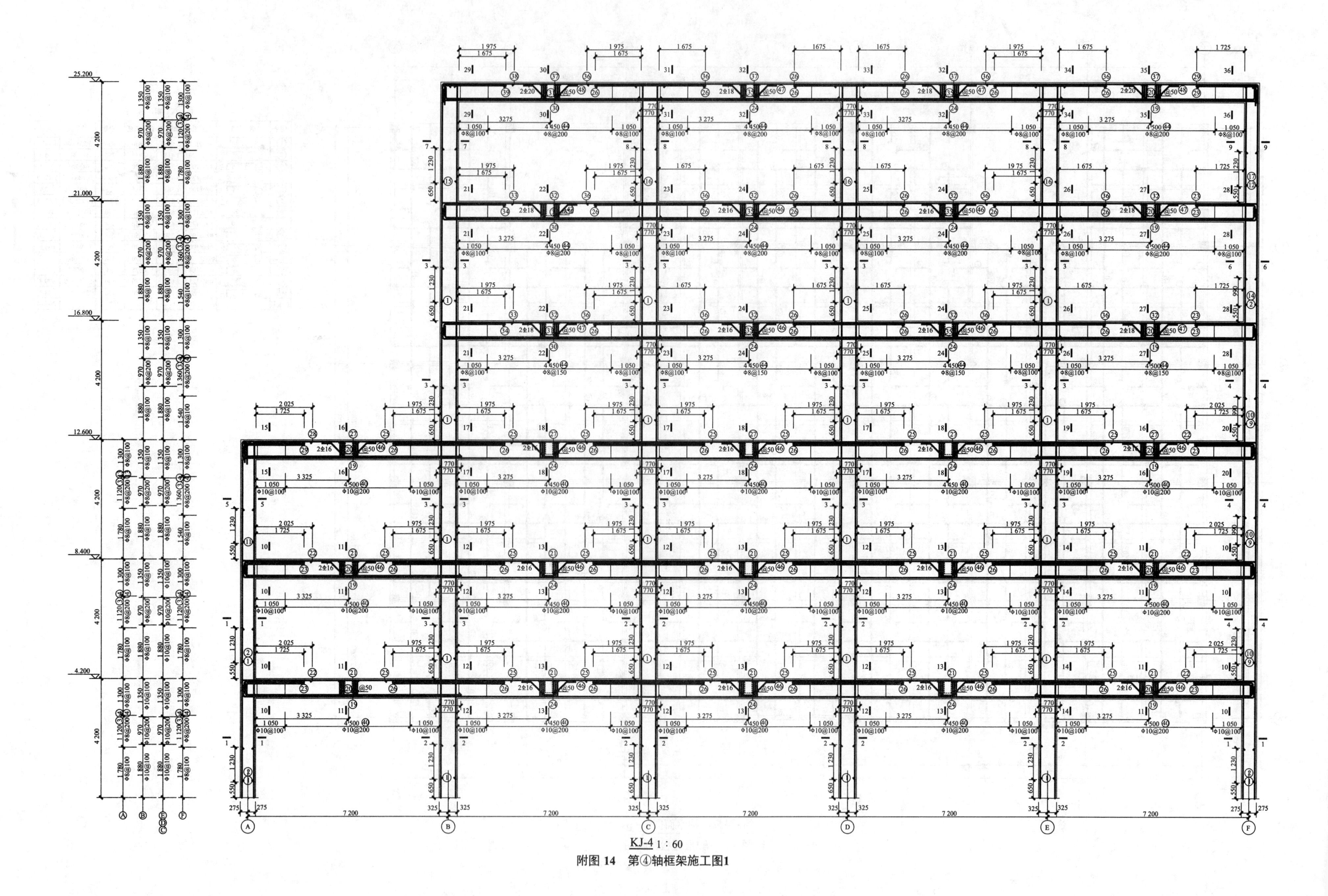

KJ-4 1∶60

附图 14　第④轴框架施工图1

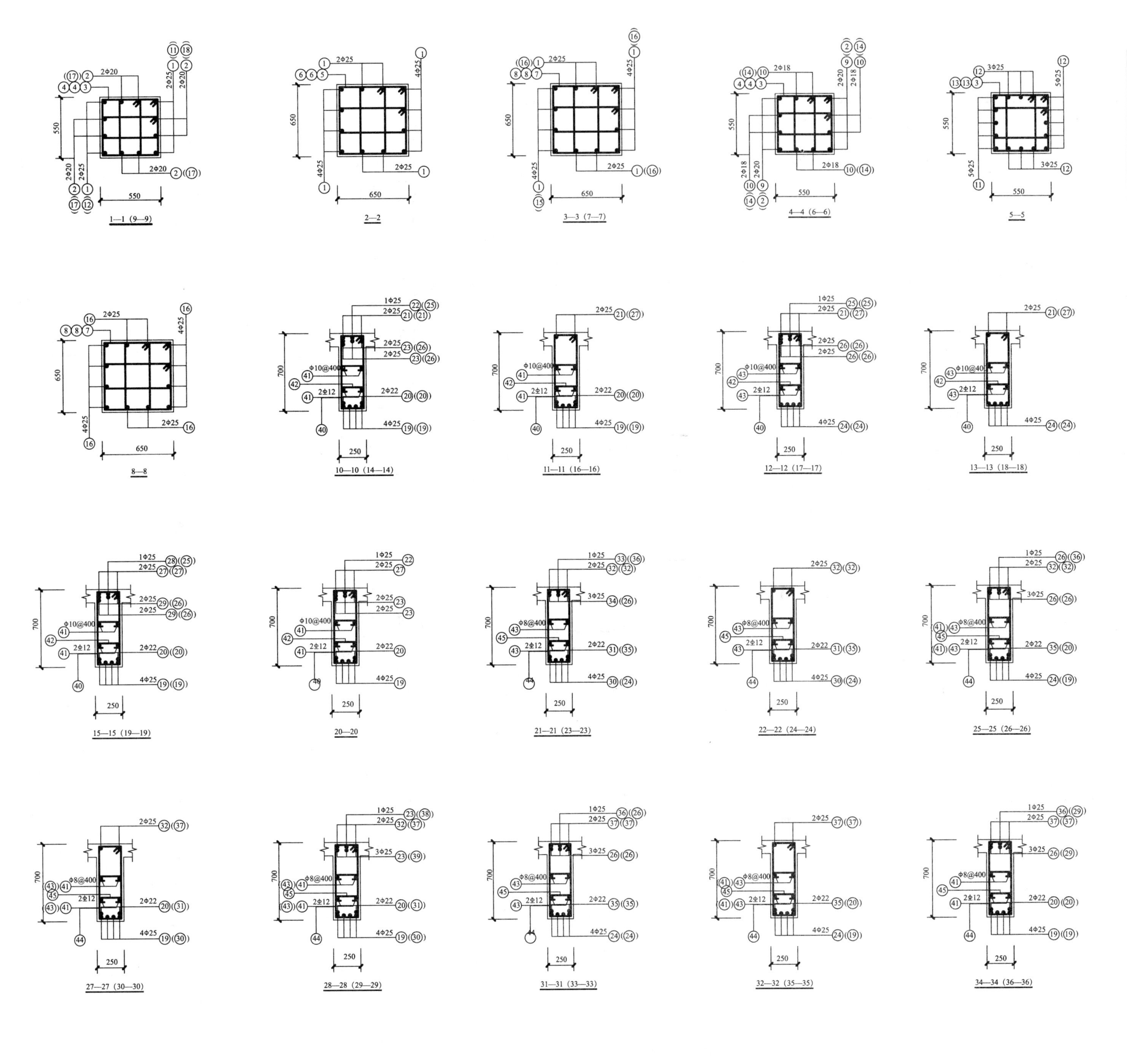

柱 钢 筋 表

编号	钢筋简图	规格	长度	根数	质量
①	5 430	Φ25	5 430	252	5 273
②	5 430	Φ20	5 430	28	375
③	490 490	Φ8	2 200	321	279
④	188 490	Φ8	1 596	570	359
⑤	590 590	Φ10	2 600	252	404
⑥	221 590	Φ10	1 862	504	579
⑦	590 590	Φ8	2 600	612	628
⑧	221 590	Φ8	1 862	1 224	899
⑨	5 190	Φ20	5 190	12	154
⑩	5 190	Φ18	5 190	24	249
⑪	3 620 490	Φ25	4 110	7	111
⑫	3 620 300	Φ25	3 920	13	196
⑬	147 490	Φ8	1 514	72	43
⑭	5 430	Φ18	5 430	8	87
⑮	3 520 490	Φ25	4 010	4	62
⑯	3 520 300	Φ25	3 820	44	648
⑰	3 620 240	Φ20	3 860	6	57
⑱	3 620 490	Φ20	4 110	2	20
总质量					10 421

梁 钢 筋 表

编号	钢筋简图	规格	长度	根数	质量
⑲	380 7 850	Φ25	8 230	36	1 142
⑳	380 7 850	Φ22	8 230	18	442
㉑	380 36 480 380	Φ25	37 240	4	574
㉒	380 2 540	Φ25	2 920	5	56
㉓	380 2 240	Φ25	2 620	28	283
㉔	8 090	Φ25	8 090	60	1 870
㉕	4 600	Φ25	4 600	12	213
㉖	4 000	Φ25	4 000	78	1 202
㉗	660 36 480 380	Φ25	37 520	2	289
㉘	660 2 540	Φ25	3 200	1	12
㉙	660 2 240	Φ25	2 900	8	89
㉚	380 7 900	Φ25	8 280	12	383
㉛	380 7 900	Φ22	8 280	6	148
㉜	380 29 330 380	Φ25	30 090	4	464
㉝	380 2 590	Φ25	2 970	2	23
㉞	380 2 290	Φ25	2 670	6	62
㉟	8 090	Φ22	8 090	12	290
㊱	4 300	Φ25	4 300	6	99
㊲	660 29 330 660	Φ25	30 650	2	236
㊳	660 2 590	Φ25	3 250	1	13
㊴	660 2 290	Φ25	2 950	3	34
㊵	190 610	Φ10	1 840	720	817
㊶	6 960	Φ12	7 110	36	227
㊷	190	Φ10	316	510	99
㊸	6 910	Φ12	7 060	72	451
㊹	190 610	Φ8	1 840	604	439
㊺	190	Φ8	290	408	47
㊻	320 350 877	Φ16	2 750	36	156
㊼	360 350 877	Φ18	2 830	12	68
㊽	400 350 877	Φ20	2 910	4	29
总质量					10 257

主 材 汇 总 表

钢筋/kg	Φ8	2 693	Φ16	155
	Φ10	1 898	Φ18	403
	Φ12	678	Φ20	634
			Φ22	879
			Φ25	13 333
	总质量	5 269	总质量	15 404
混凝土/m³	柱 54.022		梁 31.027	

附图 15　第④轴框架施工图2

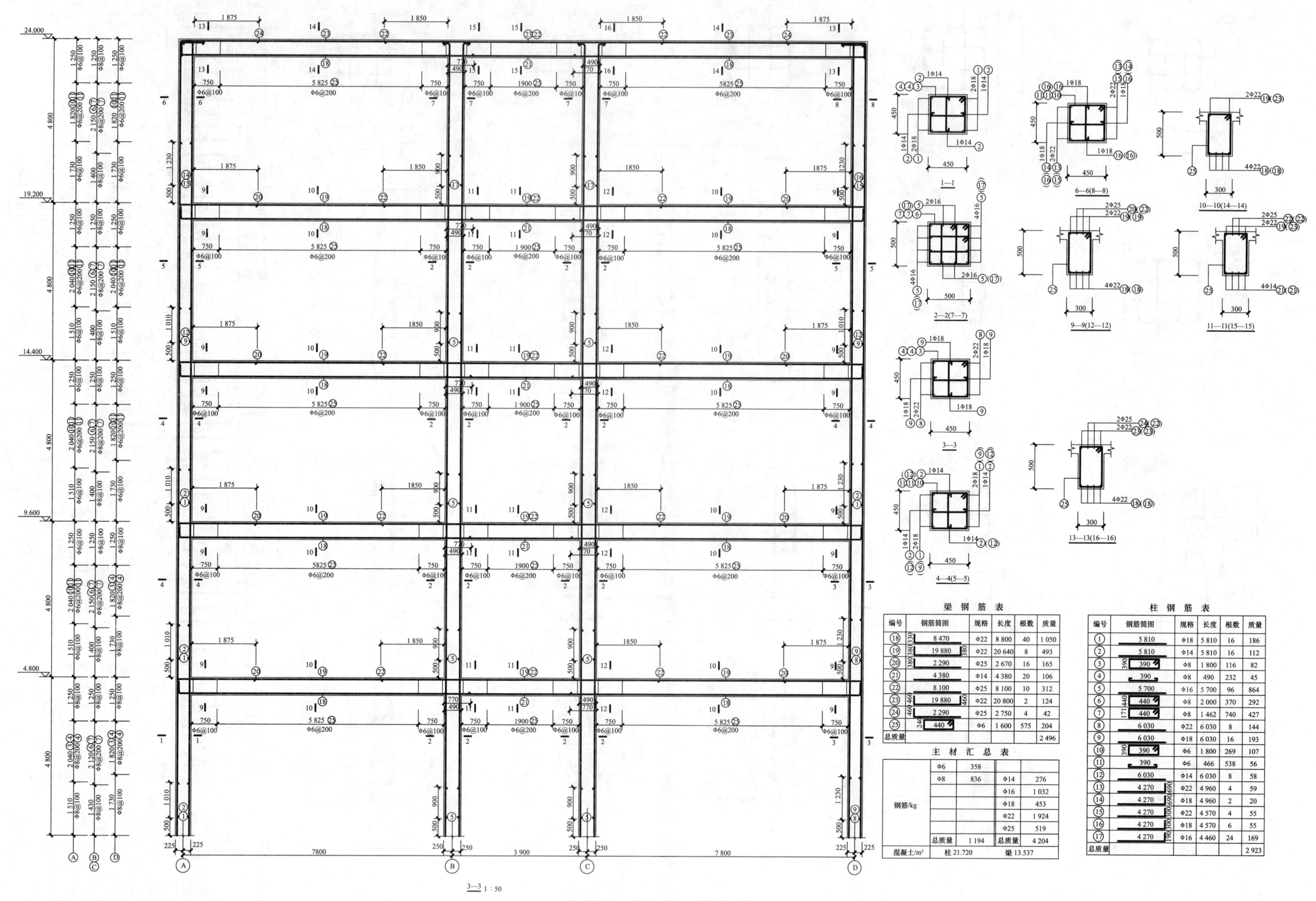

梁 钢 筋 表

编号	钢筋简图	规格	长度	根数	质量
⑱	330 / 8 470	Φ22	8 800	40	1 050
⑲	380 / 19 880 / 380	Φ22	20 640	8	493
⑳	380 / 2 290	Φ25	2 670	16	165
㉑	4 380	Φ14	4 380	20	106
㉒	8 100	Φ25	8 100	10	312
㉓	460 / 19 880 / 460	Φ22	20 800	2	124
㉔	460 / 2 290	Φ25	2 750	4	42
㉕	240 / 440	Φ6	1 600	575	204
总质量					2 496

主 材 汇 总 表

钢筋/kg	Φ6	358		
	Φ8	836	Φ14	276
			Φ16	1 032
			Φ18	453
			Φ22	1 924
			Φ25	519
	总质量	1 194	总质量	4 204
混凝土/m³	柱 21.720		梁 13.537	

柱 钢 筋 表

编号	钢筋简图	规格	长度	根数	质量
①	5 810	Φ18	5 810	16	186
②	5 810	Φ14	5 810	16	112
③	390 / 390	Φ8	1 800	116	82
④	390	Φ8	490	232	45
⑤	5 700	Φ16	5 700	96	864
⑥	440 / 440	Φ8	2 000	370	292
⑦	171 / 440	Φ8	1 462	740	427
⑧	6 030	Φ22	6 030	8	144
⑨	6 030	Φ18	6 030	16	193
⑩	390 / 390	Φ6	1 800	269	107
⑪	390	Φ6	466	538	56
⑫	6 030	Φ14	6 030	8	58
⑬	4 270 / 690	Φ22	4 960	4	59
⑭	4 270 / 690	Φ18	4 960	2	20
⑮	4 270 / 300	Φ22	4 570	4	55
⑯	4 270 / 300	Φ18	4 570	6	55
⑰	4 270 / 190	Φ16	4 460	24	169
总质量					2 923

附图16 单榀框架施工图

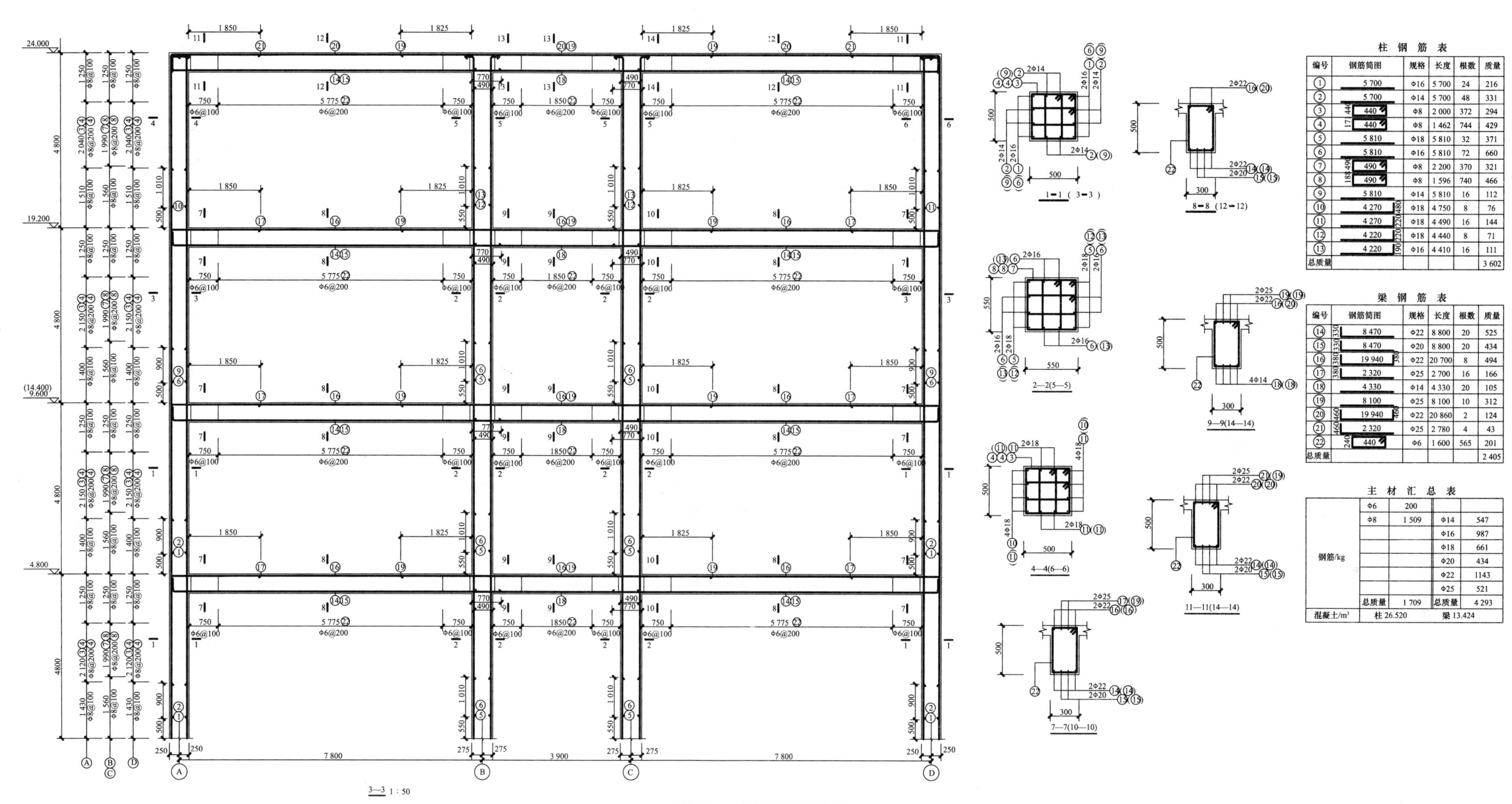

柱 钢 筋 表

编号	钢筋简图	规格	长度	根数	质量
①	5 700	Φ16	5 700	24	216
②	5 700	Φ14	5 700	48	331
③	440 440	Φ8	2 000	372	294
④	171 440	Φ8	1 462	744	429
⑤	5 810	Φ18	5 810	32	371
⑥	5 810	Φ16	5 810	72	660
⑦	490 490	Φ8	2 200	370	321
⑧	188 490	Φ8	1 596	740	466
⑨	5 810	Φ14	5 810	16	112
⑩	4 270 480	Φ18	4 750	8	76
⑪	4 270 220	Φ18	4 490	16	144
⑫	4 220 220	Φ18	4 440	8	71
⑬	4 220 190	Φ16	4 410	16	111
总质量					3 602

梁 钢 筋 表

编号	钢筋简图	规格	长度	根数	质量
⑭	330 8 470	Φ22	8 800	20	525
⑮	330 8 470	Φ20	8 800	20	434
⑯	380 19 940 380	Φ22	20 700	8	494
⑰	380 2 320	Φ25	2 700	16	166
⑱	4 330	Φ14	4 330	20	105
⑲	8 100	Φ25	8 100	10	312
⑳	460 19 940 460	Φ22	20 860	2	124
㉑	460 2 320	Φ25	2 780	4	43
㉒	240 440	Φ6	1 600	565	201
总质量					2 405

主 材 汇 总 表

钢筋/kg	Φ6	200		
	Φ8	1 509	Φ14	547
			Φ16	987
			Φ18	661
			Φ20	434
			Φ22	1143
			Φ25	521
	总质量	1 709	总质量	4 293
混凝土/m³	柱 26.520		梁 13.424	

附图 17　单榀框架施工图

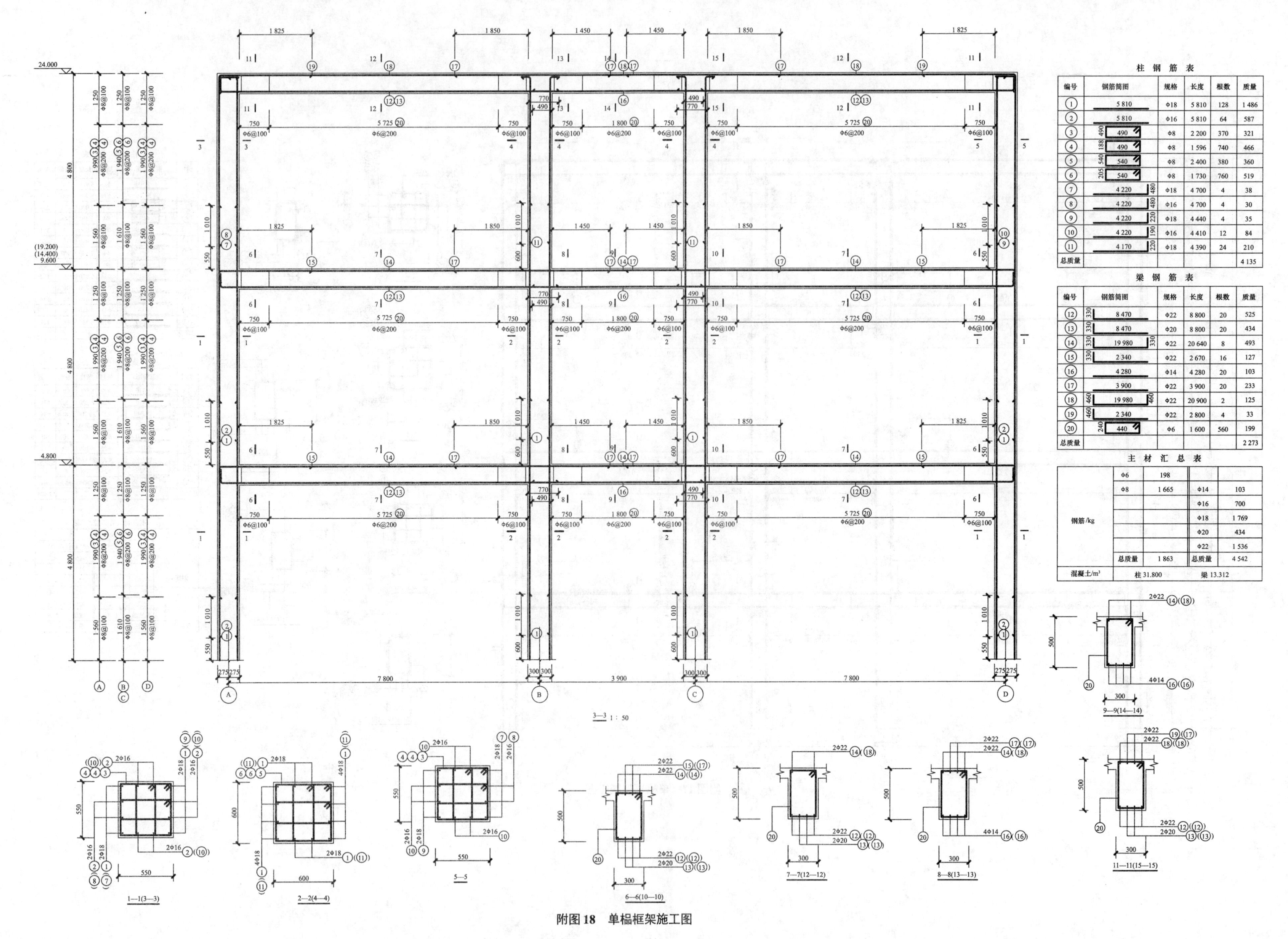

柱 钢 筋 表

编号	钢筋简图	规格	长度	根数	质量
①	5 810	Φ18	5 810	128	1 486
②	5 810	Φ16	5 810	64	587
③	490 490	Φ8	2 200	370	321
④	188 490	Φ8	1 596	740	466
⑤	540 540	Φ8	2 400	380	360
⑥	205 540	Φ8	1 730	760	519
⑦	4 220 480	Φ18	4 700	4	38
⑧	4 220 480	Φ16	4 700	4	30
⑨	4 220 220	Φ18	4 440	4	35
⑩	4 220 190	Φ16	4 410	12	84
⑪	4 170 220	Φ18	4 390	24	210
总质量					4 135

梁 钢 筋 表

编号	钢筋简图	规格	长度	根数	质量
⑫	330 8 470	Φ22	8 800	20	525
⑬	330 8 470	Φ20	8 800	20	434
⑭	330 19 980 330	Φ22	20 640	8	493
⑮	330 2 340	Φ22	2 670	16	127
⑯	4 280	Φ14	4 280	20	103
⑰	3 900	Φ22	3 900	20	233
⑱	460 19 980 460	Φ22	20 900	2	125
⑲	460 2 340	Φ22	2 800	4	33
⑳	240 440	Φ6	1 600	560	199
总质量					2 273

主 材 汇 总 表

钢筋/kg	Φ6	198		
	Φ8	1 665	Φ14	103
			Φ16	700
			Φ18	1 769
			Φ20	434
			Φ22	1 536
	总质量	1 863	总质量	4 542
混凝土/m³	柱 31.800		梁 13.312	

附图 18　单榀框架施工图

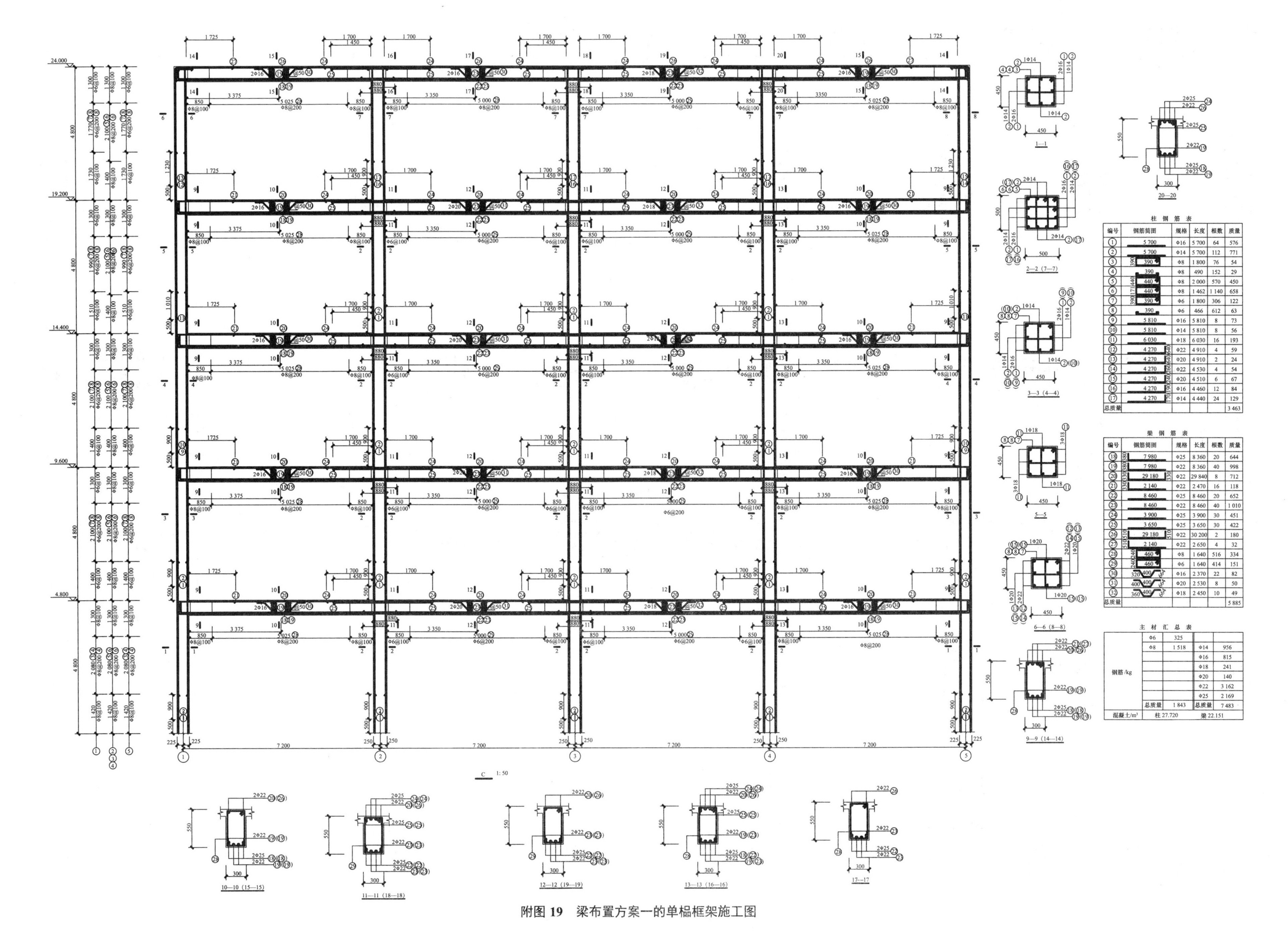

柱 钢 筋 表

编号	钢筋简图	规格	长度	根数	质量
①	5 700	Φ16	5 700	64	576
②	5 700	Φ14	5 700	112	771
③	390 390	Φ8	1 800	76	54
④	390	Φ8	490	152	29
⑤	440 440	Φ8	2 000	570	450
⑥	440 171	Φ8	1 462	1 140	658
⑦	390 390	Φ6	1 800	306	122
⑧	390	Φ6	466	612	63
⑨	5 810	Φ16	5 810	8	73
⑩	5 810	Φ14	5 810	8	56
⑪	6 030	Φ18	6 030	16	193
⑫	4 270 640	Φ22	4 910	4	59
⑬	4 270 640	Φ20	4 910	2	24
⑭	4 270 260	Φ22	4 530	4	54
⑮	4 270 240	Φ20	4 510	6	67
⑯	4 270 190	Φ16	4 460	12	84
⑰	4 270 170	Φ14	4 440	24	129
总质量					3 463

梁 钢 筋 表

编号	钢筋简图	规格	长度	根数	质量
⑱	380 7 980	Φ25	8 360	20	644
⑲	380 7 980	Φ22	8 360	40	998
⑳	330 29 180 330	Φ22	29 840	8	712
㉑	330 2 140	Φ22	2 470	16	118
㉒	8 460	Φ25	8 460	20	652
㉓	8 460	Φ22	8 460	40	1 010
㉔	3 900	Φ25	3 900	30	451
㉕	3 650	Φ25	3 650	30	422
㉖	510 29 180 510	Φ22	30 200	2	180
㉗	510 2 140	Φ22	2 650	4	32
㉘	240 460	Φ8	1 640	516	334
㉙	240 460	Φ6	1 640	414	151
㉚	320 400 664	Φ16	2 370	22	82
㉛	400 400 664	Φ20	2 530	8	50
㉜	360 400 664	Φ18	2 450	10	49
总质量					5 885

主 材 汇 总 表

钢筋/kg	Φ6	325		
	Φ8	1 518	Φ14	956
			Φ16	815
			Φ18	241
			Φ20	140
			Φ22	3 162
			Φ25	2 169
	总质量	1 843	总质量	7 483
混凝土/m³	柱 27.720		梁 22.151	

附图 19　梁布置方案一的单榀框架施工图

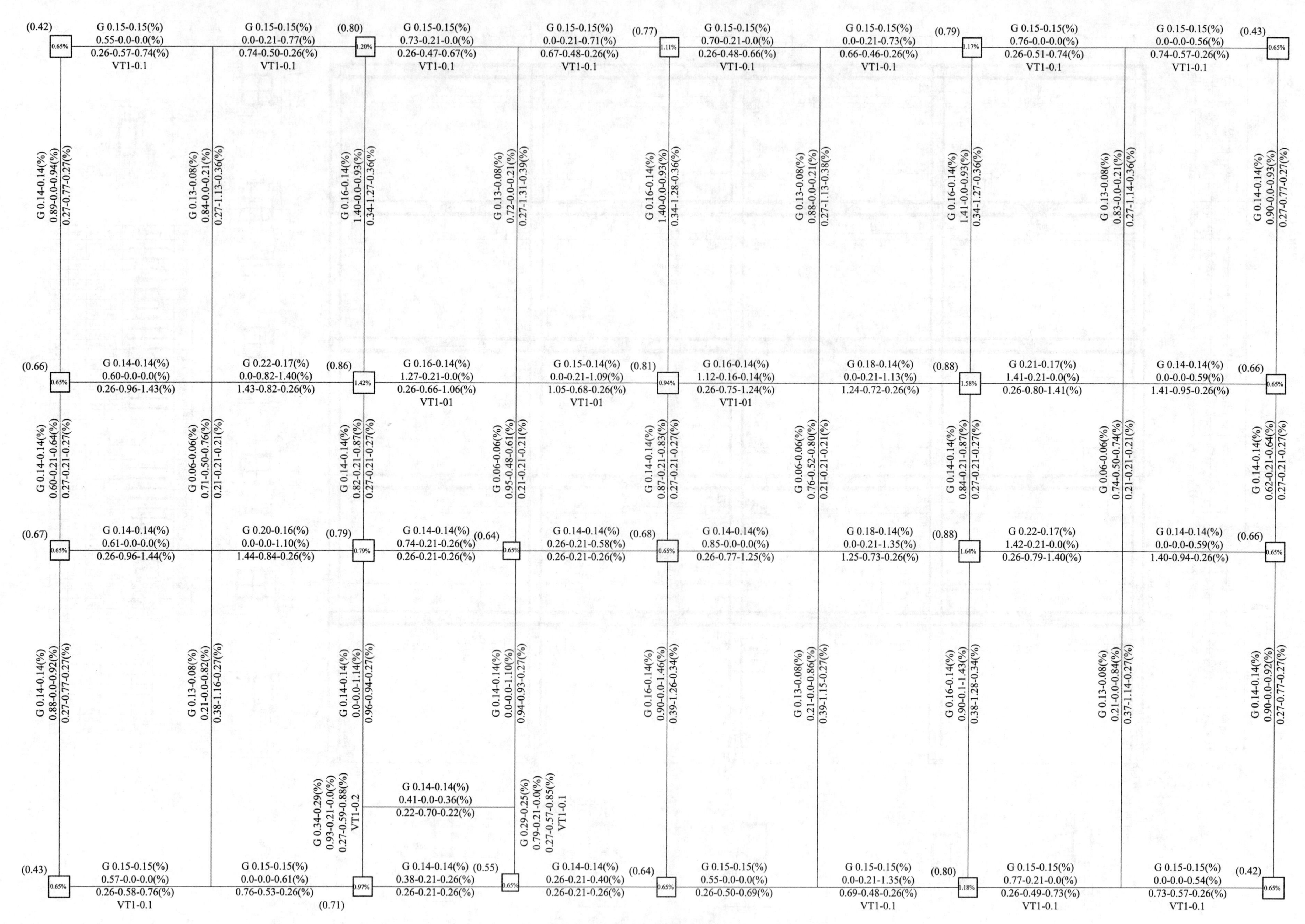

第 1 层混凝土构件配筋及钢构件应力比简图（单位：cm×cm）

附图 20　首层配筋率图

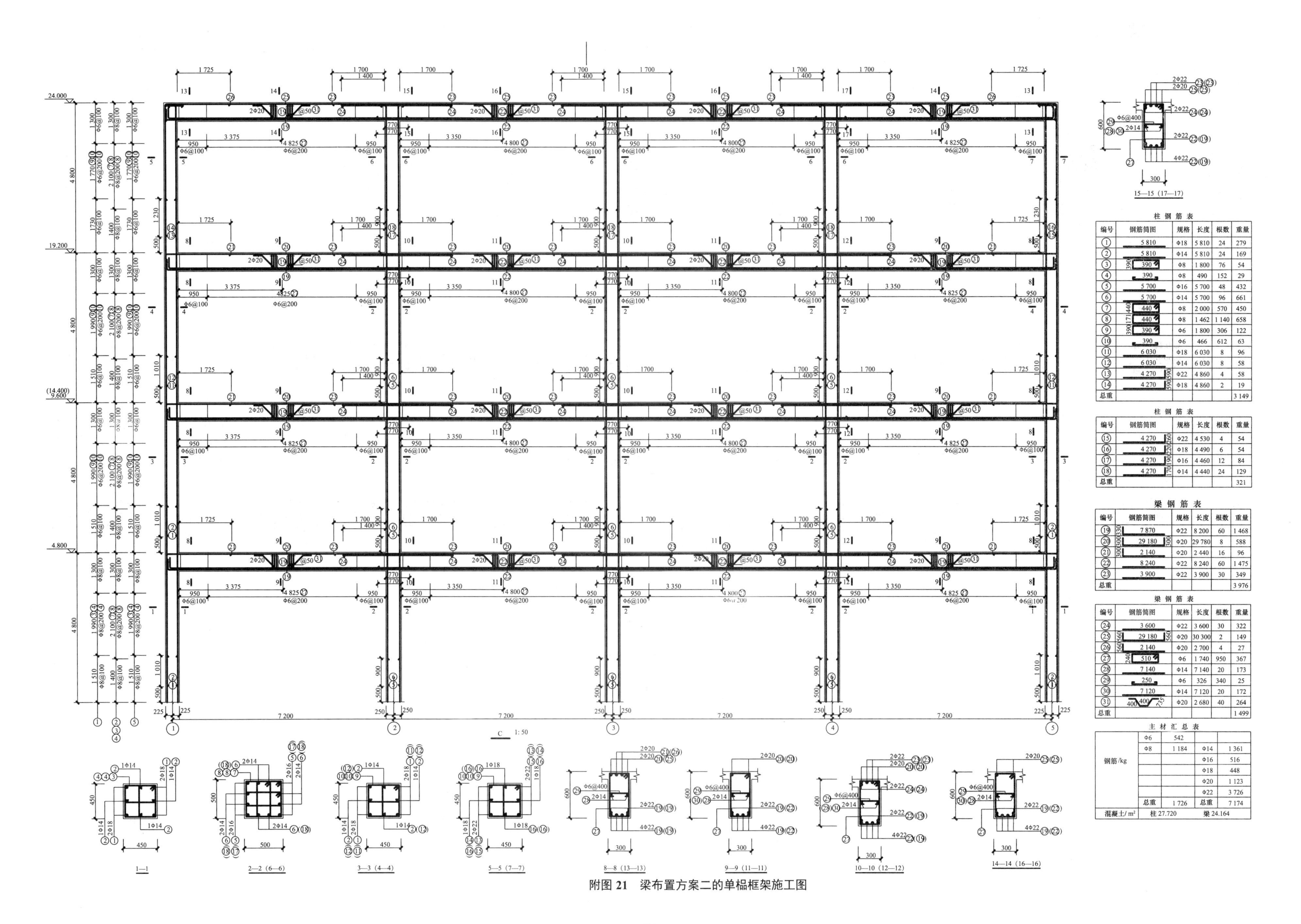

柱 钢 筋 表

编号	钢筋简图	规格	长度	根数	重量
①	5 810	Φ18	5 810	24	279
②	5 810	Φ14	5 810	24	169
③	390 390	Φ8	1 800	76	54
④	390	Φ8	490	152	29
⑤	5 700	Φ16	5 700	48	432
⑥	5 700	Φ14	5 700	96	661
⑦	440 440	Φ8	2 000	570	450
⑧	171 440	Φ8	1 462	1 140	658
⑨	390 390	Φ6	1 800	306	122
⑩	390	Φ6	466	612	63
⑪	6 030	Φ18	6 030	8	96
⑫	6 030	Φ14	6 030	8	58
⑬	4 270 590	Φ22	4 860	4	58
⑭	4 270 590	Φ18	4 860	2	19
总重					3 149

柱 钢 筋 表

编号	钢筋简图	规格	长度	根数	重量
⑮	4 270 260	Φ22	4 530	4	54
⑯	4 270 220	Φ18	4 490	6	54
⑰	4 270 190	Φ16	4 460	12	84
⑱	4 270 170	Φ14	4 440	24	129
总重					321

梁 钢 筋 表

编号	钢筋简图	规格	长度	根数	重量
⑲	330 7 870	Φ22	8 200	60	1 468
⑳	300 29 180 300	Φ20	29 780	8	588
㉑	300 2 140	Φ20	2 440	16	96
㉒	8 240	Φ22	8 240	60	1 475
㉓	3 900	Φ22	3 900	30	349
总重					3 976

梁 钢 筋 表

编号	钢筋简图	规格	长度	根数	重量
㉔	3 600	Φ22	3 600	30	322
㉕	560 29 180 560	Φ20	30 300	2	149
㉖	560 2 140	Φ20	2 700	4	27
㉗	240 510	Φ6	1 740	950	367
㉘	7 140	Φ14	7 140	20	173
㉙	250	Φ6	326	340	25
㉚	7 120	Φ14	7 120	20	172
㉛	400 400 735	Φ20	2 680	40	264
总重					1 499

主 材 汇 总 表

钢筋/kg	Φ6	542		
	Φ8	1 184	Φ14	1 361
			Φ16	516
			Φ18	448
			Φ20	1 123
			Φ22	3 726
	总重	1 726	总重	7 174
混凝土/m²	柱 27.720		梁 24.164	

附图 21 梁布置方案二的单榀框架施工图

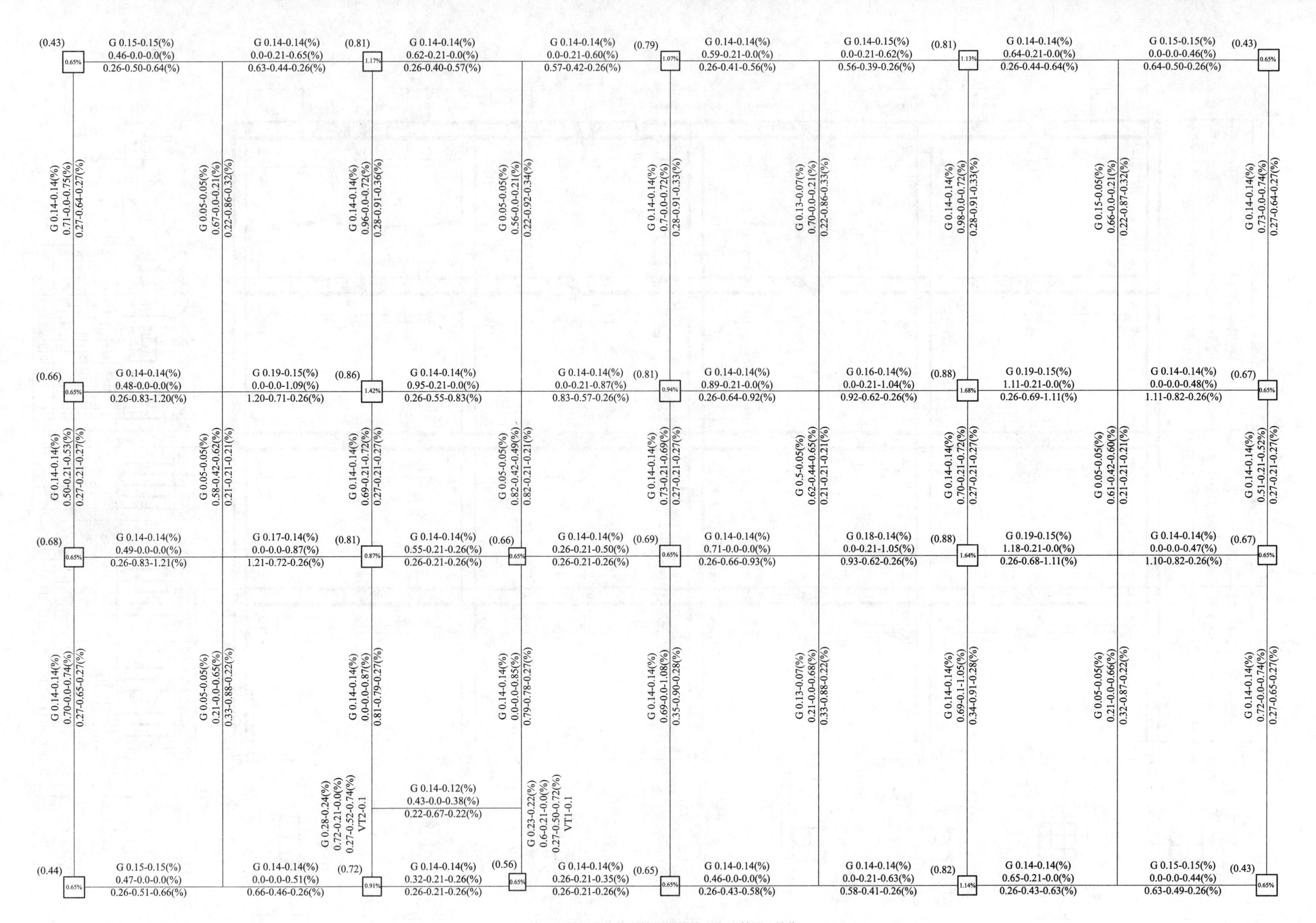

第1层混凝土构件配筋及钢构件应力比简图(单位:cm×cm)

附图22 首层配筋率图

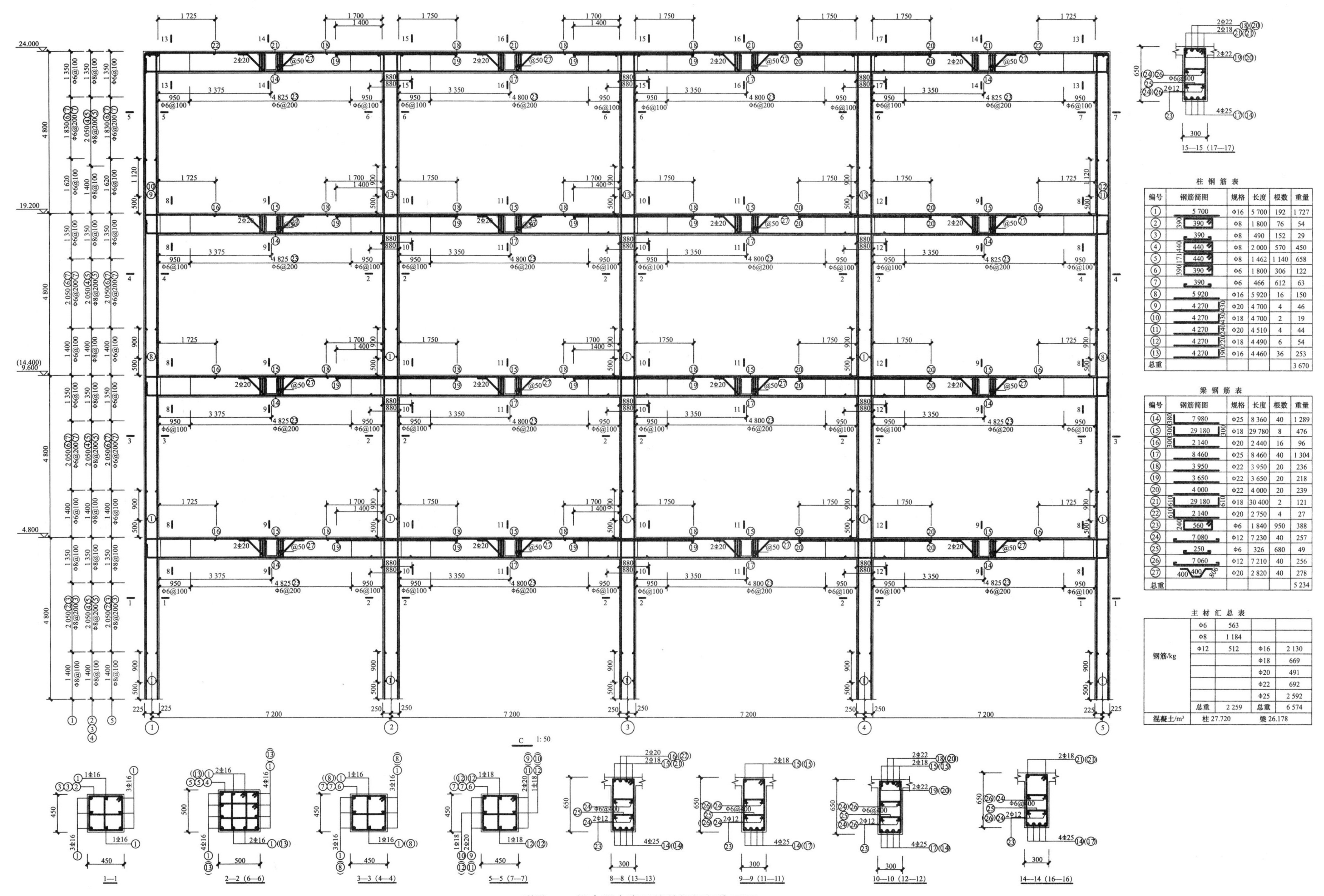

柱 钢 筋 表

编号	钢筋简图	规格	长度	根数	重量
①	5 700	Φ16	5 700	192	1 727
②	390 390	Φ8	1 800	76	54
③	390	Φ8	490	152	29
④	440 440	Φ8	2 000	570	450
⑤	171 440	Φ8	1 462	1 140	658
⑥	390 390	Φ6	1 800	306	122
⑦	390	Φ6	466	612	63
⑧	5 920	Φ16	5 920	16	150
⑨	4 270 430	Φ20	4 700	4	46
⑩	4 270 430	Φ18	4 700	2	19
⑪	4 270 240	Φ20	4 510	4	44
⑫	4 270 220	Φ18	4 490	6	54
⑬	4 270 190	Φ16	4 460	36	253
总重					3 670

梁 钢 筋 表

编号	钢筋简图	规格	长度	根数	重量
⑭	380 7 980	Φ25	8 360	40	1 289
⑮	300 29 180 300	Φ18	29 780	8	476
⑯	300 2 140	Φ20	2 440	16	96
⑰	8 460	Φ25	8 460	40	1 304
⑱	3 950	Φ22	3 950	20	236
⑲	3 650	Φ22	3 650	20	218
⑳	4 000	Φ22	4 000	20	239
㉑	610 29 180 610	Φ18	30 400	2	121
㉒	610 2 140	Φ20	2 750	4	27
㉓	240 560	Φ6	1 840	950	388
㉔	7 080	Φ12	7 230	40	257
㉕	250	Φ6	326	680	49
㉖	7 060	Φ12	7 210	40	256
㉗	400 400 806	Φ20	2 820	40	278
总重					5 234

主 材 汇 总 表

钢筋/kg	Φ6	563		
	Φ8	1 184		
	Φ12	512	Φ16	2 130
			Φ18	669
			Φ20	491
			Φ22	692
			Φ25	2 592
	总重	2 259	总重	6 574
混凝土/m^3	柱 27.720		梁 26.178	

附图 23　梁布置方案三的单榀框架施工图

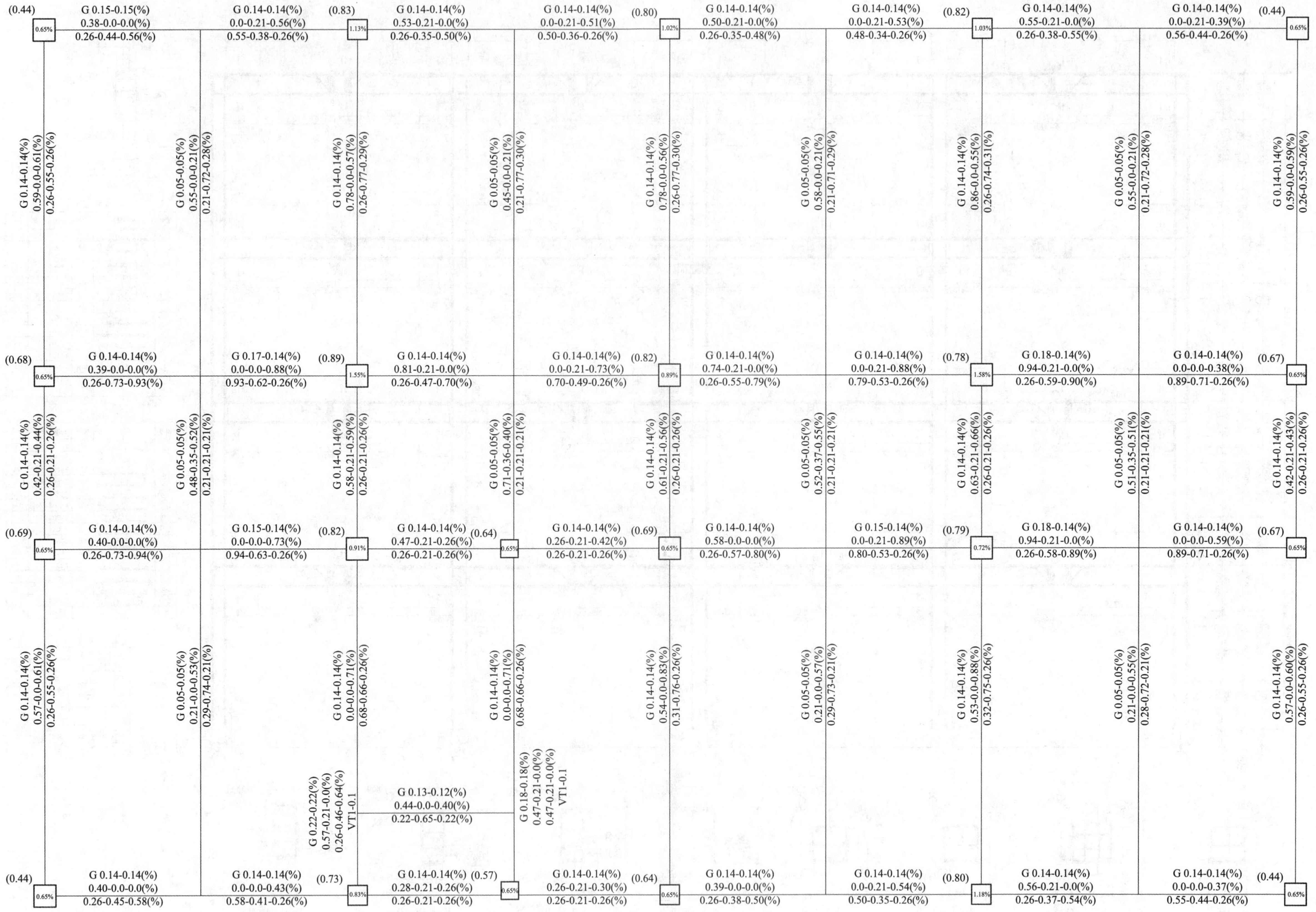

(0.44) 0.65%
G 0.15-0.15(%) 0.38-0.0-0.0(%) 0.26-0.44-0.56(%)
G 0.14-0.14(%) 0.0-0.21-0.56(%) 0.55-0.38-0.26(%)
(0.83) 1.13%
G 0.14-0.14(%) 0.53-0.21-0.0(%) 0.26-0.35-0.50(%)
G 0.14-0.14(%) 0.0-0.21-0.51(%) 0.50-0.36-0.26(%)
(0.80) 1.02%
G 0.14-0.14(%) 0.50-0.21-0.0(%) 0.26-0.35-0.48(%)
G 0.14-0.14(%) 0.0-0.21-0.53(%) 0.48-0.34-0.26(%)
(0.82) 1.03%
G 0.14-0.14(%) 0.55-0.21-0.0(%) 0.26-0.38-0.55(%)
G 0.14-0.14(%) 0.0-0.21-0.39(%) 0.56-0.44-0.26(%)
(0.44) 0.65%

G 0.14-0.14(%) 0.59-0.0-0.61(%) 0.26-0.55-0.26(%)
G 0.05-0.05(%) 0.55-0.0-0.21(%) 0.21-0.72-0.28(%)
G 0.14-0.14(%) 0.78-0.0-0.57(%) 0.26-0.77-0.29(%)
G 0.05-0.05(%) 0.45-0.0-0.21(%) 0.21-0.77-0.30(%)
G 0.14-0.14(%) 0.78-0.0-0.56(%) 0.26-0.77-0.30(%)
G 0.05-0.05(%) 0.58-0.0-0.21(%) 0.21-0.71-0.29(%)
G 0.14-0.14(%) 0.86-0.0-0.55(%) 0.26-0.74-0.31(%)
G 0.05-0.05(%) 0.55-0.0-0.21(%) 0.21-0.72-0.28(%)
G 0.14-0.14(%) 0.59-0.0-0.59(%) 0.26-0.55-0.26(%)

(0.68) 0.65%
G 0.14-0.14(%) 0.39-0.0-0.0(%) 0.26-0.73-0.93(%)
G 0.17-0.14(%) 0.0-0.0-0.88(%) 0.93-0.62-0.26(%)
(0.89) 1.55%
G 0.14-0.14(%) 0.81-0.21-0.0(%) 0.26-0.47-0.70(%)
G 0.14-0.14(%) 0.0-0.21-0.73(%) 0.70-0.49-0.26(%)
(0.82) 0.89%
G 0.14-0.14(%) 0.74-0.21-0.0(%) 0.26-0.55-0.79(%)
G 0.14-0.14(%) 0.0-0.21-0.88(%) 0.79-0.53-0.26(%)
(0.78) 1.58%
G 0.18-0.14(%) 0.94-0.21-0.0(%) 0.26-0.59-0.90(%)
G 0.14-0.14(%) 0.0-0.0-0.38(%) 0.89-0.71-0.26(%)
(0.67) 0.65%

G 0.14-0.14(%) 0.42-0.21-0.44(%) 0.26-0.21-0.26(%)
G 0.05-0.05(%) 0.48-0.35-0.52(%) 0.21-0.21-0.21(%)
G 0.14-0.14(%) 0.58-0.21-0.59(%) 0.26-0.21-0.26(%)
G 0.05-0.05(%) 0.71-0.36-0.40(%) 0.21-0.21-0.21(%)
G 0.14-0.14(%) 0.61-0.21-0.56(%) 0.26-0.21-0.26(%)
G 0.05-0.05(%) 0.52-0.37-0.55(%) 0.21-0.21-0.21(%)
G 0.14-0.14(%) 0.63-0.21-0.66(%) 0.26-0.21-0.26(%)
G 0.05-0.05(%) 0.51-0.35-0.51(%) 0.21-0.21-0.21(%)
G 0.14-0.14(%) 0.42-0.21-0.43(%) 0.26-0.21-0.26(%)

(0.69) 0.65%
G 0.14-0.14(%) 0.40-0.0-0.0(%) 0.26-0.73-0.94(%)
G 0.15-0.14(%) 0.0-0.0-0.73(%) 0.94-0.63-0.26(%)
(0.82) 0.91%
G 0.14-0.14(%) 0.47-0.21-0.26(%) 0.26-0.21-0.26(%)
(0.64) 0.65%
G 0.14-0.14(%) 0.26-0.21-0.42(%) 0.26-0.21-0.26(%)
(0.69) 0.65%
G 0.14-0.14(%) 0.58-0.0-0.0(%) 0.26-0.57-0.80(%)
G 0.15-0.14(%) 0.0-0.21-0.89(%) 0.80-0.53-0.26(%)
(0.79) 0.72%
G 0.18-0.14(%) 0.94-0.21-0.0(%) 0.26-0.58-0.89(%)
G 0.14-0.14(%) 0.0-0.0-0.59(%) 0.89-0.71-0.26(%)
(0.67) 0.65%

G 0.14-0.14(%) 0.57-0.0-0.61(%) 0.26-0.55-0.26(%)
G 0.05-0.05(%) 0.21-0.0-0.53(%) 0.29-0.74-0.21(%)
G 0.14-0.14(%) 0.0-0.0-0.71(%) 0.68-0.66-0.26(%)
G 0.14-0.14(%) 0.0-0.0-0.71(%) 0.68-0.66-0.26(%)
G 0.14-0.14(%) 0.54-0.0-0.83(%) 0.31-0.76-0.26(%)
G 0.05-0.05(%) 0.21-0.0-0.57(%) 0.29-0.73-0.21(%)
G 0.14-0.14(%) 0.53-0.0-0.88(%) 0.32-0.75-0.26(%)
G 0.05-0.05(%) 0.21-0.0-0.55(%) 0.28-0.72-0.21(%)
G 0.14-0.14(%) 0.57-0.0-0.60(%) 0.26-0.55-0.26(%)

G 0.22-0.22(%) 0.57-0.21-0.0(%) 0.26-0.46-0.64(%) VT1-0.1
G 0.13-0.12(%) 0.44-0.0-0.40(%) 0.22-0.65-0.22(%)
G 0.18-0.18(%) 0.47-0.21-0.0(%) 0.47-0.21-0.0(%) VT1-0.1

(0.44) 0.65%
G 0.14-0.14(%) 0.40-0.0-0.0(%) 0.26-0.45-0.58(%)
G 0.14-0.14(%) 0.0-0.0-0.43(%) 0.58-0.41-0.26(%)
(0.73) 0.83%
G 0.14-0.14(%) 0.28-0.21-0.26(%) 0.26-0.21-0.26(%)
(0.57) 0.65%
G 0.14-0.14(%) 0.26-0.21-0.30(%) 0.26-0.21-0.26(%)
(0.64) 0.65%
G 0.14-0.14(%) 0.39-0.0-0.0(%) 0.26-0.38-0.50(%)
G 0.14-0.14(%) 0.0-0.21-0.54(%) 0.50-0.35-0.26(%)
(0.80) 1.18%
G 0.14-0.14(%) 0.56-0.21-0.0(%) 0.26-0.37-0.54(%)
G 0.14-0.14(%) 0.0-0.0-0.37(%) 0.55-0.44-0.26(%)
(0.44) 0.65%

第 1 层混凝土构件配筋及钢构件应力比简图(单位：cm×cm)

附图 24　首层配筋率图

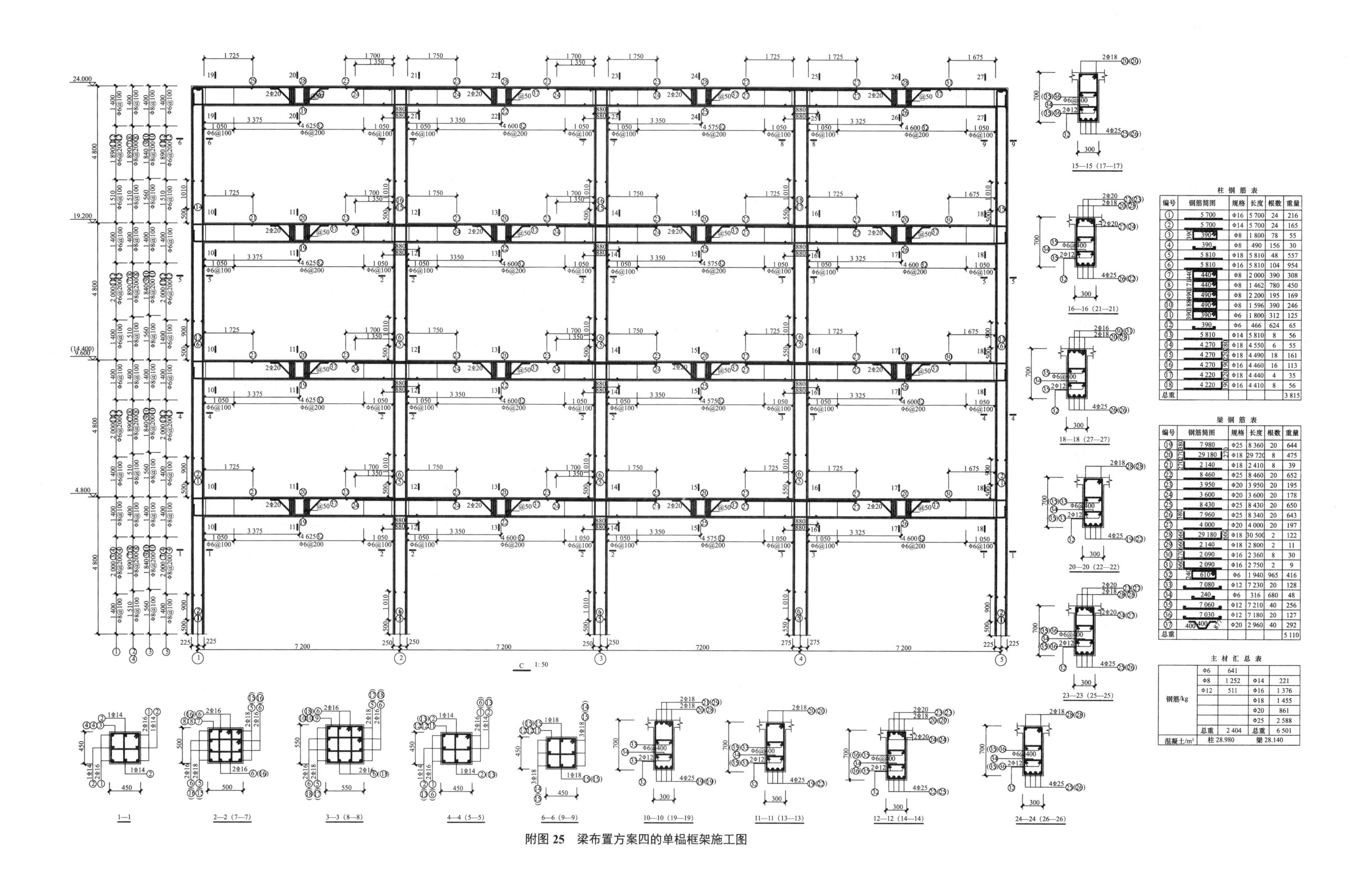

柱 钢 筋 表

编号	钢筋简图	规格	长度	根数	重量
①	5 700	Φ16	5 700	24	216
②	5 700	Φ14	5 700	24	165
③	390 390	Φ8	1 800	78	55
④	390	Φ8	490	156	30
⑤	5 810	Φ18	5 810	48	557
⑥	5 810	Φ16	5 810	104	954
⑦	440 440	Φ8	2 000	390	308
⑧	171 440	Φ8	1 462	780	450
⑨	490 490	Φ8	2 200	195	169
⑩	188 490	Φ8	1 596	390	246
⑪	390 390	Φ6	1 800	312	125
⑫	390	Φ6	466	624	65
⑬	5 810	Φ14	5 810	8	56
⑭	4 270 280	Φ18	4 550	6	55
⑮	4 270 220	Φ18	4 490	18	161
⑯	4 270 190	Φ16	4 460	16	113
⑰	4 220 220	Φ18	4 440	4	35
⑱	4 220 190	Φ16	4 410	8	56
总重					3 815

梁 钢 筋 表

编号	钢筋简图	规格	长度	根数	重量
⑲	380 7 980	Φ25	8 360	20	644
⑳	270 29 180 270	Φ18	29 720	8	475
㉑	270 2 140	Φ18	2 410	8	39
㉒	8 460	Φ25	8 460	20	652
㉓	3 950	Φ20	3 950	20	195
㉔	3 600	Φ20	3 600	20	178
㉕	8 430	Φ25	8 430	20	650
㉖	380 7 960	Φ25	8 340	20	643
㉗	4 000	Φ20	4 000	20	197
㉘	660 29 180 660	Φ18	30 500	2	122
㉙	660 2 140	Φ18	2 800	2	11
㉚	270 2 090	Φ16	2 360	8	30
㉛	660 2 090	Φ16	2 750	2	9
㉜	240 610	Φ6	1 940	965	416
㉝	7 080	Φ12	7 230	20	128
㉞	240	Φ6	316	680	48
㉟	7 060	Φ12	7 210	40	256
㊱	7 030	Φ12	7 180	20	127
㊲	400 400	Φ20	2 960	40	292
总重					5 110

主 材 汇 总 表

钢筋/kg	Φ6	641		
	Φ8	1 252	Φ14	221
	Φ12	511	Φ16	1 376
			Φ18	1 455
			Φ20	861
			Φ25	2 588
	总重	2 404	总重	6 501
混凝土/m³	柱 28.980		梁 28.140	

附图 25　梁布置方案四的单榀框架施工图

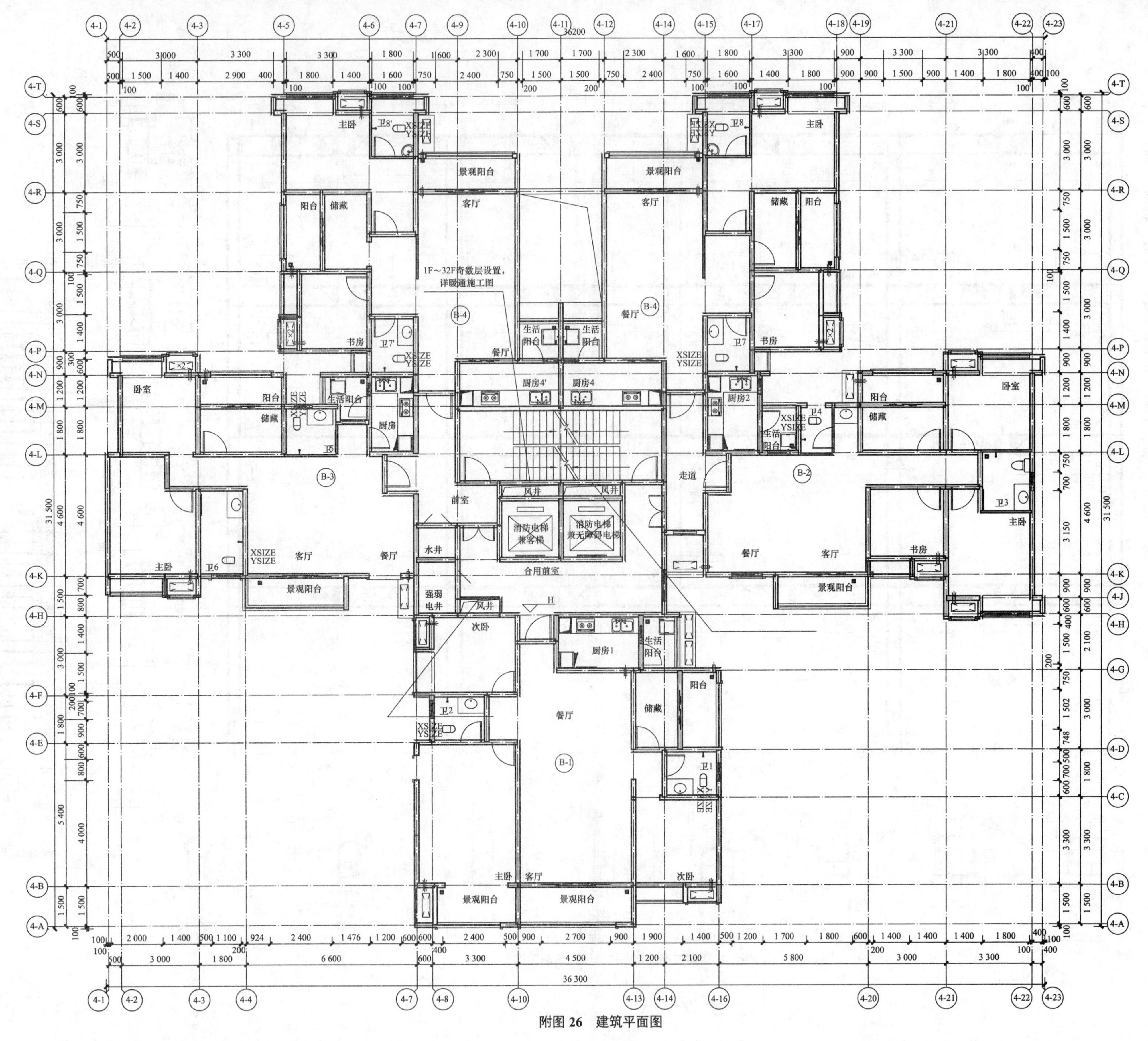

附图 26　建筑平面图

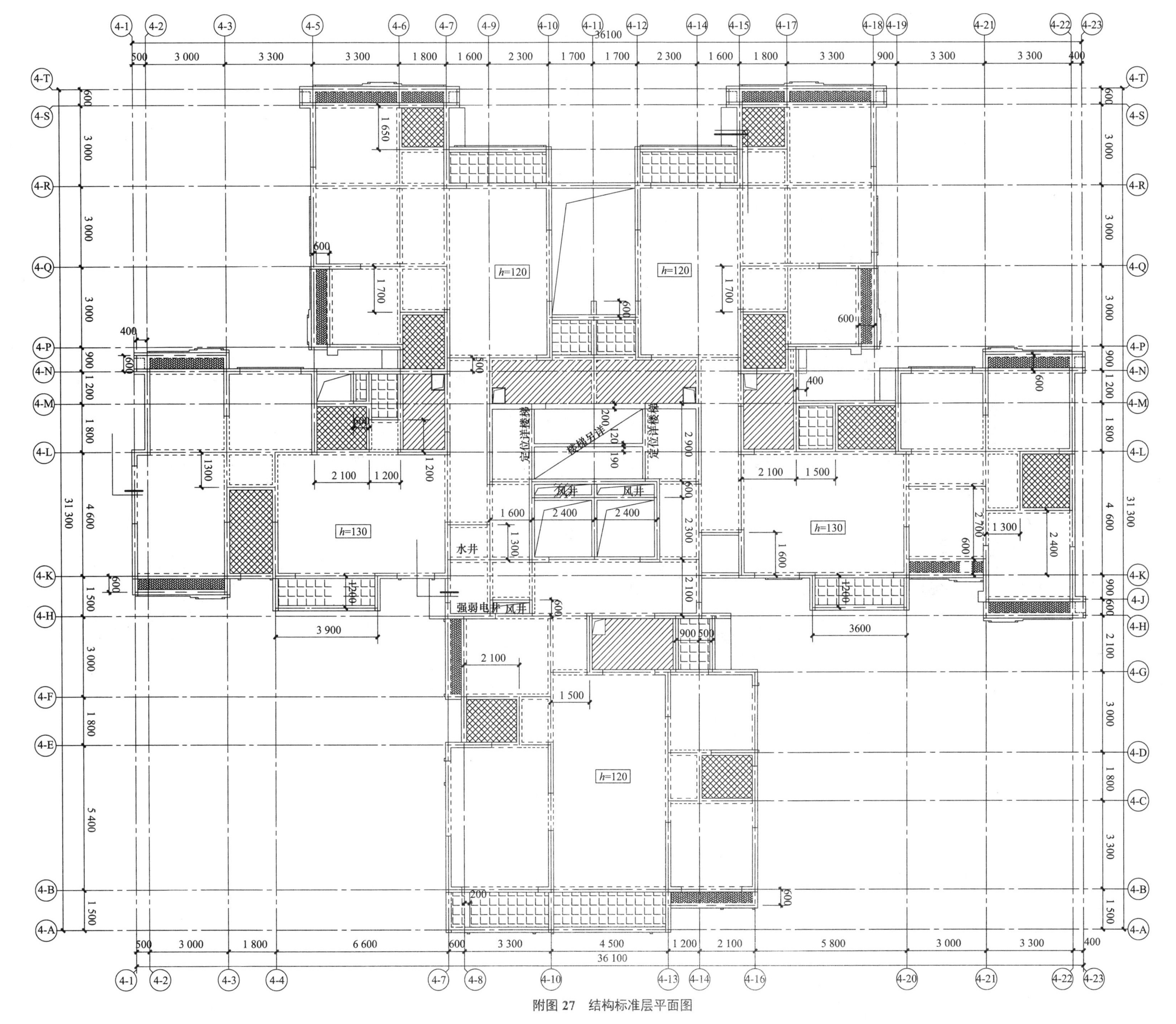

附图 27　结构标准层平面图

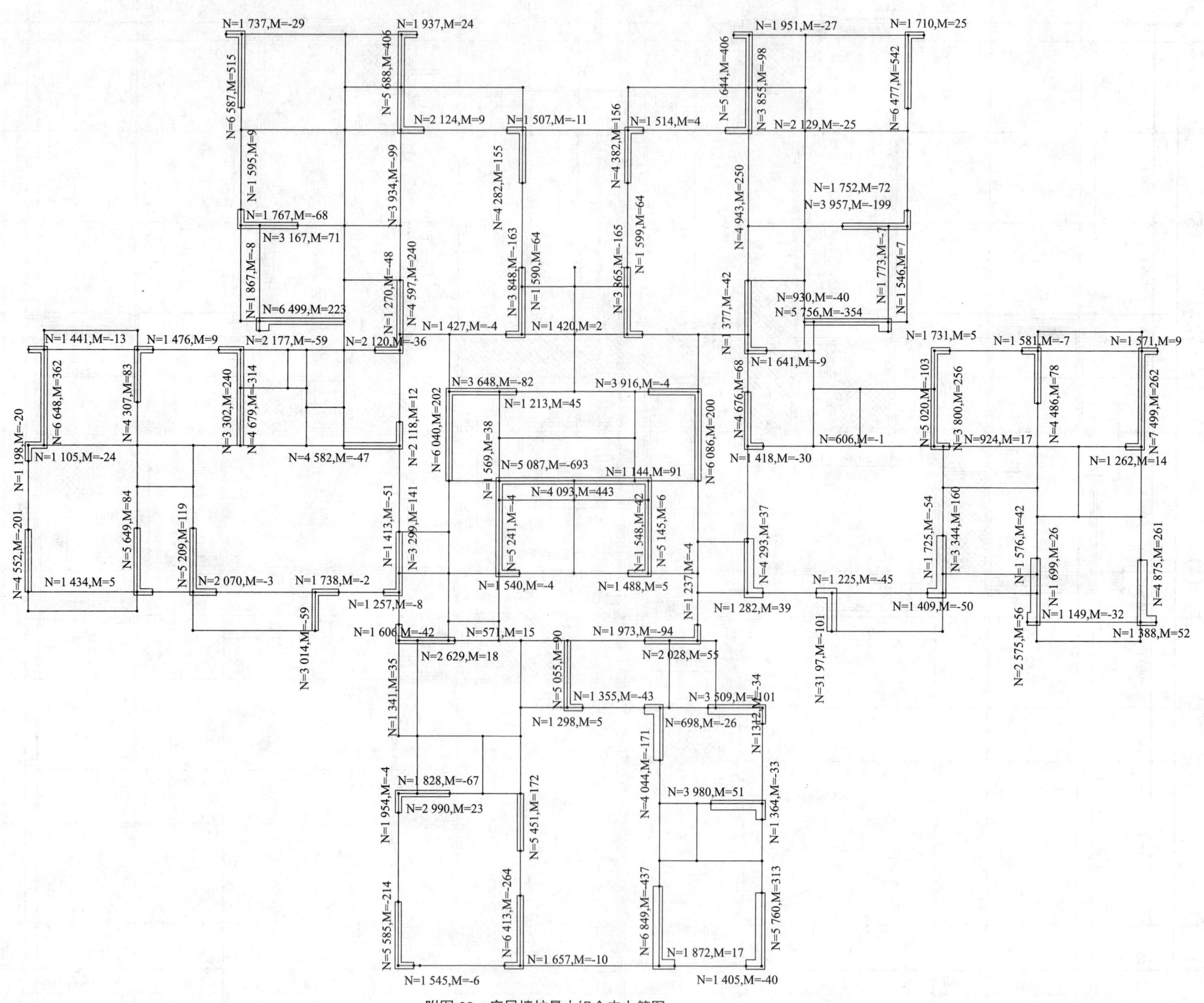

附图 **28** 底层墙柱最大组合内力简图

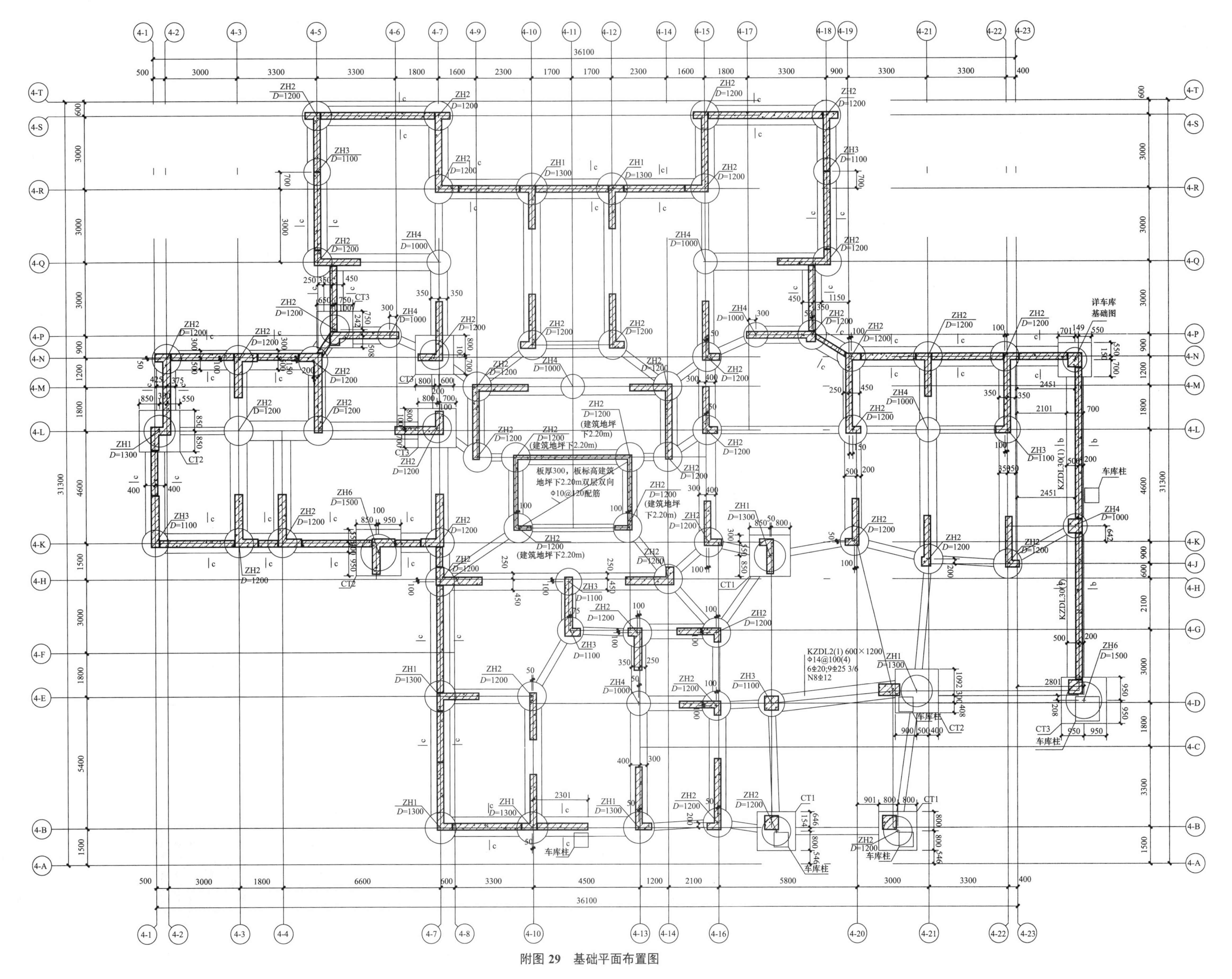

附图 29　基础平面布置图

项目编辑：瞿义勇
策划编辑：李　鹏　杨丛乐
责任编辑：钟　博
封面设计：OOICA原创阵线

免费电子教案下载地址
www.bitpress.com.cn

北京理工大学出版社
BEIJING INSTITUTE OF TECHNOLOGY PRESS

通信地址：北京市海淀区中关村南大街5号
邮政编码：100081
电话：010-68948351　82562903
网址：www.bitpress.com.cn

关注理工职教
获取优质学习资源

定价：35.00元